응용 식품생물공학

오성훈 · 서형주 · 신광순

도서출판 효 일
www.hyoilbooks.com

머리말

생물산업이란 동식물, 미생물 등을 이용한 제품생산기술을 바탕으로 인류의 보건 건강 유지 및 질병 예방·치료에 도움을 줄 뿐만 아니라 삶의 질을 높일 수 있는 다양한 유용물질 제품 및 서비스를 제공하는 산업군을 말한다. 현재 기술의 붐을 일으키고 있는 생물산업 분야는 IT, NT, ET 등과의 기술융합과 이에 따른 상승작용으로 기술혁신이 가속화되고 있으며 의료, 식량, 환경, 농업 등과 결합하여 바이오산업의 영역이 확산되고 있는 추세이다. 이러한 생물산업을 발전시키는 중심기술 분야가 식품공학기술과 생물공학기술이라고 말할 수 있다.

그동안 식품공학과 생물공학 분야에 대해서는 전문서적 출간이 각 분야에서 꾸준히 이루어져 왔으나 현대의 기술 융합 추세에 발맞추어 식품공학 분야에서도 생물공학기술을 접목시켜 교육이 이루어지고 있는 바, 식품공학과 생물공학 분야를 동시에 충족시킬 수 있는 전문서적의 필요성을 저자들은 생각해 왔다. 또한 우리나라 생물산업에서 이루어지고 있고 추구될 수 있는 기술내용을 중심으로 한 전문서적이 있었으면 하는 바램으로 본 서를 집필하게 되었다.

본 저서는 이미 출간된 식품공학 기초와 생물공학 기초 내용으로 이루어진 식품생물공학(기초편)의 후속인 식품생물공학(응용편)으로서 식품공학, 생명공학 등의 계열학부를 대상으로 하고 있다.

1부는 단위조작기술 중 생물공학 분야와 중복되지 않는 식품의 가열, 살균 냉동, 건조를, 2부는 발전하는 생물공학 분야로 현재의 활용도가 높은 효소, 감미료, 바이오화장품, 미용식품, 발효 양조산업, 전분당, 아미노산을 소개하고 있다.

저자들의 천학으로 미흡한 점이 많을 것으로 생각되며, 앞으로 계속하여 수정 보완해 나갈 것이다.

끝으로 이 교재의 알찬 내용을 위해 수고해 주신 많은 분들께 감사드리며 출판을 도와주신 도서출판 효일 김홍용 사장님께 감사드리는 바이다.

저자일동

CONTENTS

제 2 부   생물공학 응용

제 4 장 효소일반 / 138

CONTENTS

식품공학 응용

제1장   식품의 가열 살균

1. 우유살균

1) 우유 살균 장치 및 방법

(1) 초고온 살균기

용기 외 가열살균 방법이며, 우유와 같은 저점도의 액체식품을 따로 살균하고 별도로 살균된 용기에 무균적으로 충진하여 포장하는 무균공정이 사용된다. 우유의 초고온(UHT, ultra high temperature) 살균법에 플레이트(또는 판형) 열교환기(plate heat exchanger)가 많이 사용되고 있다. 이 방법은 우유의 이화학적 성질의 변화를 최소한으로 줄이면서 미생물을 거의 살균시킬 수 있는 방법으로 최고 135~150℃에서 2~5초간 순간적인 가열처리를 하는 것이며, 초고온 멸균 처리라고도 한다.

① 살균공정

간접 가열법의 일종으로 살균공정을 보면, 저장 탱크의 원유(5℃)는 펌프에 의하여 플레이트 열교환기에 공급되는데, 이때 살균이 끝나고 두 번째로 열교환 되는 우유(100℃)와 열교환하여 예열(65℃)된다. 다시 포화수증기(95~100℃)로 가열(85℃)되고 유속을 조절하기 위하여 보온된 홀딩탱크(holding tank)에 들어 간다. 다음 균질화된 균질우유는 살균 직후의 고온우유(135℃)와 열교환하여 120℃로 올라가고, 최종적으로 고압수증기에 의하여 135℃로 가열되어 홀딩관

(holding tuve)을 수초(1~3초) 동안 통과하면서 살균이 끝나게 된다. 그런데 홀딩관으로 이동될 때, 살균온도까지 상승되지 않을 경우에는 자동온도기록조절기(TRC)에 의하여 원료우유의 공급탱크로 되돌려 보내는 자동제어시스템이 설치되어 있다.

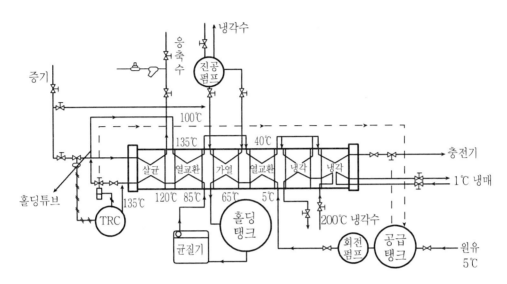

그림 1-1 판형 열교환기에 의한 우유의 초고온 살균법

② 냉각공정

냉각공정은 살균이 예열 과정을 반대로 거치면서 냉각이 이루어지게 된다. 홀딩튜브를 통과한 살균우유(135℃)는 예열(1차 예열 65℃, 2차 예열 85℃)된 우유(85℃)와 열교환하여 1차 냉각되고, 저장탱크에서 공급되는 원유(5℃)와 열교환하면 40℃까지 냉각(2차 냉각)된다. 최종적으로 냉각수(3차 냉각)와 냉매(4차 냉각)에 의하여 5℃로 냉각된 우유는 무균실에서 충전·포장되는 무균공정을 사용한다.

(2) 초고온 순간살균기(UHT flash sterilizer)

직접 가열법으로서, 수증기를 식품과 직접 접촉시켜 식품을 가열하는 방법인데, 이때 식품은 수증기가 응축될 때 방출하는 응축잠열에 의해서 약 1초 미만의 짧은 순간에 가열된다.

직접가열살균방법에는 수증기를 식품 속으로 강하게 분사하는 증기분사

(steam injection)법과 고압수증기실 내에 식품을 분무하는 증기주입(steam infusion)법이 있다.

③ 초고온 순간살균의 원리

우유와 같은 액체식품에 고압수증기를 직접 불어 넣어 순간적으로 살균하고, 감압 상태의 팽창실에 분무하여 수분을 제거하는 원리를 이용한다. 그러면 처음 우유의 농도(고형분)와 같아지게 되는데, 이러한 방법을 우퍼리제이션(uperization)이라 한다. 우유의 초고온 순간살균에는 우퍼라이저(uperizer)가 많이 사용되고 있다.

④ 초고온 순간살균 방법

원료우유는 펌프로 두 개의 예열기(preheater)에 공급되어 75~85℃(77℃)로 가열된다. 우퍼라이저에서 고압수증기(10 kg/cm^2, 180℃)를 우유에 직접 분사하여 순간적으로 우유의 온도를 150℃까지 상승시켜 2~3초(최단 시간 0.5~1.5초)만에 살균한다. 살균된 우유는 감압 상태의 팽창실에 분무되어 75~80℃로 급랭과 동시에 우유에 가해진 수증기가 응축된 물이 증발하고 탈기·탈취되면서 처음의 농도수준으로 되돌아가게 된다.

팽창실에서 나온 우유는 액위조절기(level controller)를 통과하여 무균 펌프에 의하여 이동하면서 균질, 냉각, 충전, 포장의 과정이 무균공정을 거치게 된다.

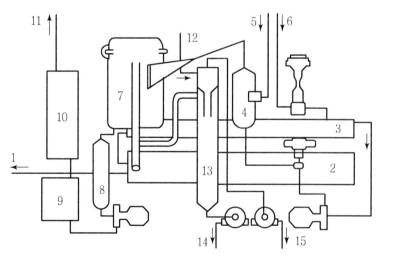

| 1 원료우유 |
| 2.3 예열기 |
| 4 우퍼라이저 |
| 5.6 증기입구 |
| 7 팽창실 |
| 8 액위조절기 |
| 9 균질기 |
| 10 냉각기 |
| 11 우유출구 |
| 12 냉각수 |
| 13 응축기 |
| 14 응축수 출구 |
| 15 공기 출구 |

그림 1-2 초고온 순간살균기

2) 우유 살균법의 종류

생유를 가열하는 목적은 원유 속에 들어 있는 필요없는 미생물과 효소를 제거하여 위생적이고 저장성이 높은 우유를 생산하기 위함이다. 생유의 살균은 원래 63℃, 30분간 처리하는 저온살균법을 채택하였는데 이 조건은 생유의 영양소 파괴를 최소로 하고, 병원성 세균을 완전히 사멸시킬 수 있는 온도이다. 그러나 우유의 생산 시스템이 점차 연속식으로 변하면서 75℃, 15초간 살균하는 고온순간 살균법(UHT)을 채택하고 있다. 현재 일부 유가공 공장에서는 저온살균법을 사용하고 있으나 시유를 충진하는 과정이나 포장용기에 일부 세균이 혼입되거나 내열성균의 포자가 간혹 살균과정에서 파괴되지 않고 남아 있는 경우도 생각할 수 있다.

(1) 저온장시간 살균법
(low temperature long time pasteurization, LTLT)

본 법은 LTLT 살균법 또는 holding pasteurization이라 하여 이중 솥의 중간에 열수 또는 증기를 통하게 하여 batch 내의 우유를 가열 살균하는 방법으로서 가열처리 조건은 62~65℃에서 30분간 실시하고 살균 중의 가열효과를 균일하게 하기 위하여 교반기를 부착 사용하고 있다. 이 방법은 현재 처리시간이 길고 다른 방법에 비하여 살균효과가 비능률적이어서 이용률이 적어지고 있다.

(2) 고온단시간 살균법
(high temperature short time pasteurization)

본 살균법은 HTST 살균법이라고도 하며, LTLT 살균법 대신 보급된 방법으로서 우유를 연속적으로 관형 또는 판상의 결교환기를 통과시킴으로써 우유를 단시간에 가열 살균하는 방법으로서 처리조건은 72~75℃에서 15~16초간 행하며, 대량의 우유를 연속적으로 살균처리 하는 이점이 있다.

(3) 고온순간 살균법(flash pasteurization, HTST)

80~95℃에서 순간 가열처리하는 방법으로서 유럽의 일부 국가에서 이용되고 있는 가열방식이다. 이는 일종의 유지살균법이긴 하나 LTLT 살균법에 비하여는 살균효과가 높은 편이다. 그러나 가열취의 발생이나 유청단백질의 응고 및 갈색화 현상이 나타나기 때문에 신선한 우유를 유지하는 데에는 부적당한

살균방법이다.

(4) 초고온 멸균법(ultra high temperature sterilizeration, UHT)

UHT 멸균법은 130~150℃에서 2~0.5초간 멸균처리하는 방법으로서 현재 세계 각국으로 점차 보급되어 가고 있다. 우유를 미리 80~83℃에서 2~6분간 예비가열하고, 여러 개의 열교환기를 통과하는 사이에 가압하에서 순간적으로 살균한다. 이 처리에 의하여 우유의 미생물은 완전히 사멸하므로 가장 이상적인 가열멸균방법이다. 그러나 처리 후의 병장 시에 세균의 재오염의 기회가 있게 되므로 최근에는 UHT 멸균유의 무균충전법에 의한 병장 또는 carton 충전이 고안되고 UHT 멸균의 방법으로써 우유를 가압증기로 멸균하는 방법도 있으며, 우유 중에 증기를 분사하는 방법을 uperization이라 부르고 있다.

우유의 가열에 의한 미생물의 파괴에는 완전한 파괴를 위한 멸균(sterilizeration)과 대부분이 파괴되는 살균(pasteurization)의 두 종류가 있으나 두 가지는 엄밀하게 구분되지 않고 있으며 멸균 후의 재오염 문제가 살균과 멸균의 구분 근거로 제기되고 있다.

3) 기타 이화학적 살균

(1) 우유의 방사선 살균

방사선 살균은 조사되는 물질의 화학반응과 그 부반응을 나타내게 되어 우유에 불쾌취나 산화취를 발생하게 하며, 갈색화나 산도상승을 일으키고 우유의 품질을 저하시킨다. 이 살균의 연구는 일시 왕성하게 이루어졌으나 품질을 손상시키는 여러 가지 부반응 때문에 실용화에 여러 가지 문제점이 남아 있다.

(2) 자외선 살균

자외선은 가시광선과 X선의 중간 전리방식으로서 260 nm 부근에서 가장 강력한 살균력을 나타낸다. 이 살균효과는 효력이 커서 일반적으로 저압수은 등(파장 253 nm)이 이용된다. 자외선 조사량과 균의 생존율이 대수간에는 직선의 관계가 있는 것으로 알려져 있다. 우유의 살균에 관한 연구에서는 우유의 액층 두께 1~2 cm하에서 조사거리 40 cm의 우유미생물을 15분 동안에 사멸시킬 수가 있었다고 하였으나 자외선의 우유 투과는 적고 조사 후에도 가시광선에 닿게 되면 균체세포가 재활성화하는 것으로 알려져 있다.

(3) 초음파 살균

200,000 cycle 이상의 음파를 초음파라 하며, 이 음파에너지는 균체를 파괴하는 효과를 나타냈고, 우유의 초음파 처리는 560~570 kcycle 초음파의 5~10분간 처리로써 우유미생물의 대부분을 파괴할 수 있다고 한다.

(4) 전기살균

우유에 고압전기를 통과시켜 살균하는 방법으로 온도상승과 화학변화를 일으키게 된다. 전기 자체에 의한 균체의 파괴는 확실하지 않으나 일반적으로 2,000~5,000 V 고압전기를 사용하며 결과적으로 전기에너지가 열에너지로 변환하여 가열살균의 효과를 나타내게 된다.

(5) 가압살균

많은 육생의 미생물은 600 기압 이상의 고압하에서는 사멸하게 된다. 우유의 균질화는 이러한 의미로써 어느 정도의 살균효과를 나타내나 균질화의 온도가 낮으면 오히려 집합균체를 분산시켜 균수를 증가시키게 된다. 따라서 가압처리만의 살균은 실용화되고 있지 않다.

4) 국내 우유 살균방법

우리나라에서 유통되고 판매되는 우유들의 대부분은 초고온 살균법을 이용하고 있었으며 유일하게 파스퇴르 유업에서 나오고 있는 우유 두 가지 제품이 저온장시간 살균법을 이용하고 있다.

① 우리나라와 일본에서 가장 많이 이용하고 있는 UHT 장치의 장점

　가) 노력비가 절감되며, 열의 효율적 이용으로 경제적이다.
　나) 기계의 설치면적이 적고, 열교환판수로 처리능력을 쉽게 조절한다.
　다) 자동세척(CIP) 등 기계화·자동화하기 쉽다.
　라) 살균 중에 우유가 외기에 노출되지 않으므로 세균오염이 방지된다.
　마) 크림분리, 균질, 표준화의 공정과 연속시킬 수 있다.

② 그 외에 이용되는 저온장시간 살균법의 장점

    가) 기계가 간단하여 설치비용이 싸다.

    나) 적은 규모의 우유(100~3,000 kg) 처리에 적당하다.

    다) 살균조는 다른 종류의 유제품 생산에 이용된다.

    라) 기계의 운전조작이 쉽다.

표 1-1 국내 우유 살균방법

no	제조사	제품명	용량(ml)	살균법	가격(원)	1ml 가격(원)
1	서울우유	멸균우유	1,000	140℃이상에서 3초	1,300	1.3
2	매일유업	멸균우유	1,200	130~150℃에서 2초	1,980	1.65
3	남양유업	아인슈타인 베이비	1,000	135℃에서 2초	1700	1.7
4	서울우유	앙팡 베이비	1,000	130℃에서 2초	2,000	2
5	남양유업	3.4우유	1,000	135℃에서 2초	1,050	1.05
6	파스퇴르	시처럼 맑은 저지방우유	930	63℃에서 30분	1,800	1.94
7	서울우유	앙팡	1,000	130℃에서 2초	1,650	1.65
8	서울우유	강화저지방우유	1,000	130℃에서 2초	1,800	1.8
9	매일유업	뼈로가는 칼슘우유	930	130℃에서 2초	1,700	1.82
10	서울우유	고칼슘 아침에 우유	950	130℃에서 2초	1,800	1.89
11	서울우유	셀크	1,000	130℃에서 2초	1,700	1.7
12	파스퇴르	파스퇴르우유	930	63℃에서 30분	1,800	1.94
13	매일유업	ESL	1,000	130℃에서 2-3초	1,290	1.29
14	남양유업	아인슈타인우유	900	135℃에서 2초	1,540	1.71
15	서울우유	서울우유	1,000	130℃에서 2초	1,300	1.3

5) 우유 살균 이후에도 남아 있는 미생물

(1) 살균과 멸균

① 가열에 의한 살균과 멸균

우유는 위생적인 이용과 보존을 위하여 살균 또는 멸균처리를 실시하게 되며, 가장 통상적인 방법은 가열처리이다. 가열에 의한 미생물의 파괴는 균체 성분의 단백질과 핵산의 열에 의한 변성 또는 분해와 이에 따른 효소계의 실활현상에 기인하는 것으로 가열에 의한 살균과 멸균은 가장 경제적이며 효과적인 방법으로서 현재 일반적으로 활용되는 방법이다.

② 미생물의 열사멸 온도조건

일반적으로 세균아포는 내열성이 있어 100℃ 이상의 가열을 요하거나 일반 세균은 60~90℃의 온도범위에서 30분 이내에 사멸한다. 병원균 중에서는 결핵균이 내열성이 높으나 우유 중의 내열성균에 비하여 가열에 대한 저항성은 낮다. 따라서 많은 세균에 적용되는 가열온도는 LTLT 살균이나 HTST 살균의 처리온도 부근으로서 이들의 수치는 공업적 살균의 기초가 되고 있다.

③ 공업적 살균과 멸균의 열사멸효과

가) LTLT 살균처리의 열사멸효과

저온유지살균(LTLT)에서는 냉장생유를 61~65℃까지 상승시키는 데에 15~ 30분이 소요되며, 30분을 유지한 후 냉각할 때까지는 같은 정도의 시간을 요하게 된다. 열교환기의 사용은 우유의 가열상승 또는 냉각하강시간을 단축시키는데, Kelly 등에 의하면 우유 온도가 4℃인 때에 열교환기에서의 예비가열온도는 42.8℃, 가열유지온도는 62.2℃, 열교환기에서의 예비냉각온도는 15.6℃로 보고하고 있고, 우유는 48.9℃가 될 때 일부의 미생물에 대하여 살균효과가 나타나며 이 온도와 62.2℃ 사이의 온도상승 또는 하강시간 중에도 살균효과가 계속되는 것으로 생각할 수 있다.

저온살균에 있어서 온도와 시간의 조건은 병원균의 사멸을 목적으로 하며 병원균 중 특히 내열성이 있는 결핵균의 사멸조건, 즉 61.1℃ 30분의 조건을 기준으로 하고, 이 조건은 생유의 phosphatase의 실활조건과 일치하므로 저온살균효과의 판정에 phophatase 시험이 적용되고 있다. 저온살균의 또 하나의 효과는 우유의 보존성을 높일 수 있는 것으로 이 살균조건하에서 우유에서 유래하는 효소를 파괴할 수 있어 lipase에 의한 우유의 지방분해에 따른 결함을 막을 수 있는 것이다.

나) HTST 살균처리의 열사멸효과

HTST 살균은 LTLT 살균과 비슷한 열사멸 효과를 기준으로 삼고 있으며,

Dahlberg는 61.1℃에서 30분 처리에 있어서는 결핵균의 열사멸 효과 조건이 71.1℃에서 16초인 것을 제시하고 있다.

HTST 살균에 있어서 유온과 시간의 관계는 4.4℃의 우유를 72.2℃로 상승시키는 사이에 열교환부, 여과기 및 가열부를 통과하게 되며, 이때 47초를 요하게 된다. 다음 16초를 유지시킨 후 살균유를 4.4℃로 내리는 시간은 40초로서 살균효과를 나타내는 48.9℃ 이상의 온도는 63초간 유지하게 된다.

다) UHT 멸균처리의 열사멸효과

UHT 멸균은 직접증기가열방식과 간접증기가열방식이 있고, 직접증기가열방식은 우유 중에 증기를 분사하거나 증기 중에 우유를 분사하는 방법이 있으며, 주로 증기분사법이 채용되고 있다.

우유는 75℃에서 예열한 후 증기분사에 의하여 순간적으로 140℃에서 수초간 가열되어 완전히 멸균되게 되며, 일반적인 UHT 멸균은 APV사의 경우 85℃에서 4~6분간 예비가열하고, 130~150℃에서 2~0.5초간 가열하여 완전히 멸균하게 된다. UHT 방식에서는 우유비등점 이상에서 가열하기 때문에 비등방지를 위하여 가압시키게 되는데 우유의 압력은 3.5~4.5 kg/㎠이며, 압력제어판에 의하여 조절되게 된다. 또한 UHT 멸균에서는 75~85℃ 부근의 예비가열단계에서 대부분의 세균세포가 사멸하게 되므로 제2단 가열부에 있어서는 비점 이상의 가열은 주로 세균포자의 파괴를 목적으로 하고 있다.

④ 세균독소의 내열성

병원균에는 내열성 독소를 생산하는 것이 있으며, 이와 같은 병원균이 우유 내에서 번식하는 중에 독소를 만들어 살균에 의하여 균체를 파괴하여도 내열성 독소가 잔존하게 되어 중독을 일으키는 일이 있다. 내열성 독소로서 중요한 것은 포도상구균과 장내 세균 등이 있다. 포도상구균의 독소는 30분간의 끓임에도 견디고, 살모넬라(salmonella) 독소는 가열살균하면 인체에 무해하다고 한다. 대장균의 일종은 자불에 견디는 독소를 생산하는 것이 알려져 있고, 대장균에 오염된 치즈로부터 중독을 일으키는 경우도 있다. 이들 내열성 독소의 검출은 동물시험의 판정에 따라야만 되나 이 독소생산균에 의한 우유의 오염과 증식을 미연에 방지하는 것이 선결문제라 생각된다.

⑤ 공업적 살균과 멸균 후 우유의 잔존세균

가) 가열처리에 의한 우유세균의 사멸률과 잔존균수

생유 중의 세균류는 LTLT 또는 HTST 살균에 의하여 약 97~99%가 사멸되며, 생균수는 50,000/mL 이하로 감소하게 된다. 이 사멸효과는 생유의 세균수와 세균의 종류에 따라 다르나 세균수가 많은 생유일수록 처리 후의 잔존세균수도 많다. 특히 살균 후의 재오염은 살균유의 생균수를 높이고, 보존 중에도 세균이 증식하여 우유를 변패시키게 되므로 주의를 요한다.

UHT 멸균의 경우는 생유 세균의 사멸률이 거의 100%에 달하나 멸균 후에 무균충진(無菌充塡)하지 않으면 재오염이 되어 제품화된 UHT 우유 중에는 5 L 중에 여러 개의 포자가 남게 되거나 호냉세균이 혼입하는 경우가 있음을 보고하고 있다.

HTST 살균유와 UHT 살균유의 잔존세균수를 비교할 때 UHT 살균의 조건은 1초로서 표에 표시한 바와 같이 UHT 살균유가 HTST 살균유보다 살균효과가 높고, 무균용기 중에 충전하는 경우가 보통 우유병에 담는 경우보다 적었으며, 2.2℃에 보존할 때의 세균수도 생균수와 호냉세균수 모두 7일까지는 UHT 살균유 편이 적었으나 14일 이상 냉장할 때에는 양자간에 큰 차가 없었고, 다같이 호냉세균수가 증가하는 것으로 보고하고 있다.

나) 살균 및 멸균 후의 잔존세균과 보존 중 증식

저온살균유의 잔존세균에는 내열성 유산균, micrococcus, 대장균, microbacteria, 호기성 포자형성균 등이 있으며, 연쇄상구균에는 *Streptococcus salivarius Str. thermophilius, Str. faecalis* 등이 잔존하고, 유산간균에는 *L. lactis, L. casei* 등이 알려져 있다. Micrococcus에는 *M. epidermides, M. candidus, M. varians* 등이 보고되어 있고, 대장균군에는 내열성의 *Escherichia coli* 균주가 분리되고 있으며, 포자형성균의 잔존균종은 *Bacillus subtilis* 34.2%, *B. mesenterious* 20.7%, *B. vulgatus* 15.7%, *B. circulans* 12.0% 순으로 많았다.

냉장 중 저온 살균유의 세균 증식상태는 4일간의 냉장상태에서 대장균을 발견할 수 있었고 여름철에는 특히 많았다.

냉장 중에 중온균보다 호냉균이 증가하고 우유 변패의 주요 원인으로 설명하고 있다. 이들 세균은 원래 내열성이 있어 잔존하는 것도 있으나 살균 후의 재오염에 의하여 검출되는 경우도 많다. 일반적으로 호냉세균은 저온살균에서 사멸되나 내열성이 있는 *Alcaligenes tolerans*도 검출되고 있다.

HTST 살균유의 잔존세균상태는 저온살균유와는 약간 달라 저온살균유에서는 연쇄상구균의 출현율이 높은 데 비하여 HTST 살균유에서는 *Micrococcus*가 많았으나 다른 보고에서는 반대의 결과를 나타내고, HTST 살균유에는 연쇄상구균이 많고 *Micrococcus*가 적다고 보고하고 있다.

저온살균유와 HTST 살균유의 냉장 중 균의 총분포는 Rogick에 의하면 살균직후에는 호냉균이 잔존하지 않으나 병장 시에는 오염되어 1주일간의 냉장 후에는 크게 증식하여 제품을 변패시키는 것으로 보고하고 있다.

멸균처리유의 잔존세균은 거의 Bacillus와 Clostridium으로서 Candy에 의하면 104.4~110℃, 41분간 처리한 멸균유의 잔존세균은 중온균으로서 *B. subtilis*와 *B. licheniformis caliddactis, B. stearothermophilus, Clostridium thermosaccharolyticum*등이 분리되고 있다. UHT 멸균유는 거의 무균상태로 되나 부적당한 병장에 의하여 *B. cereus* 등의 포자형성균이나 *Microbacterium*이 오염되는 일이 있다.

UHT유의 보존시험에서는 냉장 6일간에 있어서 특히 균수의 증가와 변패를 볼 수 없었고 포장이 완전하면 실온에서 30일간 변화가 없었음을 보고하고 있다.

다) 우유 오염균의 내열성

· 병원균과 위생지표균 : 우유에서 포자형성균을 제외하면 병원균 중 가장 열저항성이 강한 균은 *Mycobacterium tuverculosis*로서 사멸시간은 61℃에서 28.5분, 71.6℃에서 14초의 열처리에 의해서 사멸되며, 일반의 병원균은 LTLT 또는 HTST의 열처리 조건에서 모두 사멸된다. 또한 식품위생에 있어서 위생지표균이라 할 수 있는 *E. coli*는 위의 살균 열처리에 의해서 100% 사멸된다. 그리고 Rous sarcoma virus, reovirus, adenovirus 및 simplex virus 등이 원유나 아이스크림에 존재할 수 있으나 현행 살균기준으로는 별 문제가 되지 않는다.

· 포자 형성균 : 세균의 포자는 저온살균하에서는 살아남게 된다. 원유 중에 보통 존재하는 중온성 *Bacillus* 속은 *B. subtilis* 또는 *B. licheniformis* 및 *B. cereus* 등이 있으며, 간접가열 UHT 방식(16초간 유지)에 의해서 *B. subtilis*의 포자는 120℃에서 1/100, 130℃에서 $1/10^6$로 감소된다고 한다. 우유나 유제품에 존재하는 고온성세균은 주로 *B. stearothermophilus*이다.

표 1-2 가열처리법에 종류에 따른 사멸률

가열처리법	균수 측정의 배양온도(℃)	생균수		사멸률(%)
		처리 전(mL)	처리 후(mL)	
LTLT 살균	30	2,985,000	33,960	97.3
	35	1,600,000	44,000	99.7
	37	257,000	1,670	99.4
	37	74,130	1,740	97.7
	35~37	8,000,000	7,500	99.9
HTST 살균	30	2,985,000	58,530	96.7
	37	257,000	2,330	99.1
	37	74,130	3,200	95.9
	35~37	11,500,000	33,600	99.6
UHT 멸균	35~37	13,000,000	0.5~1	99.99999
	35~37	55,000~250,000,000	0	100
	30	5,000포자수/5L	0.0025포자수/5L	99.99995
	30	900포자수/5L	0~3포자수/5l	≒100

⑥ 살균유 및 멸균유의 품질과 보존성

  LTLT 살균이나 HTST 살균된 우유는 온화한 풍미를 나타내고 병장 직후에는 신선한 우유와 같은 외관을 나타낸다. 그러나 잔존세균으로 인하여 보존성이 떨어지고 냉장 중에는 호냉세균의 증식에 의하여 며칠 내에 풍미가 변하게 된다. 반면 UHT 처리유는 처리 직후에 가열취와 황화수소취가 나타나며, 유청단백질의 변성에 의하여 백색이 더 증가되고 저장 중에는 변성단백질의 침전이 생성된다. UHT 처리유의 잔존세균은 주로 호기성 아포균과 호냉세균으로 한정되므로 냉장 중의 변패는 일반 세균유와는 달리 단백질 및 지방의 분해와 이에 따른 풍미의 악변과 쓴맛을 나타내게 되며 UHT 멸균, 무균충전 우유는 수주간의 높은 보존성을 유지하게 된다.

2. 열교환기

서로 온도가 다르고, 고체벽으로 분리된 두 유체들 사이에 열교환을 수행하는 장치를 열교환기라 하며 난방, 공기조화, 동력발생, 폐열회수 등에 널리 이용된다.

1) 열교환기 이론

(1) 유체유동

① 수평유동

수평유동에서는 중력이 반경방향으로 작용하므로 유동이 중심축에 대하여 반대칭 형태를 가지며 상대적으로 밀도가 큰 액체는 아래쪽으로 처져 흐르는 경향이 있다. 그리고 과열상태로 흘러들어온 증기는 튜브 입구에서 전단력에의해서 유동형태가 지배된다. 그러므로 전단력의 지배를 받는 유동형태는 분무류(mist flow), 환상류(annular flow), 기포류(bubble flow)가 있고 중력의 지배를 받는 유동형태는 파형류(wavy flow), 성층류(strarified), 플러그류(plug flow), 슬러그류(slug flow), semi-annular flow가 있다.

가) 분무류(mist flow)

안개류라고도 하며 대부분이 과열의 증기가 유입될 때 이러한 양상을 관찰할 수 있다. 열전달 관점에서는 제일 나쁜 유동이다.

나) 환상류(annular flow)

환상류에서는 빠른 속도의 기체가 튜브 중심 부분을 흐르고, 튜브 벽에서 응축되어 상대적으로 느린 액체는 튜브 벽을 따라서 액막의 형태를 가지고 같은 방향으로 흐른다. 기체의 속도가 아주 빠르게 되면 액막으로부터 액체 일부가 이탈하여 액적의 상태로 기체 유동에 유입되는 환상분무류(annular-mist flow)가 나타나게 된다.

다) 기포류(bubbly flow)

이 유동은 연속적인 액체상에 작은 기포가 분산된 형태이다. 부력의 영향에 의해서 기포들은 수평관 상부에 더 많이 분포한 상태로 흐르게 되는데, 액체의 유량이 증가할수록 튜브 단면 전체에 균일하게 분포하는 경향을 보인다.

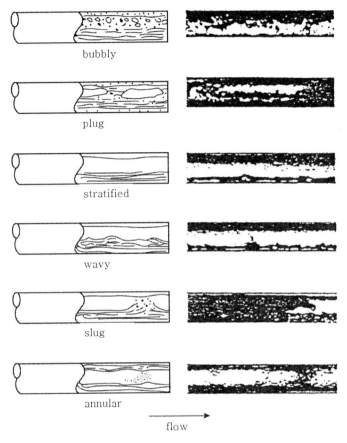

bubbly

plug

stratified

wavy

slug

annular

flow

그림 1-3 수평관 내의 유동 패턴

라) 파형류(wavy flow)

이 유동은 성층류에서 기체속도의 증가에 따라서 액체와의 상대 속도가 커지게 되면 경계면이 교란을 받아서 표면파(surface wave)가 발생하는 유동이며, 이 표면파는 유동방향으로 흐르게 된다.

마) 성층류(stratified flow)

이 유동은 기체와 액체가 모두 느린 속도로 수평관 내를 유동할 때 나타나며, 특히 기체와 액체 간의 상대속도가 작기 때문에 두 유체의 경계면은 부드러운 (smooth) 형태를 가진다.

사) 슬러그류(slug flow)

이 유동은 외형상 플러그류와 유사하나 빠른 속도의 기체에 의해서 발생한다는 점에서 그 특성이 다르다. 파형류에서 기체의 속도가 증가하면 경계면 파동의 진폭이 커지면서, 기포가 섞인 파기 튜브 상부를 간헐적으로 접촉하면서 빠른 속도로 하류로 흐른다. 액체 슬러그가 접촉하고 난 뒤의 튜브 상부에는 액체가 액막의 형태로 얼마간 남아있게 되며, 이 상태에서 기체의 속도가 조금 더 빨라지게 되면 파형 환상류가 나타나고, 궁극적으로 환상유동으로 천이하게 된다.

아) 플러그류(plug flow)

플러그류는 수직유동의 슬러그류(또는 플러그류)와 유사하다. 기포류가 느려지게 되면 기포들 간의 합착에 의해서 긴 형태의 플러그 기포가 형성되며, 이 기포는 튜브 상부를 따라서 흐르게 된다.

② 비등 시 수평관 내의 유동

수평유동의 경우에도 튜브 외부에서 열이 가해지게 되면 유동양식이 유동방향에 따라서 변해가게 된다. 그림 1-4를 보면 과냉상태의 액체가 흘러 들어와서 기포류-슬러그류-파형류-환상류-액적류의 과정을 거쳐서 결국 과열증기상태로 흘러들어가게 된다. 그림 1-4의 유동양식 변화과정은 질량유속과 열유속이 낮은 상태에서 나타나는 현상으로 질량유속과 열유속이 증가하면 유동양식의 변화과정도 달라지게 된다.

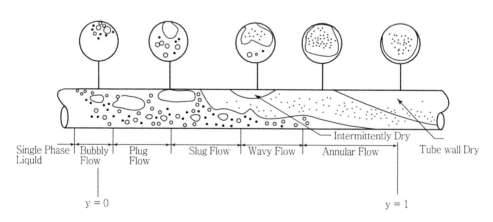

그림 1-4 비등 시 수평관 내의 유동

③ 응축 시 수평관 내의 유동

수평응축관 내에서 유동양식의 천이과정은 그림 1-5와 같다. 이 그림에서 보면 주위 튜브벽에 의한 냉각이 어느 정도 빨리 이루어지는가에 따라서 유동형태가 다르게 나타난다.

주위 벽면에 의한 냉각이 급속히 이루어지는 경우(즉 높은 열유속의 경우)에는 과열상태로 흘러들어온 증기는 응축되면서 환상분무류-환상류-슬러그류-플러그류의 상태를 거쳐서 과냉상태의 액체로 되어 흘러가게 된다. 이 경우는 튜브 입구에서 증기의 유동에 따른 전단력에 의해서 유동형태가 지배되고, 하류로 내려갈수록 유체가 튜브 단면을 채워가면서 액체유동에 따른 전단력이 유동양식 변화의 주된 지배요인이 된다. 반면에 낮은 열유속에서는 과열상태로 흘러들어온 증기는 환상분무류 및 환상류를 거친 후에 파형류와 성층류의 유동양식을 보여주면서 출입구를 통해서 포화증기와 함께 빠져나간다. 이 경우에는 튜브 출구로 갈수록 중력에 의한 유동형태의 변화가 지배적이다.

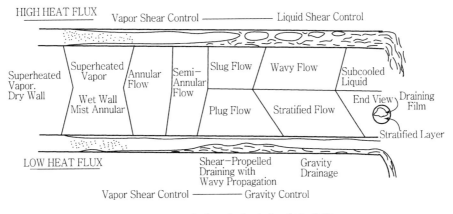

그림 1-5 응축 시 수평관 내의 유동

④ 수직관 내에서의 유체흐름

수직유동에는 중력의 작용방향과 같거나 정반대이므로 유동의 형태가 축대칭이다. 수직유동의 양식은 기본적으로 기포류(bubbly flow), 슬러그류(slug flow), 천류(churn flow), 환상류(annular flow), 그리고 액적류(drop flow)등이 있다. 이러한 각 유동양식의 경계는 확연히 구분되는 것이 아니며, 한 유동양식에서 다른 유동양식으로 변천해 갈 때는 2개의 유동양식이 섞여서 나타난다. 각 유동양식의 특징들을 살펴보면 다음과 같다.

가) 기포류(bubbly flow)

이 유동양식에는 기체상(gas phase)이 분산된 작은 기포들의 형태로 연속적인 액체상(liquid phase)내에 축대칭의 형태로 분포한다. 이때 기포의 크기는 튜브 직경에 비하여 대단히 작으며, 유동의 형태는 튜브 벽의 직접적인 영향을 받지 않는다. 그러나 튜브 벽면과 항상 접촉하고 있는 액체상의 유동에 의하여 기포의 유동이 영향을 받으므로 튜브 벽면의 영향을 간접적으로 받게 되며 유동조건에 따라서 단면에 따른 분포상태가 변하게 된다. 이 유동양식은 기공률(void fraction, 2상 유체의 단위체적당 기체가 차지하는 체적의 비)이 0.3 이하에서 주로 나타나나 적절한 첨가제(additive surfactant)를 섞어 주면 훨씬 높은 기공률(거의 1에 가까운 값)에서도 기포류가 가능하다. 작은 기포의 형태는 대체로 구형을 이루나 기포의 양이 많을 경우 기포 간의 충돌 및 합착에 의하여 더 큰 기포가 형성되면 큰 기포들의 주위유동에 의해서 변형되어 타원형이나 캡 형태를 보이기도 한다.

나) 슬러그류(slug flow)

슬러그류에서는 튜브 직경과 거의 같은 직경을 가지는 테일러 기포(taylor bubble)가 상향으로 흐르며 이 기포와 튜브 벽 사이에서는 액체가 얇은 막(film)의 형태로 하향 유동한다. 이 유동을 Whalley(1987) 등은 프러그류(plug flow)라고 부른다. 이 기포의 길이는 튜브 직경 정도로부터 직경의 100여 배에 이르기까지 유동조건에 따라서 다르게 나타나며 각 테일러 기포 사이에는 작은 기포들이 섞인 액체 슬러그가 존재한다. 이 유동은 대체로 작은 질량유속(mass flux)을 가진 2상 유동에서 작은 기포들 간의 합착에 의해서 형성되는 경우가 많다.

다) 천류(churn flow)

천류는 슬러그류와 어느 정도 유사하나 앞 부분이 둥근 탄환형태의 슬러그 기포와는 달리 기포의 형태가 많이 변형되어 불규칙적인 형태를 이루며 기포와 기포 사이의 액체 슬러그가 과다한 양의 기체유동에 의해 일시적으로 파괴되었다가 다시 복원되는 등 유동 전체가 진동(oscillation)을 한다. 따라서 액체도 계속 상하로 진동하며 흐르게 된다.

라) 환상류(annular flow)

환상류란 액체가 튜브 벽을 따라서 액막의 형태로 흐르고 기체는 튜브 중심부분을 따라서 흐르는 유동을 말한다. 이 유동은 기체의 흐름이 클 때 나타나는 것이 보통이며 유속이 느린 액막과의 큰 상대속도에 의해서 액막의 형태가 파형을 이루거나 액막으로부터 액체가 작은 액적들의 형태로 떨어져 나와 기체유동에 유입(entrainment)되는 경우가 많다. 작은 액적(또는 분무) 등이 관 중심부분의 기체와 함께 유동하는 환상류를 특히 환상분무류(annular-mist flow)라고 한다.

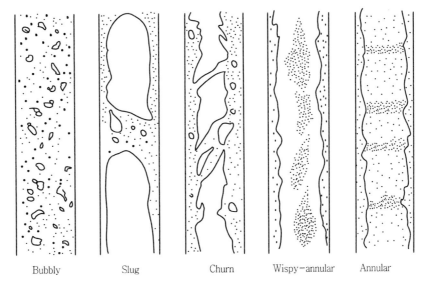

Bubbly   Slug   Churn   Wispy−annular   Annular

그림 1-6 수직관 내 유동 패턴

⑤ 수직상승 비등(vertical upflow boiling)

수직 2상 유동에서 응축은 하향유동(down flow)으로, 비등은 상향유동(up flow)으로 이루어지는 것이 가장 효과적이다. 열전달이 수반되지 않는 유동의 경우, 좀더 정확히는 2성분 유동(two component flow)에는 튜브 내부를 따라서 하류로 흘러가도 대체로 유동양식이 그대로 유지되는 것이 보통이다. (물론 엄밀히 말해서는 기체 및 액체의 재배치에 의해 유동양식은 항상 바뀐다.) 열전달이 수반되는 증기유동(evaporative flow)이나 응축유동(condensing flow)의 경우에는 유동방향에 따라서 유동양식이 크게 변하는 것을 볼 수 있다. 그림 1-7에서는 수직가열관 내의 전형적인 2상 유동양식을 보여주고 있다. 균일 열유속을 받는 관의 하부를 통해서 유체가 흘러들어오게 되면 튜브 벽으로부터의 대류 열전달에 의하여 액체의 온도는 점차 상승하게 되고 비등점 가까이에 이르면 벽면에서부터 기포의 생성이 시작되어 기포류가 형성된다.

유체가 계속 가열되면 기포의 양은 점점 증가하고 기포 간의 합착에 의해서 슬러그 기포가 형성되어 슬러그류로 천이한다. 계속되는 기체량의 증가에 따라 기체의 속도는 점점 빨라지고 슬러그류의 액체 슬러그가 파괴되면서 점차 환상류의 형태를 띠게 된다. 환상류에서는 벽면과 접촉하는 액막이 얇아서 열저항이 작기 때문에 기포 생성에 필요한 벽면 과열(wall superheat) 상태가 이루어지지 않으므로 열은 액막을 통해서 대류 및 전도 현상에 의해 전달되며 액막과 튜브 중심부의 기체와의 경계면에서는 지속

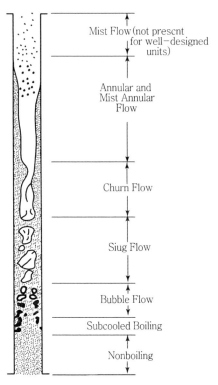

그림 1-7 수직관 내 상승유동 시 유동

적인 증발이 나타난다. 이때에도 지속적인 증발로 인하여 기체의 속도는 증가하며 이에 따라 액적이 액막으로부터 튜브 중심부의 기체로 유입되어 분무 환상류의 형태를 띠었다가 결국 벽면에 접한 액막이 완전히 증발하고 튜브 중심부의 액적이 증기와 함께 흐르는 액적류 형태가 된다. 이 액적들은 하류로 흘러가면서 증발하게 되고 종국적으로 단상기체(증기) 유동(single phase vapor flow)이 된다.

⑥ 수직하향류의 응축

수직하향유동의 응축에서 유동양식(flow pattern)은 항상 annular가 된다. 그러나 비응축 가스가 없는 순수성분의 경우는 주로 slug pattern이며 액체의 양이 많은 경우 액체로 꽉 찬 형태도 될 수 있다. 그림 1-8은 이러한 두 형태를 보여주고 있다. 열전달의 차이는 중력의 지배를 받는가, 전단력의 지배를 받는가, 그리고 액체가 층류인가 난류인가 등은 유동형태의 지표(C_{gt})와 액체의 Reynold수에 의해 결정한다.

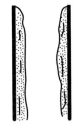

Low liquid Loading or
Noncondensables Present
(Most common case)

High Liquid Loading
Pure Component
No Noncondensables

그림 1-8 수직하향 응축 시 유동

(2) 비등(boiling)

① 정의

고체-액체계면에서 증발이 일어날 때 이를 비등이라 한다. 비등은 여러 가지 조건하에서 일어날 수 있다. 예를 들면 풀비등(pool boiling)에서는 액체는 정지해 있고 표면 근처에서의 유체의 운동은 자유대류 그리고 기포의 성장과 이탈에 의한 혼합에 기인한다. 반면, 강제대류비등(forced-convection boiling)에서는 유체유동은 자유대류와 기포에 의하여 유도된 혼합뿐만 아니라 외적인 수단에 의하여도 유발된다. 비등은 또한 그것이 과냉(subcooled) 상태인가 또는 포화(saturated) 상태인가에 따라 분류되기도 한다. 과냉비등에서는 액체의 온도가 포화온도보다 낮으며, 표면에서 형성된 기포는 액체 속에서 응축될 수 있다. 반면, 포화비등(saturated boiling)에서는 액체온도가 포화온도보다 약간 높다. 고체표면에서 형성된 기포들은 부력에 의하여 액체를 통해 움직이고, 궁극적으로 자유표면(free surface)으로부터 빠져나간다.

- 풀보일링(pool boiling) : 정체된 유체의 비등 현상으로 케틀타입의 리보일러에 응용된다. Saturated, subcooled boiling으로 나눌 수 있다.
- 대류 보일링(convection boiling) : 유동하는 유체의 비등현상으로 써모사이폰 타입의 리보일러에 응용된다. Forced convective, free convective boiling으로 나눌 수 있다.

② 풀비등(pool boiling) 선도

열전달 계수와 온도차(벽 온도와 bulk 유체의 온도차 ΔT_b)를 연관한 일반적인 곡선의 형태에서 온도차(ΔT_b)는 비등을 합리적으로 잘 이해하는 데 연관된 몇 개의 지표 중에 하나이다. 그림 1 - 9는 현재 잘 알려진 Nukiyama의 실험에 의해 소개된 전형적인 비등 선도이다. 이 비등 선도의 형태는 시스템에서 열전달률을 논의하는데 기본이 되며 6개의 전열에 대한 주요 형태이고 유동형태는 튜브 표면온도와 포화온도 차가 점점 커지는 것으로 설명될 수 있다. 온도차(ΔT_b)가 증가되면 다음의 현상들이 한 개의 튜브 외부에서 관찰된다.

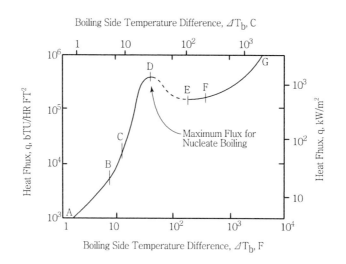

그림 1−9 대기압에서 물의 Pool 비등선도

가) A−B 영역 : 자연대류 영역

어떤 ΔT_b 아래에서 튜브 표면에 유체는 핵을 만들 만큼 충분히 과열되지 않아 기포가 생성되지 않으나 열은 순수한 자연대류로 전달된다. 이 영역에서 열전단 계수는 ΔT_b의 $\frac{1}{4}$승에 비례한다.

나) B−C 영역 : 초기 비등 영역

이 영역은 약간의 기포가 발생되는 초기 비등 영역으로 전열은 단상의 자연대류와 핵 비등과의 합으로 이루어진다.

$$h_b = h_{nc} + h_{nb}$$

여기서 h_b: 유효 비등 열전달 계수($Kcal/hrm^2 ℃$)

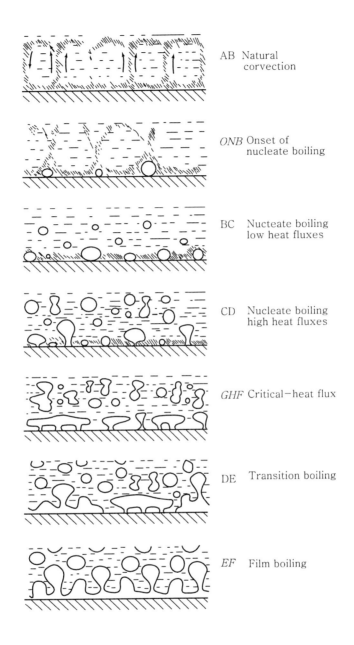

AB Natural corvection

ONB Onset of nucleate boiling

BC Nucteate boiling low heat fluxes

CD Nucleate boiling high heat fluxes

GHF Critical-heat flux

DE Transition boiling

EF Film boiling

다) C−D 영역 : 핵비등 영역

이 영역의 열전달은 ΔT_b의 함수로서 열전달에 가장 큰 영향을 주는 계수로, 발생되는 증기의 기포가 튜브 표면에서 떨어져 나가는 속도와 기포수 등에 영향을 준다. 그 결과 핵비등의 열전달 계수(h_{nc})는 1보다 큰 지수승을 한 ΔT_b에 비례한다.

라) D-E 영역 : 천이영역

저압이며 온도차(ΔT_b)가 22~50℃일 경우 막비등이 시작된다. 온도차가 증가되면 열유속(heat flux)도 증가하다가 최대점에서 감소하기 시작한다. 즉, 천이영역은 불안정한 핵비등과 불안정한 막비등으로 구성된다. 또 ΔT_b가 증가하면 안정된 증기막이 상당기간 유지되므로 평균 열전달률은 감소한다.

마) E-F-G 영역 : 안정된 막비등 영역

어떤 온도차(ΔT_b) 이상에서 액체는 metal 표면에 접촉되지 않는다. 즉, 튜브는 핵 비등에서 보다 낮은 열전달 계수를 갖는 안정된 증기막으로 둘러 싸여지기 때문이다. 열교환기는 때로 고정된 높은 온도의 유체로 인하여 막비등 영역에서 설계하지만 가능하다면 열전달률이 좋은 핵비등 영역에서 설계되어야 한다.

바) 최대 열유속(maximum heat flux)

핵비등의 상한 값인 최대 열유속값이 비등장치의 설계에서 중요시되지만 최대 열유속은 물성치, 압력, 구조의 함수로 이루어진다.

(3) 열교환기 shell 측 stream 분석

Shell side로 유체가 지날 때 우리가 요구하는 B. stream으로만 유체가 유동하는 것이 아니다. 유체의 유동을 유도하는 단면적이 좁으면 상대적으로 전열에 비효율적인 유로로 많이 흐르게 된다.

1947년 Tinker에 의해 shell side의 성능을 좀더 정확하게 접근할 수 있는 이론이 제시되었다. 이 이론은 그림 1-6 에서 정의한 5개의 stream으로 분류하며 비효과적인 누수와 우회(bypass), 그리고 효과가 있는 십자류(cross flow)로 분리한다. 먼저 5개의 stream을 정의하기 전에 각 stream의 저항과 stream간의 관계가 확립되어야 한다. 이러한 저항은 각 stream에 대하여 아직까지 알려지지 않은 무변화의 함수라 할 수 있다.

- 'A' stream : 튜브와 baffle 간의 틈새로 유동하는 유체
- 'B' stream : 튜브와 baffle을 횡단하여 유동하는 유체
- 'C' stream : 튜브와 baffle과 shell 사이로 유동하는 유체
- 'E' stream : baffle 과 shell 간의 틈새로 유동하는 유체

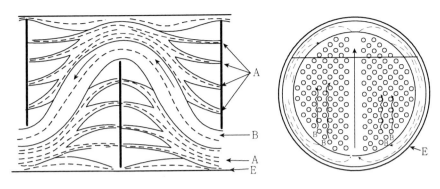

그림 1-10 유체 흐름 분석도

· 'F' stream : tube bundle 중심부(tube passpartition 혹은 U-tube로 인하여 생긴 공간)로 유동하는 유체

가) 'B' crossflow stream : 이 stream은 연속적으로 튜브와 접촉하게 되며 bundle 사이로 통과한다. 압력손실도 크지만 열전달률도 크다. 이 stream이 단위속도당 열전달에는 가장 효과적이다.

나) 'A' tube-baffle leakage stream : 이 stream은 bundle 내에서 길이방향으로 유동한다. 주어진 속도에 대하여 직접 십자류로 흐르는 stream만큼 효과적이지는 못하다. 그렇지만 항상 튜브와 접촉하며 흐르고 튜브와 baffle 간극에서 높은 유속을 내고 있기 때문에 baffle-shell 누수나 우회류보다 효과적이다.

다) 'F' pass partition flow stream : 이 stream은 pass partition channel의 어느 한쪽과 접촉한다. 그러나 channel폭은 전형적인 튜브 간극보다는 넓어서 단위 속도당 열전달효과는 십자류보다 다소 떨어지나 거의 'A' stream 수준 과정이다.

라) 'C' bypass stream : bypass stream의 효과는 bypass 간극과 seal strip 수와 깊은 관계를 가지고 있다. 매우 넓은 bypass channel 간극에서 seal strip을 사용하여 강제로 튜브와 접촉할 수도 있다.

마) 'E' crossflow steam : 이 stream은 전열에 가장 비효과적이며, 대부분의 압력손실은 거의 전열효과를 얻지 못하는 압력손실이 된다. 이 stream은 shell에 밀접하게 흐르기 때문에 튜브와 접촉이 작다. 그래서 유일한 수단으로 난류화를 추진시켜 'C' stream과 혼합하게 한다. 그러나 난류인 경우는 전열효과는 거의 볼 수가 없다.

(4) 진동

① 열교환기에서 발생되는 진동과 역학적 파괴현상

일반적으로 열교환기에서 발생되는 진동은 다음과 같다. shell side에서 유동에 의해 여기된 진동, 튜브 side 유동에 의해 여기된 진동, shell side와 튜브 side 유량에서의 요동(osillation) 또는 맥동(pulsation), 외부적으로 발생된 진동의 전달이 있으나 shell side 유동에 의해 발생된 진동이 가장 크고, 열교환기를 파괴하는 주 요인이 된다. 큰 진폭과 함께 오랜 시간 단속되는 튜브의 진동은 역학적 파괴를 일으켜서 결국 누출이 생기게 된다. 이러한 튜브의 역학적 파괴는 아래와 같이 몇 가지 메커니즘에 의해 생긴다.

가) 충돌파괴 : 진동폭이 클 때 인접한 튜브 간의 계속적인 충돌 또는 shell과 튜브와의 충돌(collision damage)로 튜브 벽이 얇게 달아 궁극적으로 쪼개져서 튜브 간 충돌이 있으면 한가운데 다이아몬드 형상이 나타난다.

나) baffle에 의한 손상 : baffle의 튜브 hole은 튜브보다 1/64"~1/32" 정도 커서 튜브는 운동이 자유롭다. 그러므로 baffle이 얇고 튜브 재질보다 강한 재질일 때, 진동하는 튜브가 baffle에 의해 절단되는 형상 또는 baffle의 손상

다) fatigue : 응력이 크고 장시간 진동이 연속된다면 튜브의 반복되는 굽힘에 의해 재질성분이 변형되어 생기는 피로(farigue)에 의한 튜브 손상 또는 튜브 마멸현상(fretting)으로 부식과 erosion을 촉진시킬 수도 있고 실제로 튜브를 부러지게 하여 조각을 내는 결과가 된다.

라) 튜브 joint : 튜브와 튜브 sheet 접합부에서 생기는 손상으로 진동은 확관된 것을 벌어지게 하고 튜브 sheet 내에 grooves가 끊어지게 한다.

② flow induced vibration 현상

계에서 제시된 진동은 탄성 구조물과 함께 몇 가지 여기력(exiting force)에 의한 우력(coupling force)을 내포하고 있다. flow induced vibration의 경우 여기력은 보통 shell side 유체의 유동으로부터 생기며 탄성계는 튜브 bundle이 된다. 이 여기력은 유량이 증가함에 따라 연속적으로 증가되는 특성 진동수 (charateristic frequency)에서 파동하나 튜브의 고유진동수라 부르는 특별한 응답 진동수 및 튜브 진동 결과와 상응할 때 생긴다. 유동으로 여기된 메커니즘과 두 범주, 즉 튜브에 평행한 평행유동에 의해 여기된 메커니즘과 튜브에 수직한

십자류(cross flow)에 의해 여기된 메커니즘으로 다시 구분할 수 있다. 그러나 이들 평행유동은 진폭이 작거나, 속도가 크기 때문에 열교환기에서는 거의 문제가 되지 않는다. 그러나 십자류 유동은 일반적인 열교환기 shell side 속도에서 상당히 큰 진폭을 유도시킬 수 있다. 이 십자류 유동에 의해 관찰된 유동으로는 주기성을 가진 유동분리(flow separation)에 따라 생기는 vortex shedding과 random 특성을 가진 난류와 결합된 turbulent buffeting 및 fluidelastic whirling가 있다.

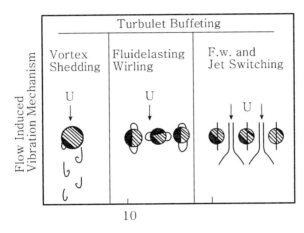

그림 1-11 유체 흐름으로 유발된 진동에 대한 메커니즘

가) 고유진동수

진동의 방지를 위하여 고유진동수는 높은 것이 좋다. 고유진동수는 다음과 같이 표현된다.

$$f_n = 0.04944 C_n \sqrt{\frac{EIg_c}{W_a L^4}}$$

여기서,

f_n : straight 튜브의 고유진동수(Hz)

C_n : 무차원 진동상수

E : modulus of elasticity(kg/m²)

I : sectional moment of interia$(\text{m}^4) = \pi(D_0^4 - D_i^4)/64$

L : 튜브 span의 길이(m)

W_a : 단위길이당 유효하중 $(\text{kg/m}^2) = W_n + W_t + W_s$

W_n : 단위길이당 튜브하중 (kg/m)

W_t : 단위길이당 튜브 내부의 유체 하중 (kg/m)

W_s : 단위길이당 튜브에 의해 대체된 shell side 유체의 하중

$\qquad = k\rho(\pi/4)D_0^2 \ (\text{kg/m})$

나) Vortex shedding(V.S)

튜브를 가로질러 흐르는 십자류 유동은 위의 그림에서와 같이 튜브의 양쪽 경계면으로부터 교대로 유동이 분리될 때 형성되는 하류(down stream) wake에 의해 일련의 vortex를 형성한다. 이 반복되는 V.S는 유동속도가 증가함에 따라 더욱 빈번히 발생하여 반복적인 힘을 발생시킨다. 이 V.S는 본질상 유체의 메커니즘으로서 튜브의 움직임에는 무관하고 주어진 튜브 배열과 크기에 대해서만 변하며, 속도가 증가함에 따라 V.S 진동수는 증가한다. V.S 진동수는 튜브의 고유진동수 및 진동결과와 일치할 때 여기진동수일 수 있으며, 튜브 사이의 유동면적은 튜브의 움직임에 따라 진동수와 일치하며 맥동 또는 수축되고, 이것이 교대로 V.S 진동수를 조절하는 유동속도를 바뀌게 한다. 튜브는 오직 특별한 진동수에만 진동하기 때문에 V.S 진동수는 고유진동수와 함께 lock in될 수 있다.

다) Turbulent buffeting(T.B)

Turbulent buffeting은 극단적인 shell side 난류유동에 기인해 작용하는 맥동 (fluctuating force)이 튜브를 타격하는 현상으로 십자류 속도가 증가함에 따라 증가하는 중심 지배적 진동수(central dominant frequency) 주위에 넓게 포함된 진동수 스펙트럼을 가진다. 진동수 스펙트럼이 나타났을 때 튜브는 그들의 고유 진동수 혹은 가까이에서 선택적으로 에너지가 추출된다고 알려져 있다. 그래서 T.B에서 지배적인 진동수가 고유진동수와 일치되었을 때 에너지의 전달이 상당한 진폭을 유도할 수 있다.

라) Fluidelastic whirling(F.W)

Fluidelastic whirling은 궤도운동(orbital movement)을 하며 진동하는 튜브에 의해 입증된 현상을 기술하는 것으로, 고유진동수에서 튜브들이 장력과 항력 단변위(lift and drag displacement)의 조합을 일으키는 십자류 유동에 의해 생성된다. 전형적으로 일단 F.W가 생기면, 이것은 튜브에 공급된 에너지가 감리(damping)에 의해 소산(dissipartion)될 수 있는 에너지를 초과하는 경우 궤도를 이탈하게 된다. 이러한 F.W가 생길 수 있는 임계 십자류 유동속도를 예측하는 방법은 튜브의 고유진동수, 튜브의 layout 및 계의 감리특성에 의존한다.

지금까지 간략하게 언급한 V.S, T.B 및 F.W는 각기 독립적으로 존재하지 않고 서로 결합되어 유동력을 증폭 또는 감폭할 것으로 예측되고 있으나 아직 명확히 알려져 있지 않다.

③ 진동방지 설계

열교환기에서 진동예측을 위한 다음과 같은 설계지침이 제시되어 있다. 먼저 액체에 대해 Reynolds수는 아마도 30~50,000구간에 있다. 이때는 V.S 메커니즘이 가장 지배적일 것으로 가정하는 것이 합당하다. 만약 속도가 높다면 ($P_s V_c^2/9266 > 0.5 \text{kg/cm}^2$), 유동방향의 힘이 튜브를 손상시키기에 충분할 것이다. 이런 조건하에서 설계는 십자류 V.S 메커니즘을 적용해야 한다.

액체나 기체에 대해서 만약 Reynolds수가 300,000 이하일 때는 액체에서와 똑같은 지침을 따라야 한다. 그러나 Reynolds수가 300,000보다 더 크면 설계는 F.W 메커니즘을 적용해야 한다. 만약 pitch율이 1.5보다 크면, T.B 메커니즘을 설계에 적용시켜야 한다.

위에서 제시한 설계지침은 여러 문헌과 경험으로부터 얻어진 정보에 기반을 두었으나 어떠한 보증도 될 수는 없다. 또한 진동이 일어난다고 해서 튜브에 손상이 항상 생긴다고 할 수는 없다. 많은 열교환기들이 진동을 일으키나 튜브의 파괴는 일으키지 않는다. 튜브의 손상은 피로, 튜브와 튜브 간의 충돌 및 baffle에 의한 절단으로부터 생긴다고 알려져 있다.

④ 진동이 예상되는 열교환기의 설계시방

진동분석결과 진동이 예상되면 설계요소는 진동관점에서 제고될 수 있다.

보통 shell side에 기체가 흐르고 낮은 허용압력을 가진 거대한 열교환기에서 진동문제가 크게 예상된다. 이와 같이 진동이 예상되는 열교환기를 설계할 때 다음과 같은 설계시방이 추천된다.

가) 유동형태를 예측할 수 있도록 shell side를 설계한다. 35%보다 크거나 15%보다 작은 baffle cut는 두 조건 모두 좋지 않은 속도분포를 제공하므로 피한다.

나) pass lane을 통과하는 bypass는 물론 튜브들과 shell 이에 어떤 bypass 유동로도 차단한다. 즉, 이들 구역에서 높은 국부속도가 생겨 국소손상을 야기시킬 수 있다. 때때로 평행유동 baffle들(window baffle과 triple segmental baffle로도 불린다)을 사용하는 것이 가능하다. 이것은 튜브에 근본적으로 평행한 유동을 제공하며, 속도는 더 낮아지고 낮은 십자류 유동 속도성분은 낮은 V.S 진동수를 만들 것이다.

다) 다만 문제되는 속도가 입구 또는 출구 nozzle 근처에 있을 경우에 이 속도가 하류 쪽의 더 유연한 span에 손상을 입힐 수 있는가 하는 의문이 생긴다. 그러나 이 국소구역에 대한 진동기준을 맞추기 위해 전체 설계를 변형하는 것은 비용이 많이 든다. 이러한 경우 아래 세 방법 중 하나로 좋은 결과가 얻어진다.

- nozzle 속도 감속장치(velocity reducing device)를 설치한다. impingement plate와 함께 설치된 표준 pipe reducer라면 충분하나 더욱 심한 경우에는 분포 belt(distribute belts)가 요구된다.
- nozzle 밑에 직접 튜브를 지지하는 baffle을 설치한다. 이것은 nozzle에 여기력을 놓고 다른 span에서 발생할 수 있는 진동진폭을 상당히 절감시킨다.
- 튜브를 nozzle근처에 있는 첫 번째 baffle에 압연시킨다. 이러한 압연은 부분적으로 튜브의 나머지 부분으로부터 여기력을 고립시키고 진동진폭을 작게한다.

위에서 언급한 3가지 설계시방 중 nozzle 속도 감속장치가 가장 바람직하다.

라) shell side 유체의 속도가 높을 때는 pitch를 증가시키거나 TEMA의 'X', 'J' shell을 사용함으로서 속도를 줄일 수 있다. 이것은 압력손실의 제한으로 설계에 문제가 될 때 바람직하나, 더 큰 shell의 직경이 요구될 수 있다.

마) 음향진동이 문제가 될 때는 특성길이(shell의 직경)를 줄이기 위하여 detuning baffle을 사용하면 쉽게 해결할 수도 있다.

바) 매우 두꺼운 baffle은 튜브가 baffle에 의해 절단되는 것을 줄이고 계(system)의 damping을 증가시킨다. 그러나 baffle hole이 매우 밀착된 공차로 정밀 가공되지 않으면 고유진동수는 baffle hole이 두꺼워져도 증가하지 않는다. 이러한 기계 가공은 비용이 많이 들고 정밀 가공된 hole은 결합을 어렵게 만든다.

사) 튜브의 고유진동수가 낮을 때 고유진동수를 증가시키는 가장 효과적인 방법은 가장 unsupported span 길이를 줄이는 것이다. span 길이를 80%로 줄일 때 고유진동수는 50% 이상 증가한다. 또한 튜브의 고유진동수는 튜브의 운동을 방지하기 위하여 튜브 사이에 쐐기로 고정시킨다던가, 튜브들을 묶음으로써 증가될 수 있다. 이 방법은 U-tube bend 구역에서의 진동을 제어하는데 특히 유용하다. 이상의 설계시방에 추가하여 진동의 손상에 가장 잘 견딜 수 있는 열교환기의 설계는 baffle cut부에 튜브가 없는 segmental baffle 형태로 이러한 설계는 두 가지의 이로운 점이 있다. 첫째는 가장 문제가 되는 튜브들(즉, 하나씩 건너 뛰어서 baffle에 지지되는 튜브들)이 제거되고, 둘째는 중간지지대가 segmental baffle 사이에 놓일 수 있다. 따라서 설계자는 여기진동수보다 높게 고유진동수를 증가시키기 위해 필요한 만큼 이들 지지대를 설치해야 한다. 또한 이 설계와 함께 입구에서 nozzle 속도 감속장치가 필요하다.

2) 열교환기의 종류

(1) 기하학적 형태에 따른 분류

① 원통다관식(shell & tube) 열교환기

가장 널리 사용되고 있는 열교환기로 폭넓은 범위의 열전달량을 얻을 수 있으므로 적용범위가 매우 넓고, 신뢰성과 효율이 높다.

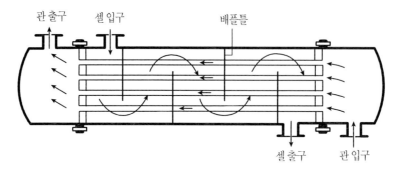

그림 1-12   단일셀 통로와 단일관 통로를 가진 셀-앤드-튜브 열교환기
(직교유동-대향유동 조작 양식)

② 이중관식(double pipe type) 열교환기

외관 속에 전열관을 동심원상태로 삽입하여 전열관 내 및 외관동체의 환상부에 각각 유체를 흘려서 열교환시키는 구조이다. 구조는 비교적 간단하며 가격도 싸고 전열면적을 증가시키기 위해 직렬 또는 병렬로 같은 치수의 것을 쉽게 연결시킬 수가 있다. 그러나 전열면적이 증대됨에 따라 다관식에 비해 전열면적당의 소요용적이 커지며 가격도 비싸게 되므로 전열면적이 $20m^2$ 이하의 것에 많이 사용된다. 이중관식 열교환기에서는 내관 및 외관의 청소점검을 위해 그랜드 이음으로 전열관을 떼낼 수 있는 구조로 하는 수가 많다. 이 같은 구조에서는 열팽창·진동, 기타의 원인으로 이음부분에서 동측유체가 누설되는 수가 있으므로 동측유체는 냉각수와 같은 위험성이 없는 유체 혹은 저압유체를 흘린다. U자형 전열관과 관상동체 및 동체커버로 이루어지며 전열관은 온도에 의한 신축이 자유롭고 관내를 빼낼 수 있는 이중관헤어핀형 열교환기기 있다. 또 전열효과를 증가시키기 위해 전열관 외면에 핀(fin)을 부착시킨 것도 있다.

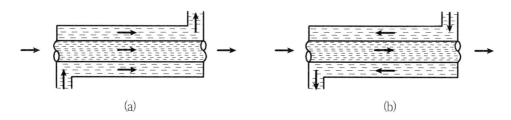

(a)   (b)

그림 1-13   동심 열교환기(a : 평행유동, b : 대향유동)

③ 평판형(plate type)열교환기

유로 및 강도를 고려하여 요철(凹凸)형으로 프레스성형된 전열판을 포개서 교대로 각기 유체가 흐르게 한 구조의 열교환기이다. 전열판은 분해할 수 있으므로 청소가 완전히 되고 보존점검이 쉬울 뿐만 아니라 전열판매수를 가감함으로써 용량을 조절할 수 있다. 전열면을 개방할 수 있는 형식의 것은 고무나 합성수지가스켓을 사용하고 있으므로 고온 또는 고압용으로서는 적당하지 않다. 액체와 액체와의 열교환에 많이 사용되며 한계사용압력 및 온도는 각각 약 5kg/cm^2, 150℃이다. 주로 식품공정과 같이 자주 세척하여 청결을 유지할 필요가 있는 경우에 사용되며 아래와 같은 경우에는 적절하지 못하다.

- 0.5 mm 이상의 고체 입자를 함유한 액체
- 열전달 면적이 2500m^2 이상
- 25kg/cm^2·g 및 250℃ 이상
- 상변화가 있는 경우
- 유체의 속도 0.1 m/sec 이하인 경우

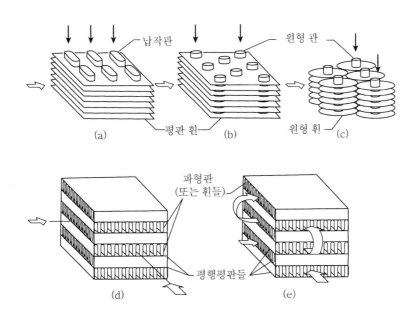

가스켓을 사용하지 않고 용접 또는 납땜에 의해 일체로 제작된 것은 온도의 제한이 완화되지만 전열면의 점검이나 청소를 할 수 없으므로 부식성 또는 오염이 심한 유체에는 사용할 수 없다.

④ 공냉식 냉각기(air cooler)

　냉각수 대신에 공기를 냉각유체로 하고 팬을 사용하여 전열관의 외면에 공기를 강제 통풍시켜 내부유체를 냉각시키는 구조의 열교환기이다. 공기는 전열계수가 매우 작으므로 보통 전열관에는 원주핀이 달린 관이 사용된다. 공s냉식 열교환기에는 튜브 bundle에 공기를 삽입하는 삽입통풍형과 공기를 흡입하는 유인통풍형이 있다. 냉각식 열교환기는 냉각수가 필요없으므로(수원 보호의 필요가 없으므로) 최근 그 이용이 급격히 증가되고 있다. 그러나 넓은 설치면적이 필요하며 건설비가 비싸고, 관에서의 누설을 발견하기 어렵고, 전열관의 교환이 곤란한 점 등의 단점이 있다.

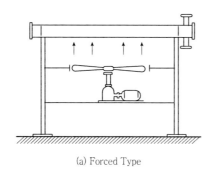
(a) Forced Type

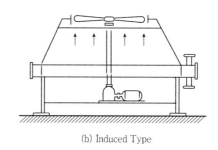
(b) Induced Type

⑤ 가열로(fired heater)

　액체 혹은 기체연료를 버너를 이용하여 연소시키고 이때 발생하는 연소열을 이용하여 튜브 내의 유체를 가열하는 방식이다. 가장 큰 열량을 얻을 수 있으며 열전달 메커니즘은 복사 및 대류를 포함하므로 설계하기가 매우 어렵다. 공해의 문제가 있으나 매우 큰 열량을 얻기 위한 공정에서 많이 쓰인다.

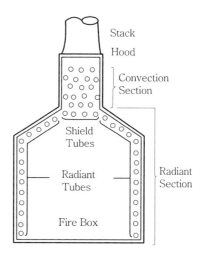

⑥ 코일식(coil type) 열교환기

　탱크나 기타 용기 내의 유체를 가열하기 위하여 용기 내에 전기 코일이나 스팀 라인을 넣어 감아둔 방식이다. 교반기를 사용하면 열전달 계수가 더욱 커지므로 큰 효과를 볼 수 있다.

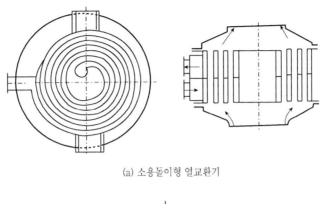

(a) 소용돌이형 열교환기

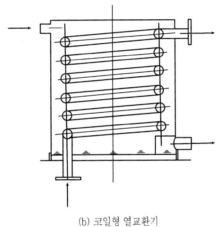

(b) 코일형 열교환기

(2) 기능에 따른 분류

① 열교환기(heat exchanger)

좁은 의미의 열교환기는 일반적으로 상변화가 없는, 두 공정 흐름 사이에 열을 교환하는 장치를 말하고, 넓은 의미로는 냉각기, 응축기 등을 포함한다.

② 냉각기(cooler)

냉각수 등의 냉각매체를 이용하여 process stream을 냉각한다.

③ 응축기(condenser)

냉각수 등의 냉각매체를 이용하여 process stream을 부분응축 (partial condensation) 또는 총응축(total condensation)시키기 위한 열교환기로서 열전달의 메커니즘은 주로 응축에 의해 이루어지며, heat duty 또한 응축열이 주가 된다.

④ 재비기(reboiler)

스팀 등의 가열매체를 이용하여 증류탑의 바닥에서 유입되는 공정유체를 boiling시켜 증기를 발생시킴으로써 증류탑으로 공급되어야 할 열을 전달하는 열교환기로서 증기발생은 단일상 또는 2상 혼합물로 할 수 있다.

⑤ 증발기(evaporator)

용액의 질을 향상시키기 위해, 스팀 등을 이용하여 증발에 의해 용매를 제거시키는 열교환기이다.

⑥ 예열기 (preheater)

공정으로 유입되는 유체를 가열하는 열교환기이며, 이때 가열매체는 공정유체 또는 스팀 등을 이용한다.

⑦ 2상 흐름 열교환기(two phase flow heat exchanger)

2상의 혼합물이 shell 측 또는 튜브 측으로 흐르는 열교환기를 말하며, 응축기와 재비기 등으로 구별된다.

(3) 원통다관식(shell & tube Type) 열교환기의 종류

TEMA(tubular exchanger manufacturer association)는 원통다관식 열교환기(shell & tube heat exchanger) 제작자들이 결성한 모임으로 1968년부터 자신들의 표준규격(TEMA standard)을 발표하고 있다. 이 규격은 원통다관식 열교환기의 구조, 설계에서부터 제작, 설치에 이르기까지 거의 모든 범위를 언급하고 있으며 플랜트 설계 시 열교환기의 표준으로 이용되고 있다.

① 유동두형 열교환기(floating head type)

전열관이나 방해판을 양측의 관판(tube sheet)에 짜넣은 상태를 관속(tube bundle)이라고 하며 이 관속의 한쪽에 관판(고정측관판)은 동체(shell)의 한쪽에 플랜지로 고정시키고 다른쪽 관판은 동체에 아무런 구속도 받지 않는 구조로 되어 있으므로 유체의 온도에 따라 동체 및 전열관이 열팽창하여도 거기에 대응할 수 있는 구조이며 또 관속을 동체에서 빼내서 청소 및 점검할 수 있는 구조의 열교환기이다. 이 형식의 특징은 다음과 같다.

가) 전열관 내외 모든 청소가 가능하므로 오염이 생기기 쉬운 유체에 대해서도 적합하여 사용범위가 넓다.

나) 전열관이나 동체가 서로 각기 열팽창될 수 있으므로 온도차가 큰 경우에도 사용할 수 있다.

다) 가), 나)항의 이유로서 어느 형식보다도 설계조건 및 운전조건에 상응할 수 있는 기능을 가진 구조이며 가장 융통성이 크다. 그러나 이에 따라 구조가 복잡하므로 제작비가 비싸게 되는 단점이 있다.

3) 원통다관식 열교환기 구조

(1) shell & shell side

① shell의 종류

가) 'E' type은 우선 가격이 저렴하고 전열효과도 커서 가장 널리 이용되고 있는 형태이다. 압력손실이 커서 응축기로 사용하게 되면 응축물이나 비응축가스가 누적될 수 있으므로 방해판이나 노즐설계 시 주의해야 한다.

나) 'F' shell은 shell side에 세로 방해판(longitudinal baffle)이 있어서 실제로 shell이 2 pass 되는 것으로, 주로 가열유체의 출구온도보다 수열유체의 출구온도가 더 높을(overlap(cross)되었다고 함) 경우 'F' shell을 사용한다. 양 유체의 온도가 오버랩(overlap)되면, 완전 향류(counter flow)로 흐르는 1 - 1 pass의 경우(double pipe)는 문제가 없지만 mulit - pass인 경우는 병류가 존재하므로 온도 보정계수(F)가 0.75~0.8까지 떨어지게 된다. 이 경우 shell수를 증가시켜 연속으로 설계하여 온도의 크로스를 없애거나, 'F' shell로 설계하여 병류를 없애고 향류와 십자류만 존재하게 설계한다.

다) 'G'와 'H' shell은 longitudinal baffle이 있는 split flow type이라고 부르며 압력손실은 'E' shell과 같으나, 전열효과는 더 좋다. 주로 horizontal thermosiphon reboiler에 사용되는 shell 형태이지만, 때로 현열(sensible) 열교환기에도 사용된다.

라) 'J' shell은 shell side 유량을 두 개의 nozzle로 나누어 유동시키는 divided flow이기 때문에 허용 압력손실이 작은 열교환기를 설계할 때 적합하다. 이때 성능은 감소하지만 제한된 압력손실은 'E' shell보다 약 1/8 정도 감소한다.

또 shell side 상부에서 증기가 들어와 응축되는 경우, 2개의 nozzle로 들어와 응축 수는 1개의 nozzle로 나가는 2j1 - shell을 사용하여 반대로 하부에서 유체가 들어와 비승되는 경우는 1j2 - shell을 사용한다.

마) 'K' shell은 shell side에서 풀 비등이 일어날 때 사용하며, 비등이 잘 일어나고 액체와 증기가 잘 분리될 수 있도록 증기실을 설치한 형태이다. 증기실의 크기는 bundle 직경의 1.5~2배 크기로 하지만 bundle 직경이 작은 경우는 splashing과 거품(foamming)을 방지하기 위하여, 액면에서 증기출구까지 거리는 최소한 10"이상의 간극을 둔다. 그리고 튜브 길이는 가능한 5 m 이하로 설계하고 이보다 클 경우에는 증기의 출구를 2개 이상 설치한다.

바) 'X' shell은 십자류(cross flow)만 존재하기 때문에 shell type 중에서 전열효과가 떨어지나, 압력손실이 가장 작기 때문에 평균 온도차(mean temperature difference)에 큰 영향을 받는 condenser와, 입구에서 많은 증기가 들어와서 진동문제를 유발시키는 경우에 적합한 형태이다. 또 단일성분의 전응축이나 응축범위가 좁은 유체에서도 효과적이다. 특히 이 형태는 압력손실이 낮기 때문에 진공(vacuum) 상태일 때 가장 널리 사용되고 있다. 그러나 낮은 유체속도로 인하여 비응축 가스가 축척되는 경우가 있으므로 비응축가스가 있는 partial 응축의 경우 좋은 선택이 못 되며, 입구증기의 분배문제 때문에 튜브 길이를 결정할 때 shell 직경의 5배를 넘지 않도록 설계한다.

② shell side의 유체

shell side는 구조에 따라 전열효과가 크게 변하는데, 'E' shell을 기준으로 설명하면 튜브를 가로질러 유체가 흐를 때 십자류(cross flow)라 하며 baffle이 cut된 부위를 window라 하는데 이곳을 통과할 때처럼 가로 방향으로 흐르는 유체의 유동을 평행류(window flow 또는, longitudinal flow)라 한다. shell side는 구조적으로 열전달 계수의 함수인 Reynolds 수를 크게 할 수 있는 구조로 되어 있기 때문에 가능한 두 유체 중 점도가 큰 유체를 넣는 것이 유리하다. 또한 부식성이 큰 유체를 shell side에 넣으면 shell 뿐만 아니라 튜브, baffle 등을 부식하기 때문에 가능한 이러한 유체는 튜브 side로 고려하고, 압력과 온도가 높은 유체도 shell 두께를 증가시키기 때문에 가능한 한 제한하고 있다.

구조적으로 shell side는 복잡하여 열전달 계수, 압력손실 계산에 어려움이 많고 부정확하여 정확한 계산 결과를 요구하는 공정유체는 tube side로 넣는다. 그리고 baffle 간극 및 압력손실의 범위에서 유속을 빠르게 하면 열전달계수를 크게 설계할 수 있지만, 유속을 너무 빠르게 하면 erosion 때문에 부식의 진행속도를 촉진시킨다. 일반적으로 shell side 유속은 유체와 접촉하는 재질과 온도에 차이는 있지만 CS의 경우, 액체일 때는 0.2~1.5 m/sec, 기체일 때는 2.0~15 m/sec가 적당하다. 반대로 유속이 너무 느리면 튜브 외부에 오염이 누적되기 때문에, 바닷물이나 물의 경우 0.5 m/sec 이상으로 한다. 그리고 직교류(cross flow)와 평행류(window flow) 유속은 가능한 평행류를 약간 빠르게 설계하는 것이 바람직하다. bundle 형태와 baffle 간극은 유체의 점도와 예상하는 유동형태에 큰 영향을 준다. 일반적으로 층류유동에서 십자류에 대한 유동저항은 baffle과 shell, 튜브와 baffle, passpartition channel부 유동, bundle 주위로의 누수저항보다는 작아야 한다. 클 경우 누수와 bypass 유체가 커지는 경향이 있어 십자류의 유속을 떨어뜨린다. 이러한 경향은 baffle의 간극을 감소시킴으로써 더욱 악화되어 점도성유체의 열전달을 오히려 감소시킨다. 또, 층류유동에서 혼합효과가 나쁘면 온도차는 감소하고 결과적으로 열적 성능이 떨어진다. 그러므로 shell side가 층류유동일 때는 baffle과 shell 간극을 좁게 하고 passpartition에 dummy pipe를 넣고, bundle과 shell 간극에 seal strips을 넣어 유동을 촉진시킨다. shell side가 난류유동일 때 운동량의 변화가 크면(즉, baffle 간격을 줄이면) 십자류에 관계되는 bypass와 누수를 줄이는 효과가 있다. 그리고 더 좋은 혼합효과가 있어 평균 온도차에서 더 좋은 결과를 얻을 수 있다.

③ shell 내경

shell ID는 kettle 형태를 제외하고는 일반적으로 350 mm부터 최대 1,500 mm까지 사용되며 50 mm 간격으로 증가 또는 감소시키며 shell ID를 결정하고, shell에서 꺼낼 필요가 있는 튜브 bundle은 15~20 ton을 초과하지 않아야 한다. 350 mm 미만일 경우에는 표준배관을 사용하는 것이 유리하여 이때 14", 12", 10", 8" 등을 사용한다.

④ vapor belts

shell side 입구로 유입되는 증기를 가능한 한 균등하게 튜브 bundle로 유입할 수 있도록 하는 장치인데 주로 이 belts는 입구의 ρV^2이 커서 impingement plate가 요구되는 경우에, shell의 직경이 필요 이상 커지는 것을 방지하고,

vapor가 한곳으로 유입하여 튜브에 충격은 물론 진동문제를 발생시키는 것을 방지하고, 또 nozzle 내경이 shell 내경의 1/2보다 클 경우와 nozzle 내경에 비해 inlet space가 작을 경우 사용된다.

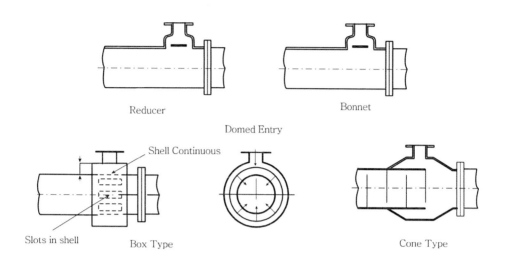

Reducer　　　　　　　　　Bonnet

Domed Entry

Shell Continuous

Slots in shell　　Box Type　　　　　　　　　　Cone Type

증기가 들어가는 slot hole의 전체면적은 특별한 요구가 없으면 입구 nozzle 단면적의 2~2.5배 정도로 하고 이곳의 ρV^2은 1,500(lb/ft s^2) 혹은 2,230(kg/m s^2)보다 작게 한다. 그리고 최상단과 하단부에서 vent와 drain을 설치한다.

(2) tube & tube side

① 튜브의 종류와 선정

튜브는 열교환기에서 가열유체와 수열유체 간에 열을 수수하는 가장 중요한 부품으로서 shell side와 튜브 side 양 유체에도 견디는 재질을 선정하여야 하며 성능(performance)를 위하여 가능한 열전도도가 좋은 재질은 물론이고 튜브 두께도 얇은 것을 사용하는 것이 유리하다. 단, 튜브에서의 부식허용(corrosion allowance)은 고려하지 않는다.

tubular 열교환기에서 튜브는 plain tube와 low fin tube로 나눌 수 있으며 low fin tube의 fin은 튜브의 전열면적을 증가시켜주기 때문에 열교환기를 더 작게 설계할 수 있는 장점은 있으나 고가이기 때문에 거의 사용이 안되고 있다. 또 이 튜브 선정 시에는 오염계수(fouling factor)가 0.003(ft^2 hr°F/Btu) 이상이거나 부식률(corrosion rate)이 2(miles/year) 이상일 때는 사용을 제한한다.

튜브의 사양(직경, 두께, 길이)은 기본적으로 전열조건, 강도조건, 유체의 오염정도와 경제성 등에 따라 최적의 치수를 선정하여야 한다. 외경이 작은 튜브는 동일 shell에 외경이 큰 튜브보다 더 많은 본수를 배열할 수 있고 또 유체의 유속이 같다고 한다면 튜브 외경이 작은 쪽이 열전달계수가 커지므로 열효율을 고려하여 가능한 직경이 작은 튜브가 사용하도록 요구되는데 실제적인 제한은 물리적인 청소에 있다. 물리적인 청소를 위하여 최소한 3/4" 이상이 되어야 한다. 그러나 청결한 유체이거나, 화학적인 청소만 요구되고 tube side에 압력손실이 고려사항이 아니라면 튜브의 직경이 작은 것을 사용하여 성능을 개선한다. 그리고 설계할 때 길이 제한조건이나 압력손실에 대한 제한조건이 없다면 가능한 튜브 본수를 줄이고 튜브 길이를 길게 하면 압력손실과 열전달 계수가 커지기 때문에 shell의 직경과 flange, tube sheet가 작아져서 경제적인 설계를 할 수 있다. 반면에 튜브의 길이가 커지면 bundle을 제거할 때 튜브 길이와 동일한 공간이 필요하므로 공간에 대한 제한이 따른다. 그리고 인발강관 최대 길이가 9 m이므로 설계 시 구매에 따른 문제도 고려하여야 한다.

표 1-3 튜브 직경과 두께

Service	Material	직경	Wall Thickness
Water	Non—Ferrous	3/4"	0.065"
	Ferrous	3/4" or 1"	14 or 12 DWG
Oil Service			
Non—Fouling or Fouling (<0.003)		3/4"	14 BWG
Mildy Corrosive			
Non—Fouling or Fouling (<0.003)		3/4"	Heavy Wall
Corrosive	Ferrous		tube required
Extremely Fouling (>0.003)		1"	Heavy Wall
Mildy Corrosive			tube required
Extremely Fouling (>0.003)		1"	Heavy Wall
Corrosive			tube required
General Service		3/4"	
Non—Fouling or Fouling(<0.003)	Alloy tube		
Extremely Fouling (>0.003)		1"	

② 튜브측 유체

tube side의 유체는 일반적으로 냉각수(cooling water), 부식성 유체 혹은 침전물이 있는 유체, fouling 유체, 점도가 작은 유체를 넣으며, 압력이 높아도 직경이 작아서 거의 영향을 안 받기 때문에 고압의 유체를 넣는다. 그 외에도 누수나 bypass가 없으며 압력손실 및 열전달 계수의 계산이 쉽고 정확한 장점도 있다. tube side 유량은 shell side에 비해서 차이가 커도 pass수로 조절이 가능하기 때문에 탄력성이 있으며 열전달계수를 증가시키기 위하여 유속을 증가시켜야 되는데 이 경우는 pass수를 증가시키면 된다. 물론 유속이 증가하면 압력의 손실도 커진다. 항상 허용압력 범위에서 재질과 온도에 따른 제한속도 미만으로 선정한다. 이때 관내 열전달 계수는 유속과 다음과 같은 관계를 가진다.

$$
\begin{aligned}
&\text{층류영역} \quad : Re \leq 2,100 \qquad\qquad\qquad h_t \propto U^{0.23} \\
&\text{천이영역} \quad : 2,100 \leq Re \leq 10,000 \qquad h_t \propto U^{0.23 \sim 0.8} \\
&\text{난류영역} \quad : Re \geq 10,000 \qquad\qquad\quad h_t \propto U^{0.8}
\end{aligned}
$$

또한 압력손실과 유속의 관계는 다음과 같다.

$$
\begin{aligned}
&\text{층류 및 천이영역} \quad : \Delta P \propto U^{1.0} \\
&\text{난류영역} \qquad\qquad\;\; : \Delta P \propto U^{1.8}
\end{aligned}
$$

유속은 앞에서 설명되었지만 필요 이상 빠르게 설계하면 erosion의 원인을 초래하여 부식의 진행속도를 촉진하는 결과가 되므로 주의를 요한다. 일반적으로 튜브 재질과 관계가 있지만 강관의 경우, 액체일 때 0.5～3.0 m/s, 기체일 때 5.0～30 m/s가 적합하다. 같은 액체라도 밀도차이가 있으므로 ρV²을 기준으로 계산하면 된다. 또, 온도와 유속의 관계를 보면 유체의 온도가 고온일수록 허용속도는 낮아진다. 반대로 유속을 너무 느리게 설계하면 오염물들이 침전되어 누적되고 나중에는 튜브가 막히는 경우도 발생할 수 있다. 그러므로 물의 경우 최소유속을 1 m/s이상으로 설계하는 것을 추천한다.

표 1-4 Plain Tube Dimension

OD		Wall Thickness			ID		Outside Surface	
in	mm	BWG	in	mm	in	mm	ft²/ft	m²/m
0.250	6.350	22	0.028	0.711	0.194	4.928	0.066	0.020
		24	0.022	0.559	0.206	5.232		
0.375	9.525	18	0.049	1.245	0.277	7.036	0.098	0.030
		20	0.035	0.889	0.305	7.747		
		22	0.028	0.711	0.319	8.103		
0.500	12.700	18	0.045	1.245	0.402	10.211	0.131	0.040
		20	0.035	0.889	0.430	10.922		
0.625	15.875	16	0.065	1.651	0.455	12.573	0.164	0.050
		18	0.049	1.245	0.527	13.386		
		20	0.035	0.889	0.555	14.097		
0.750	19.050	12	0.109	2.769	0.530	13.462	0.196	0.060
		14	0.083	2.108	0.584	14.834		
		16	0.065	1.651	0.620	15.748		
		18	0.049	1.245	0.652	16.561		
		20	0.035	0.889	0.680	17.272		
0.875	22.225	14	0.083	2.108	0.709	18.008	0.230	0.070
		16	0.065	1.651	0.745	18.923		
		18	0.049	1.245	0.777	19.736		
		20	0.035	0.889	0.805	20.447		
1.000	25.400	12	0.109	2.769	0.782	19.863	0.262	0.080
		14	0.083	2.108	0.834	21.184		
		16	0.065	1.651	0.870	22.098		
		18	0.049	1.245	0.902	22.911		
1.250	31.750	10	0.134	3.404	0.982	24.943	0.327	0.100
		12	0.109	2.769	1.032	26.213		
		14	0.083	2.108	1.084	27.534		
		16	0.065	1.651	1.120	28.448		
1.500	38.100	10	0.134	3.404	1.232	31.293	0.393	0.120
		12	0.109	2.769	1.282	32.563		
		14	0.083	2.108	1.334	33.884		
		16	0.065	1.651	1.370	34.798		
2.000	50.800	11	0.120	3.048	1.760	44.704	0.524	0.160
		13	0.095	2.413	1.810	45.974		
2.500	63.500	9	0.148	3.759	2.200	55.880	0.654	0.199

표 1-5 튜브측 최대 허용온도, m/s

튜브 재료	Aramco Spec	General
탄소강	1.8	2.0
Admiralty	1.5	2.5
Aluminum brass or bronze	2.4	3.5
70 Cu − 30 Ni	3.0	3.5
90 Cu − 10 Ni	3.0	3.5
Monel	3.7	3.5
SUS강	4.6	3.5
Copper	2.1	—

다음은 튜브측의 유체를 선정하는 순위이다.

· 냉각수(cooling water)
· 부식성 유체 혹은 침전물이 있는 유체
· 오염이 큰 유체
· 두 유체 중 점도가 작은 유체
· 압력이 높은 유체
· 온도가 높은 유체
· 정확한 압력손실이 요구되는 유체
· 제한된 압력손실이 요구되는 유체

상기 조건 외에도 응축할 증기와 입출구에서 온도변화가 큰 유체(300~350°F 이상)는 열팽창과 열응역 문제를 최소화하기 위하여 shell side로 통과시킨다. 유체의 side 선정이 끝나면 경제성(fixed type < U‑type < floating type)과 유지 및 보수를 기본 배경으로 하기의 사항을 참고하여 선정한다.

· tube side 유체의 오염이 심각하다면 straight tube를 이용한다.
· tube side 유체의 오염이 경미하고 화학세척을 할 수 있다면 straight나 U‑tube를 선정한다.
· shell side 유체의 오염이 다소 있다면, bundle을 분리가능한 형태로 선정하고 45°나 90° layout을 선정한다.
· shell side 유체의 오염이 경미하거나 오염이 없는 경우는 fixed type 혹은

U - tube type에 30° layout을 선정한다.

· 양 side 유체의 오염이 경미하면 U−tube type이나 fixed type으로 선정한다.

· shell side 유체의 오염은 경미하나 튜브 side는 오염이 큰 경우 30° layout과 fixed type을 선정한다.

· shell side 유체는 오염이 크고 튜브 side는 오염이 작으면 U - tube type혹은 floating head type에 45°나 90° layout으로 선정한다.

· 양 side 모두 오염이 크면 floating head type과 45°나 90° layout으로 선정한다.

· tube side 유체의 오염이 많아 정기 보수시마다 청소가 필요한 경우 'A' type을 선정한다.

· tube side의 설계압력이 고압이면 'D' type을 선정한다.

· 수직형 열교환기는 'B' type을 선정한다.

· 유체가 고압이거나 독극물인 경우는 bundle과 channel이 일체형인 'C' type을 선정한다.

· shell & tube side 두 유체의 접촉으로 피해가 있는 경우는 double tube sheet를 고려해 본다.

③ 튜브의 배열

튜브의 배열방법에는 30°, 60°의 삼각배열과 45°, 90°의 사각배열이 있다. shell side에 오염이 적은 유체는 삼각배열로 하고, 오염이 많은 유체는 사각배열로 하여 청소가 가능하도록 한다. 또 reboiler와 같이 shell side에서 vapor를 발생시키는 경우에는 유효 전열면적을 감소시키는 침전물, air pocket을 최소화시키기 위하여 90°배열을 사용한다. 튜브 배열에 대한 각도별 특성을 알아보면 다음과 같다.

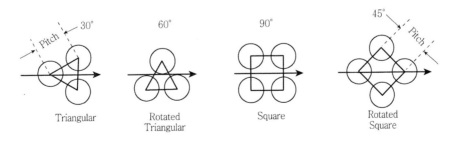

그림 1−14 튜브의 배열

가) 30°: staggered layout은 shell side 오염계수(fouling factor)가 0.002(ft^2 hr°F/Btu) 보다 작은 경우에 사용하며 주어진 shell 안에서 가장 큰 전열면적을 얻을 수 있기 때문에 전열효과는 좋으나 압력손실이 크다. reboiler에서 30° layout을 사용할 경우 열유속(heat flux)이 6,000(Btu/hr ft^2)을 초과하지 않는 경우에 사용할 것을 추천한다.

나) 60°: staggered layout은 상변화가 없는 유체에 사용한다. 압력손실 대 전열효과가 낮기 때문에 일반적으로 추천하지 않는다.

다) 45°: staggered layout은 난류를 유도할 수 있기 때문에 층류유동에 좋다. 그리고 전열효과 대 압력손실의 효과는 크지만 주어진 shell에서 30°와 비교할 때 약 85% 정도 효과가 있다. 그러나 정확한 이유는 확인이 안되고 있지만 이 배열에서 소음진동이 자주 발생되는데 이때는 90°로 변경하면 문제를 해결할 수 있다.

라) 90°: inline layout은 가능한 층류(laminar flow)에서 피하여야 한다. 그러나 난류에서는 효과적이며 특히 허용 압력손실이 작을 때 바람직하다.

그리고 튜브 배열 시 baffle의 cut 방향에 따라 유체의 유동방향이 30°와 60°가 종종 바뀌는 경우가 있어 성능차이가 생기는 것을 볼 수 있다. 항상 유체의 유동기준은 mid-space에서 유체의 유동방향을 가지고 튜브 배열을 한다.

④ 튜브 pitch

튜브의 pitch란 튜브의 중심(center)에서 중심까지의 거리를 의미하며 TEMA에서는 shell side의 물리적인 청소(mechanical cleaning)를 위하여 cleaning lane을 최소한 0.25"를 주도록 되어 있고, 또 튜브 외경의 1.25배 이상 거리를 두도록 되어 있다. 성능향상을 위해 보통 shell 내경을 줄이고 가장 작은 pitch를 사용하지만 부득이 shell side에서 응축수(condensate)가 많아 bridge 형상이 생기는 경우와 진동문제 때문에 shell 직경을 크게 하여야 하는 경우, 튜브를 shell 내경전체에 균등하게 배열하기 위하여 pitch를 크게 해주는 경우가 있다.

튜브 pitch는 튜브 외경이 $1\frac{1}{2}$"보다 클 경우는 항상 튜브 외경의 1.25배로 하고, 압력이 50 Psig보다 작은 kettle type reboiler 그리고 열유속이 16,000(Btu/ft^{2}hr)보다 큰 경우 튜브 간 간극을 $\frac{3}{8}$"로 한다.

표 1-6   Standard Pitch Size

튜브 O.D		Pitch (Pt)		Pitch Ratio
Inch	mm	Inch	mm	
0.250	6.350	0.312	7.938	0.250
		0.375	9.525	1.500
0.375	9.525	0.500	12.700	1.330
		0.531	13.494	1.420
0.500	12.700	0.625	15.875	1.250
		0.656	16.669	1.310
		0.688	17.462	1.380
0.625	15.875	0.781	19.844	1.250
		0.812	20.638	1.300
		0.875	22.225	1.400
0.750	19.050	0.938	23.813	1.250
		1.000	25.400	1.330
		1.062	26.988	1.420
		1.125	28.575	1.500
1.000	25.400	1.250	31.750	1.250
		1.312	33.338	1.312
		1.375	34.925	1.375
1.250	31.750	1.562	39.688	1.250
1.500	38.100	1.875	47.625	1.250
2.000	50.800	2.500	63.500	1.250

⑤ 튜브 pass와 partition lane

tube side의 유속을 증가시기 위해 tube pass수를 증가시키게 되는데 shell 내경이 작으면 제작상 튜브 pass수를 어느 이상 증가시킬 수는 없다.

표 1-7   Shell 내경과 Max. Pass수

Shell의 내경	Max. Pass수	Shell의 내경	Max. Pass수
< 10"	4	30" ~ 40"	10
10" ~ 20"	6	40" ~ 50"	12
20" ~ 30"	8	50" ~ 60"	14

2 pass 이상이 되면 channel에 pass partition plate가 있으므로 shell side에서 이 부분에 튜브를 넣을 수가 없게 된다. 이 부분을 pass partition lane이라고 한다. pass partition lane 폭(tube center에서 center까지의 거리)은 $\frac{3}{4}$″ 튜브의 경우 38~40 mm 정도 간격을 두지만 U-tube의 경우 min. bending radius가 28.6 mm이므로 lane 폭은 최소한 58 mm(19.05 mm × 3배)가 요구된다. tube layout 시에 조심하여야 할 사항 중에 하나이다.

(3) baffle & support plate

① baffle의 개요

baffle은 shell side 유체를 강제로 좌우 혹은 상하로 흐르게 하여 유체와 튜브 간 접촉시간을 증가시키고, 난류효과를 일으키며, baffle 간극을 조정하여 유속을 높여줌으로써 전열효과를 높이고, 또 tube bundle을 지지(support)하고 진동(vibration)을 방지하는 데 목적이 있다.

유체의 성질에 따라 baffle cut 방향을 조정하는데 주로 단상유체의 경우는 유체가 상부에서 하부로, 하부에서 상부로 흐르도록 horizontal cut을 하며, fouling이 크거나 2상(two phase) 유체가 존재하는 응축 및 비등의 경우는 좌우로 유체가 유동하도록 vertical cut을 한다.

일반적으로 shell side에 순수성분(단일성분)이 응축될 때는 기전력(driving force)이 작용하기 때문에 baffle의 영향을 거의 받지 않으며, 또 kettle type에서도 pool boiling이 일어나기 때문에 baffle의 영향을 받지 않는다. 그러므로 이러한 경우 baffle 간극은 TEMA max. span을 사용하고 응축 시는 최대 cut(45%)을 하며, kettle type에서는 비등시킬 때는 full circle을 사용하며 이때는 baffle이라 하지 않고 support plate라 부른다. 산업용 열교환기에서는 주로 segmental baffle, double segmental baffle, NTIW(no tubes in windows)가 사용되고 있으며, NTIW는 주로 화력발전소(power plant)용 대형 cooling water cooler와 같이 shell side에 유량이 많을 때, 그리고 기상과 액상이 존재하는 2상류에서 기상의 유체가 많아 vibration이 우려될 때 사용한다. 즉, 이 type은 window에 튜브가 없기 때문에 segmental baffle보다 unsupport spans 길이는 1/2로 줄어서 고유 진동수(natural frequency)가 4배로 증가되므로 진동문제 해결에 효과적이다.

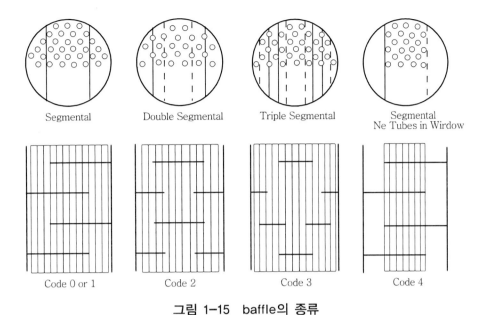

그림 1-15 baffle의 종류

또 baffle과 baffle 사이에 support plate를 넣어주면 더욱 큰 고유진동수를 얻을 수 있어 공진현상을 조정할 수 있다. NTIW에서 baffle cut율은 튜브 본수에 아주 큰 영향을 주게 되는데 무리하게 튜브의 본수를 많이 넣기 위해 cut율을 줄이면 cut line 부위 튜브에 손상을 유발할 수 있기 때문에 window의 ρV^2가 4,000(lb/fts^2)을 넘지 않도록 한다. baffle cut율은 길이나 면적비로 표시하는데, 일반적으로 언급이 없으면 shell 내경 대 cut 길이의 비를 의미한다.

$$\text{Baffle cut} (\%) = \frac{h}{D_s} \times 100$$

이때 cut율이 너무 작거나 크면 segmental baffle에서는 reciculation eddies가 발생되기 때문에 오히려 열효율은 감소한다. 가장 좋은 cut율은 보통 20%이다.

② baffle 간극

baffle의 간극은 shell side 유체가 통과되기 때문에 제한속도와 허용 압력손실을 고려한 간극으로 설정되어야 한다. baffle 간극이 너무 크면 전열효과가 떨어지는 것은 물론이고 fouling 문제, 진동문제에 제한을 받기 때문에 TEMA에서는 최대 unsupported spans를 규정하고 있다. unsupport span은 한 baffle에서 다음 baffle까지의 거리를 말하고 다음과 같이 튜브 길이에 따라 최대 허용값이 다르다.

표 1-8 Max. Unsupported Straight 튜브 Spans(단위 : in)

튜브 O.D	튜브 Materials Temperature Limits(°F)	
	Carbon Steel & High Alloy(750) Low Alloy Steel(850) Nickel−Copper(600) Nickel(850) Nickel−Chromium(1000)	Aluminum & Aluminum Alloys Copper & Coppler Alloys Titanium Alloys at Code Max. Allowable Temperature
1/4"	26"(660.4)	22"(558.8)
3/8"	35"(889)	30"(762)
1/2"	44"(1117.6)	38"(965.2)
5/8"	52"(1320.8)	45"(1143)
3/4"	60"(1524)	52"(1320.8)
7/8"	69"(1752.6)	60"(1524)
1"	74"(1879.6)	64"(1625.4)
1¼"	88"(2235.2)	76"(1879.6)
1½"	100"(2540)	87"(2209.8)
2"	125"(3175)	110"(2794)

반대로 baffle 간극이 너무 작으면 제작에 문제가 있기 때문에 TEMA에서는 Shell 내경의 1/5, 또는 2"(50 mm)보다는 커야 한다고 규정하고 있다. 이후 설명이 되겠지만 baffle 간극이 유량에 비해 너무 작으면 'A', 'E' stream 등이 상대적으로 커지기 때문에 전열효과가 감소한다. 그러므로 설계자는 baffle 간극을 조금씩 줄여 가면서 전열효과가 가장 좋은 간극을 찾아야 한다.

③ longitudinal baffle

앞 'F' shell에서 설명된 바와 같이 양 유체 간에 온도가 overlap(cross)되어 온도 보정계수 'F' factor가 0.7 이하로 낮아질 때 series(2개의 shell)로 설계하여야 하나, heat duty가 작을 경우는 경제성을 고려하여 2개의 shell 대신에 1개의 shell 가운데 longitudinal baffle을 사용하여, 유체의 흐름을 향류로 함으로써 이 문제를 해결할 수 있다.

이러한 longitudinal baffle은 열누수(thermal leakage, reheat)는 물론이고 누수가 발생되기 때문에 shell과 longitudinal baffle 사이에 용접하는 방법도 있으나 shell 내경이 작으면 작업이 어렵기 때문에 얇은 판막으로 seal plate를 만들어 넣는다. 이 경우 설계자는 seal plate를 고정할 bolts, nuts 위치에 튜브가 간섭이 생기지 않도록 특별한 주의가 필요하며 tie rod 설치 방법도 사전에 위치 선정이 되어야 한다. 그리고 이 longitudinal baffle은 반 조각이 되기 때문에 유체상태와 관계없이 대부분 vertical cut로 설계되고 있다.

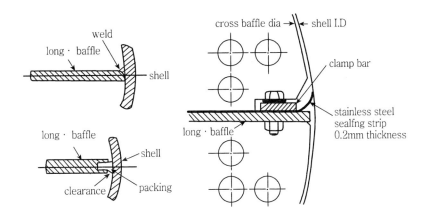

그림 1-16 Longitudinal baffle

④ full support plate

다른 형태와 달리 유동두(floating head type) 열교환기는 floating head의 하중을 지지하기 위하여 full support plate가 필요한데 이 support plate는 floating 튜브 sheet 내면에 100~150 mm 안쪽으로 rear head end flange 위에 위치시킨다. 그리고 이 plate는 원형이나 사각형으로 hole을 뚫어 100~150 mm 튜브 길이가 사장되는 일이 없도록 한다.

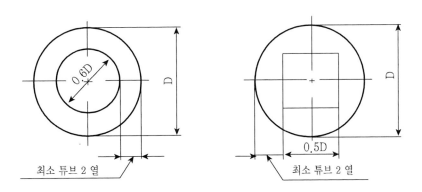

그림 1-17 Full Support Plate

(4) channel

TEMA Standard에서 front end에서는 'A', 'B', 'C', 'N' 및 'D' type이 있다. 이러한 type은 유체의 성질 및 제작비용, 그리고 사용자의 편리성 등에 깊은 관련이 있다. 먼저 'A' type은 'B' type보다 가격은 고가이지만 shell과 channel을 분리시킬 수 있고, 또 channel cover만 제거할 수도 있기 때문에 tube side에 자주 청소가 요구되는 경우에 바람직하다.

'B' type은 bonnet type으로 channel과 cover가 일체형으로 되어 있어 청소 시 배관과 연결을 풀어야 하는 어려움이 있다. 고압유체나 오염이 적은 유체에 적합하다.

'C' type은 bundle과 channel이 일체형으로 되어 있어 유체의 누수를 최소로 줄이기 위하여 gasket을 사용하지 않고 전 용접구조로 한 경우이며, 주로 고압용이나 독극물을 취급하는 경우 사용된다.

'N' type은 shell과 channel이 일체형으로 되어 있어 shell side를 청소할 수 없으나 제작비는 가장 적게 든다.

'D' type은 고압의 열교환기에 사용하는 것으로서 flange 연결이 아니고 용접 연결을 하고 있다. passpartition plate가 다른 일반 형태와 다른 것은 고온에 대한 열변형을 방지하기 위함이다.

(5) 기타

① pass partition plate

channel 내부에서 tube pass 수에 따라 channel side 유체를 유도해주는 plate이다. channel side 유체의 온도차가 큰 경우에는 tube sheet와 flange가 고온과 저온의 영향을 동시에 받아 열응력을 받게 된다. 열응력이 커지면 누수의 원인이 되기 때문에 온도차가 클 경우는 channel type 선정에 주의가 필요하다. 그리고 pass partition plate가 비압력 부분으로 취급하여 왔으나 열교환기가 대형화됨으로써 차압에 의한 영향이 커지기 때문에 강도계산이 요구되고 있다.

② impingement baffle

shell side로 유입되는 유체가 튜브에 직접 충돌하는 것을 피하고 튜브에 급격한 부식 및 마모 그리고 진동을 방지하기 위하여 설치되는 baffle로 plate형태와 rod 형태가 널리 사용되고 있다.

설치기준은 단일상으로 부식성, 침식성이 없는 유체는 ρV^2이 1,500(lb/ft s^2) 혹은 2,250(kg/m s^2),이상인 경우와 그외에 유체는 ρV^2이 500(lb/ft s^2),혹은 740(kg/m s^2),이상인 액체의 경우 또는 ρV^2에 관계없이 기체인 경우 설치한다.

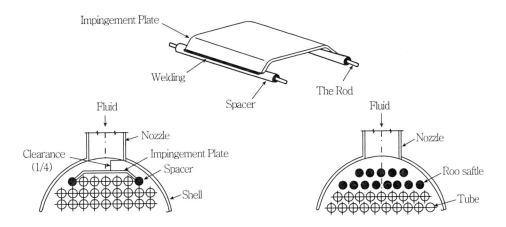

그림 1-18 Impingement Plate & Rod baffle

③ tube sheet

tube sheet(관판)는 튜브를 견고하게 그리고 일정한 배열이 유지되도록 지지하며 또, shell side 유체와 tube side 유체 간에 혼합되는 것을 방지해 주는 역할을 한다. 이러한 tube sheet는 고정형(fixed tube sheet)과 유동두형(floating tube sheet)이 있다. 고정형은 fixed type, u - type, floating type에 사용되며, 유동두형은 floating type에만 사용된다.

④ seal strips & seal pipe

열교환기를 제작하고, bundle을 분리하는 데 있어 설계자가 요구하지 않는 곳에 간극(clearance)이 생기기 마련이다. 여기서는 주로 tube bundle과 shell 사이의 유로, 즉 'C' stream의 방지를 위하여 flat bar 등으로 양쪽 유로를 막아주는데 이를 seal strips이라 부른다. seal strips는 최외각 튜브와 shell의 간극이 tube pitch의 $\frac{1}{2}$을 초과 시 설치한다고 하나 원칙적으로는 기본 설계 시 strips수에 의한 영향이 전부 반영되기 때문에 기본설계의 결과에 따라 설치한다. 특히 기본설계 결과에서 아무런 요청이 없는 곳에 임의로 seal strips를 설치하면 오히려 전열효과가 감소하거나 압력손실이 증대될 수도 있으므로 삼간다.

그리고 seal strips는 항상 pairs(2개)로 설치가 되며, 비효과적인 유체의 유동을 방해하는 것이므로 적합한 위치에 설치하여야 전혀 관계 없는 곳에 무조건 설치해서도 안 된다. 즉, central spacing에서 baffle은 vertical cut일 때 유체가 좌우로 흐르므로 seal strips는 상부와 하부에 설치되어야 한다. 이때 입축구의 baffle 간격에서는 strips를 설치하지 않는다. 그리고 순수응축하는 condenser나 reboiler에서도 seal strips는 전열에 거의 영향을 주지 못하므로 설치하지 않는다.

dummy pipe는 passpartition lane에 bypass 흐름이 형성 ('F' stream)되는데 이 stream양을 줄여주기 위하여 pipe나 flate bar가 사용된다. 특히 U‑tube의 경우는 최소의 bending 직경 때문에 dummy pipe를 자주 사용하게 된다.

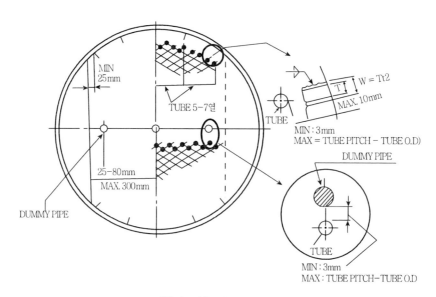

그림 1—19 Seal Strips

⑤ tie rod & spacer

튜브가 다발로 묶여진 bundle의 유지를 위하여 tie rod가 필요하고, 또 튜브의 일정한 간격과 shell side의 열전달을 촉진시키기 위한 baffle의 간격을 유지하는 데 spacer가 요구된다. tie rod는 tube sheet에 tap을 내고 baffle에 구멍을 뚫어 rod를 끼운다. 또, baffle과 baffle 사이에는 rod 외부에 rod보다 큰 pipe(spacer)를 끼워 유체의 유동에 대한 baffle 간격을 유지시켜준다. tube sheet 반대편의 마지막 baffle 뒤에는 tie rod에 double nut로 고정한다.

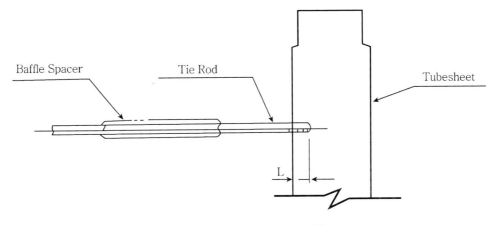

그림 1-20 Tie Rod 부착

⑥ sliding bar

　　열교환기를 조립하거나 청소하기 위하여 bundle을 분리하는 경우가 일년에
1~2회 있게 된다. 그러나 bundle이 너무 무겁거나 크면 작업하기가 어려워
진다. 그래서 일부 공장에서는 자체 보유하고 있는 크레인의 최대용량에 맞추어
bundle의 직경과 중량을 제한하기도 한다.

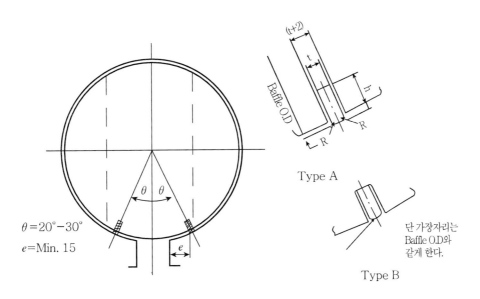

그림 1-21 Sliding Bar

그 외에도 bundle의 중량이 크면 분리하기에 어려움이 있다. 그래서 sliding bar를 설치해 주도록 요청하고 있다. API 660의 규정에 의하면 20,000 lb(9,080 kg) 이상인 bundle에는 반드시 설치하도록 규정하고 있다. 그러나 kettle형 열교환기는 bundle이 작고 중량이 작아도 shell 직경이 크기 때문에 고정시켜 줄 필요가 있어 sliding bar를 설치하고 또 bundle을 band로 묶어 비등되는 기포에 의한 유동을 막아준다. sliding bar는 bundle에 보통 20~30° 각도로 19~25 mm round bar나 flat bar를 사용하여 축방향으로 설치한다.

⑦ vent & drain

모든 열교환기는 어떤 다른 방법으로 vent와 drain이 되지 않으면 shell side와 튜브 side에 각각 가장 높은 위치와 가장 낮은 위치에 최소 3/4"의 vent 와 drain을 설치하여야 한다. 통상 설치는 drain과 vent를 위하여 경사구배를 1/200 정도 준다.

⑧ pressure gauge 연결구

'R' class에서는 2" flanged nozzle이나 그 이상의 nozzle에 최소 3/4"압력계용 연결구를 설치하여야 한다. 'C' class에서는 구매자의 요구에 따라 취부하며 'B' class에서는 'R' class와 같은 조건일 때 최소 1/2" 연결구를 설치한다. 그러나 열교환기의 인접 pipe line에 압력계가 부착되어 있다면 생략할 수도 있다.

⑨ expansion joint

expansion joint는 fixed tube sheet type heat exchanger에서 shell 또는 튜브의 길이방향 응력이 허용응력을 넘는 경우 shell에 설치해서 응력을 완화하기 위해 사용한다. expansion joint의 설치여부는 normal operation, start-up, shut-down 등 모든 조건에서 검토한다. 이를 위해서는 process상의 운전조건에 대한 정확한 예상이 아주 중요하다. 운전 시 검토되지 않은 운전조건이 발생될 경우 사고가 일어날 수 있기 때문이다. shell 재질이 탄소강, 튜브 재질이 stainless steel인 경우에는 두 재질의 선팽창계수가 크게 다르므로 특히 주의해야 할 필요가 있다. 횡형의 경우는 가능한 한 expansion joint를 사용하지 않는 편이 바람직하지만 사용해야 할 경우에는 expansion joint 부의 drain, vent를 고려해야 한다.

⑩ inlet and outlet nozzle spacing

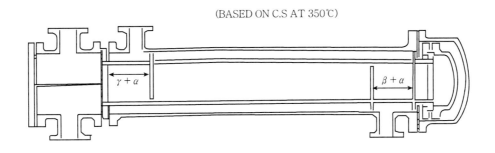

(BASED ON C.S AT 350℃)

Nozzle Size Factor a

Nozzle Size (in.)	2	3	4	6	8	10	12	14	16	18	20	24
a (mm)	120	155	195	250	325	395	470	525	605	680	765	910

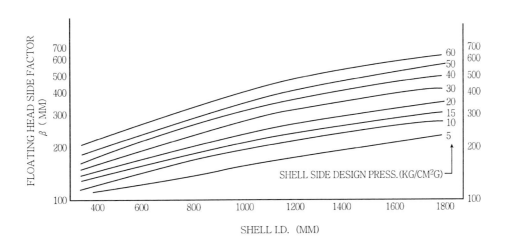

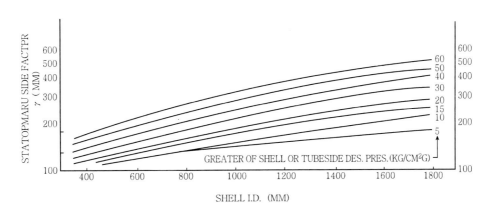

⑪ 유동두형 열교환기 튜브의 유효길이

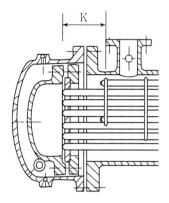

〈TEMA - Type designations for Shell & Tube Heat Exchangers〉

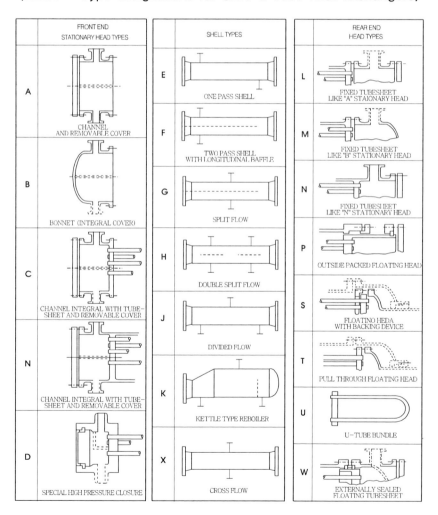

FRONT END STATIONARY HEAD TYPES	SHELL TYPES	REAR END HEAD TYPES
A — CHANNEL AND REMOVABLE COVER	E — ONE PASS SHELL	L — FIXED TUBESHEET LIKE "A" STAIONARY HEAD
B — BONNET (INTEGRAL COVER)	F — TWO PASS SHELL WITH LONGITUDINAL BAFFLE	M — FIXED TUBESHEET LIKE "B" STATIONARY HEAD
C — CHANNEL INTEGRAL WITH TUBE-SHEET AND REMOVABLE COVER	G — SPLIT FLOW	N — FIXED TUBESHEET LIKE "N" STATIONARY HEAD
	H — DOUBLE SPLIT FLOW	P — OUTSIDE PACKED FLOATING HEAD
N — CHANNEL INTEGRAL WITH TUBE-SHEET AND REMOVABLE COVER	J — DIVIDED FLOW	S — FLOATINO HEDA WITH BACKING DEVICE
	K — KETTLE TYPE REBOILER	T — PULL THROUGH FLOATING HEAD
		U — U-TUBE BUNDLE
D — SPECIAL HIGH PRESSURE CLOSURE	X — CROSS FLOW	W — EXTERNALLY SEALED FLOATING TUBESHEET

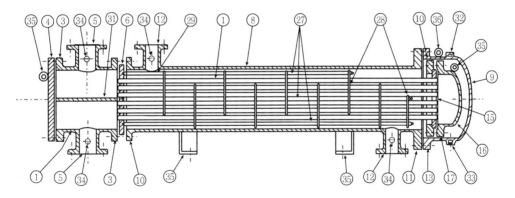

a) Floating Head Type

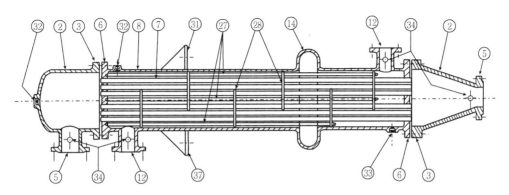

b) Fixed Tube Sheet

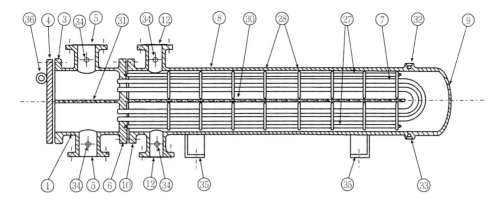

c) U — Tube Type

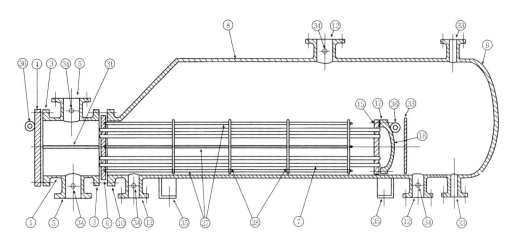

d) Kettle Type

1. Stationary Head — Channel	20. Slip—on Backing Flange
2. Stationary Head — Bonnet	21. Floating Head Cover — External
3. Stationary Head Flange	22. Floating tube sheet Skirt
— Channel or Bonnet	23. Packing Box Flange
4. Channel Cover	24. Packing
5. Stationary Head Nozzle	25. Packing Gland
6. Stationary tube sheet	26. Lantern Ring
7. tubes	27. Tie Rods and Spacers
8. Shell	28. Transverse baffles or Support Plates
9. Shell Cover	29. Impingement Plate
10. Shell Flange — Stationary Head End	30. Longitudinal baffle
11. Shell Flange — Rear Head End	31. Pass Partition
12. Shell Nozzle	32. Vent Connection
13. Shell Cover Flange	33. Drain Connection
14. Expansion Joint	34. Instrument Connection
15. Floating tube sheet	35. Support Saddle
16. Floating Head Cover	36. Lifting Lug
17. Floating Head Flange	37. Support Bracket
18. Floating Head Backing Device	38. Weir
19. Split Shear Ring	39. Liquid Level Connection

⑫ 고정관판형 열교환기(fixed tube sheet type)

관판을 동체의 양측에 용접 등의 방법으로 고정시킨 구조의 열교환기이다. 동체측유체와 관측유체의 온도에 의해 전열관과 동체는 열팽창차가 생기고 그 때문에 열응력이 큰 경우에는 동체에 신축이음을 설치하여 열팽창을 흡수하는 구조가 필요하다. 이 형식은 동체측의 청소, 점검 및 보수가 곤란하므로 부식성과 오염이 적고 침전물이 생기지 않는 유체에 적당하다. 고정관판형의 특징은 다음과 같다.

가) 동체의 오염이 적고 유체에 의한 동체 및 전열관의 온도차가 작을 때 또는 열팽창 차가 작을 때에는 최적의 구조이다.

나) 종형의 관식반응기로서 용도가 넓다.

⑬ U-자 관형 열교환기(U-tube type)

U자 관형의 전열관을 사용한 형식의 것이며 전열관은 동체와는 관계없이 유체의 온도에 따른 신축이 자유로우며, 또 관속을 그대로 빼내서 청소 및 점검할 수 있는 구조로서 유동두형의 경우와 같다. 그러나 유동두형의 경우 직관이기 때문에 청소가 쉬우나 U자형의 경우는 관내의 청소가 곤란하다. U자 관형의 특징은 다음과 같다.

가) 열팽창에 대해 자유롭다.

나) 관속을 빼낼 수가 있으므로 관외면의 청소도 쉽게 할 수 있다.

다) 고압유체에 적합하다. 고압유체를 관내에 흘리면 내압부분이 적어도 되므로 중량을 경감시킬 수가 있다.

라) 구조가 간단하여 관판이나 동체측 플랜지가 적어도 되므로 제작이 비교적 간단하다.

⑭ 케틀형 열교환기(kettle type)

동체의 상부측은 증발이 잘되도록 빈 공간의 증기실이 있다. 액면의 높이는 최상부관보다 적어도 50 mm 높게 하는 것이 보통이다. 특징은 다음과 같다.

가) 폐열보일러로서는 가장 구조가 간단하다.

나) 따라서 손쉽게 값싼 증기를 얻는 데 널리 사용된다.

다) 관속은 유동두식, U자관식으로 할 수가 있으므로 오염되기 쉬운 유체, 압력이 높은 유체에도 적용할 수 있다.

제2장 식품의 냉동

1. 역동력 사이클

1) 냉동기와 열펌프

(1) 냉동기

열은 높은 온도에서 낮은 온도의 방향으로 흘러갈 뿐 그 반대 방향으로는 자연스럽게 전달되지 않는다. 이와 같은 자연 현상을 정확하게 기술하려고 하는 열역학 제2법칙에서는 특별한 장치를 사용하면 연속적으로 열을 높은 온도쪽으로 옮길 수 있다는 가능성을 배제하지 않고 있다. 이러한 장치를 냉동기라고 부른다. 냉동기는 냉동되고 있는 공간으로부터 열을 제거하여 주므로 그 부분을 낮은 온도에 계속하여 유지시켜 주는 기능을 하고 있다.

냉동은 19세기 말 중후반에는 인조 얼음(man-made ice)이라고 불리면서 동력 기기의 발전과 함께 개발되기 시작하였다. 산업의 발달과 생활복지의 향상에 따라 냉동기의 활용이 늘어나고 있어 지금에 와서는 생활의 필수 기기가 되었다. 냉방용 에어컨디셔너도 쾌적한 생활환경을 위한 여름철 실내공기 조화의 중요한 부분이 되었다.

냉동 사이클은 이들 냉장고 또는 에어컨디셔너의 운전개념을 말하는 것으로서 차가운 곳을 더욱 차갑게 만드는, 그 결과로 더운 쪽은 더욱 더워지는 열이동 장치이다. 한편, 열펌프는 냉동기와 내용적으로 동일한 기기로서 단지 사용목적만 다를 뿐이다. 차가운 곳으로부터의 열전달보다 높은 온도로 공급되는 열의 활용에 관심을 갖는 장치이다.

(2) 냉동 사이클 – 열역학 제2법칙

대부분의 냉동 사이클은 동력 사이클과 마찬가지로 작동매체가 폐쇄회로를 돌면서 계속적(정상적)으로 작동(사이클을 이루고 있음)하고 있다. 작동매체가 차가운 쪽에서 열을 빼앗아(+의 열전달) 더운 쪽으로 열을 방출하는(-의 열전달) 회로는 외부에서 일을 투입하지 않고서는 연속적으로 작동하는 사이클로 운전될 수 없다는 것이 열역학 제2법칙의 한 가지 표현이었다.

(3) 냉동 사이클의 구성

냉동 사이클을 이루고 있는 작동매체는 냉매(冷媒 : refrigerant)라고 부른다. 냉동 사이클이 냉매에 의하여 작동되는 것은 열기관이 작동매체의 상태가 바뀌는 과정에서 열을 일로 바꾸는 것과 정확히 대응된다. 또한 열기관의 용량은 생산하는 동력의 크기로 비교하는 것처럼 냉동기의 용량은 냉각을 원하는 부위에서 빼앗아 가는 열제거량을 기준으로 계산한다. 열량률의 단위는 W(또는 kW)가 기본이지만 kcal/hr 또는 Btu/min의 단위도 사용한다. 또한 물 1톤을 24시간 동안에 얼음으로 만들 수 있는 열량률을 1냉동톤(RT : refrigeration ton)이라 부르는 관습적 단위도 많이 사용된다. 흔히 가정용 냉장고의 크기를 단순히 냉장실의 용적(리터)으로 표시하는 것은 에너지 사용률 단위와는 일치하지 않을 수 있다.

가정용 냉장고의 주요 기기는 그림 2-2에서와 같이 압축기(壓縮機 : compressor)와 응축기(凝縮機 : condenser, 또는 응축코일) 및 증발기(蒸發機 : evaporator, 또는 증발코일)로 불리는 두 개의 열교환기 그리고 모세관 강압기로 구성되어 있으며 냉장실의 열손실을 줄이기 위한 단열재가 외부구조를 이루고 있다. 응축코일은 흔히 냉장고 외벽에 노출되어 있는 경우가 많으나 외관을 개선하기 위한 이유로 표면재로 뒤집어 씌운 예도 흔하다. 응축 코일은 외부로 열을 방산하여야 하므로 가정용 냉장고의 경우 따뜻하게 느껴질 정도로 실내온도보다 높게 유지되고 있다. 냉방용 또는 냉동공장용 대형 냉동기의 구조도 소형 냉장고와 거의 동일한 기기로 구성되어 있으나 응축 또는 증발코일의 열교환기를 2단계 폐회로 열교환기로 구성하는 경우가 많이 있다.

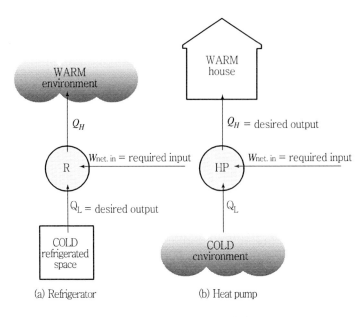

그림 2-1 냉동기와 열펌프

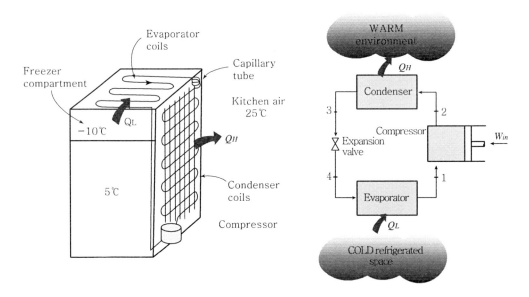

그림 2-2 냉동기의 주요 구성요소

냉동 사이클에서는 압축기를 가동하기 위하여 동력을 공급하고 있으며, 냉동용량이 커질수록 압축 소요 동력이 늘어나야 한다. 여름철 전력수요에서 냉방이 차지하는 비중이 매우 크다는 사실은 이미 잘 알려져 있다. 한편, 압축기에 소요동력을 공급하는 대신 열을 이용하여 냉동 사이클을 구성하는 흡수식 냉동기도 널리 사용되고 있다.

(4) 냉동기의 성능 계수

열기관의 성능을 평가할 때 투입한 열량에 대한 동력 생산의 비를 효율로 정의하는 것과 같이 냉동기의 성능은 투입한 동력에 대비한 열이동량의 비율로 정의한다. 즉

$$\text{COP}_R = \frac{Q_L}{W_{net}} \left(= \frac{Q_L}{W_{net}} = \frac{q_L}{w_{net}} \right) \tag{2.1}$$

한편, 고온측으로 방출하는 열량의 이용에 관심이 있는 열펌프의 경우에는

$$\text{COP}_{HR} = \frac{Q_H}{W_{net}} \left(= \frac{Q_H}{W_{net}} = \frac{q_H}{w_{net}} \right) \tag{2.2}$$

시스템의 경계를 통하여 에너지 보존 법칙으로부터

$$Q_H - Q_L - w_{net, in} = 0 \tag{2.3}$$

의 관계를 고려하면 냉동기와 열펌프의 성능계수는 다음의 관계가 있다.

$$\text{COP}_{HP} = \text{COP}_R + 1 \tag{2.4}$$

2) 역 카노 사이클

열기관의 성능을 논의할 때에는 카노 사이클을 기본으로 택하여 이상적인 극한 상황을 생각해 보았다. 또한 열기관은 냉동기·열펌프와 동등한 개념으로서 단지 작동방향이 반대가 된다는 것도 알고 있다. 이러한 배경에서 가장 이상적인 냉동 사이클로서 카노 사이클의 작동방향만 반대가 되는 역 카노 사이클(逆～ : reverse carnot cycle)을 고려하기로 한다.

카노 사이클의 모든 과정은 가역적이므로 정방향으로 운전되어 동력을 생산할 수도 있으며, 역방향으로 운전되면 동력을 투입하여 저온의 열을 흡수하여 고온의 열을 방출하는 냉동 사이클도 될 수 있다.

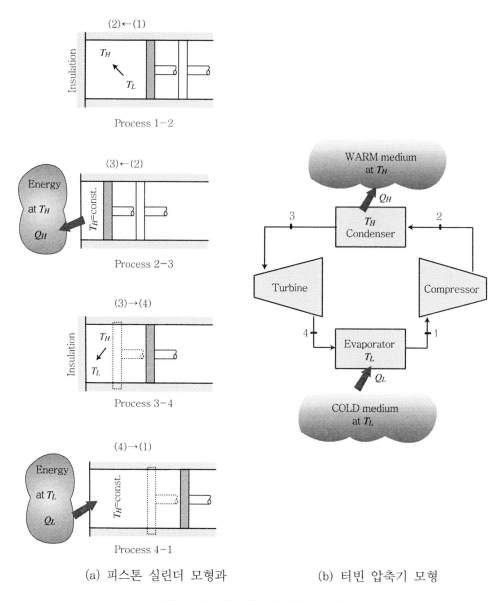

(a) 피스톤 실린더 모형과   (b) 터빈 압축기 모형

그림 2-3 역 카노 사이클의 모형

역 카노 사이클의 구성기기는 그림 2-3에서와 같이 피스톤·실린더 모형 또는 터빈 압축기 모형으로 생각할 수 있다. 역 카노 사이클도 카노 사이클에서와 같이 열전달은 등온과정에서 그리고 압축 또는 팽창과정은 등엔트로피 과정으로 이루어져야 한다.

이들 과정은 그림 2-4에서 P-v 선도와 T-s 선도로 나타내고 있다. 역 카노 사이클의 과정은 T축 및 s축과 각각 평행한 직사각형 모습이 된다.

이때의 성능계수는 냉동 사이클을 기준으로 할 때

$$COP_R = \frac{Q_R}{W_{net, in}} = \frac{1}{T_H/T_L - 1} \qquad (2.5)$$

또한 열펌프(熱~ : Heat Pump)로 취급할 때에는

$$COP_{HP} = \frac{Q_{HP}}{W_{net, in}} = \frac{1}{1 - T_L/T_H} \qquad (2.6)$$

냉동기와 열펌프의 성능계수는 T_L과 T_H의 온도차이가 작아질수록 높아진다는 것을 쉽게 관찰할 수 있다.

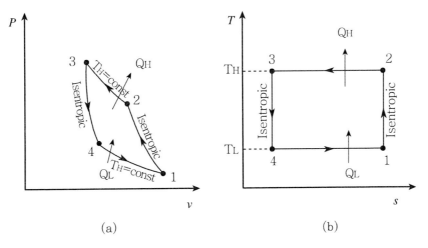

(a)   (b)

그림 2-4 역 카노 사이클의 (a) P-v 선도와 (b) T-s 선도

(1) 등온열전달 – 상변화과정

역 카노 사이클에서 필요한 등온의 열전달은 물질의 상변화과정을 이용하면 현실화가 가능하다. 이것을 T-s 선도의 증기돔(蒸氣~ : vapor dome)속에서 그려 넣으면 그림 2-5와 같다. 4 → 1은 증발과정을 통하여 등온인 상태에서 냉동 사이클이 작동매체가 열을 흡수하며, 2 → 3의 응축과정에서는 고온의 작동매체 증기가 열을 방산하면서 액체화된다.

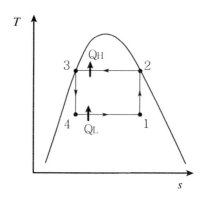

그림 2-5 등온과정을 증기돔 안에 넣은 역 카노 사이클의 T-s 선도

(2) 가역적 팽창 및 압축

역 카노 사이클을 구성하는 증발·응축의 상변화과정은 현실적으로 커다란 어려움이 없으나, 1 → 2의 압축과정과 3 → 4의 팽창과정을 현실적인 장치에서 가역적으로 달성하는 것은 매우 곤란하다. 첫째로 1상태는 액체와 기체가 혼합된 습증기로서 이상적인 압축기가 가역적으로 포화증기 상태까지 압축을 하여야 한다. 또한 3상태의 포화액체를 4상태의 습증기가 되도록 가역 팽창시키면서 일을 얻어내는 장치도 현실적으로 개발된 적이 없다.

이상적인 카노 동력 사이클이 불가능하였던 것과 마찬가지로 카노 냉동 사이클(즉 역 카노 사이클)도 현실적으로 달성하지 못한다. 그러나 역 카노 사이클은 개념적으로 등온열전달이 가능한 2온도 냉동기의 이상적 표준이 되므로 현실장치의 한계를 해석하거나, 또는 현실장치를 개선하는 방향을 설정하는 데 커다란 도움이 된다.

2. 증기압축 냉동 사이클

1) 이상적 사이클

(1) 개 념

카노 사이클은 고온·저온의 2온도 사이에서 작동하는 이상적 사이클이지만 현실적인 장치는 고압·저압의 2압력에서 작동하는 편이 훨씬 용이하며 이를

바탕으로 랜킨 사이클이 개발되었다. 증기압축 냉동 사이클(蒸氣壓縮冷凍～
: vapor compression refrigeneration cycle)은 랜킨 사이클의 열기관에서와 같이
작동매체를 고압측과 저압측에서 증발 및 응축되도록 구성한다.

　우선 포화증기를 등엔트로피(가역·단열)적으로 압축을 시킨 뒤 (이때 고압측에
서는 당연히 과열증기 상태가 된다) 열을 외부로 방출한다. 이 열전달은 과열증기
에 대하여서는 등압·비등온 과정이며, 일단 포화증기가 된 후에는 등온(등압)
열전달이 일어난다. 이상적 증기압축 사이클에서는 고압측에서 포화액체까지
냉각된 작동매체를 단열상태에서 감압시킨다. 액체를 감압시키면서 일을 해내는
것은 쉽지 않으므로, 이 과정에서 일을 얻는 것을 포기한다. 원하는 온도(또는
압력)까지 감압을 시킨 뒤 냉동을 필요로 하는 부위에서 열을 흡수하면서 증발이
되어 원래의 1상태까지 가열됨으로써 사이클을 이룬다.

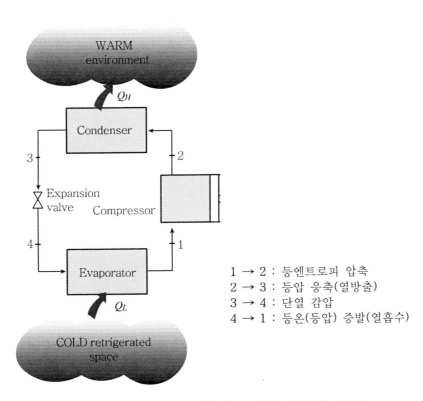

$1 \rightarrow 2$: 등엔트로피 압축
$2 \rightarrow 3$: 등압 응축(열방출)
$3 \rightarrow 4$: 단열 감압
$4 \rightarrow 1$: 등온(등압) 증발(열흡수)

그림 2-6　이상적 증기압축 냉동 사이클의 장치 개념도

(2) 장 치

이상적 증기 냉동 사이클의 구성은 압축기와 응축기 및 증발기 그리고 감압을 위한 팽창밸브의 4가지 요소로 이루어진다. 응축기와 증발기는 열교환기로서 각각 필요로 하는 열전달 위치에 놓여 있게 되며 열전달은 이들 열교환기 이외의 부위에서는 없는 것으로 한다. 압축기는 이상적인(가역적) 압축을 하는 장치로 생각한다.

이상적 증기압축 냉동 사이클은 가역적인 사이클이 아니다. 증발기와 응축기 에서의 열전달이 가역적이고 압축도 단열가역적이라 하더라도, 단열 감압의 교축(throttling) 과정은 근본적으로 비가역적이기 때문에 전체 사이클은 비가역 적일 수밖에 없다.

(3) T−s, P−h 선도

이상적 증기압축 냉동 사이클의 운전과정을 T−s 선도에 그리면 그림 2 - 7과 같다. 1 → 2의 가역적 압축과정이 s축에 수직하게 나타나 있으며 3 → 4의 단열 팽창은 비가역적 과정이므로 엔트로피가 증가하는 방향으로 (4'에서 4쪽 으로) 진행된다.

증기압축 냉동 사이클은 관습상 P−h 선도에 표시하는 경우가 훨씬 흔하다.

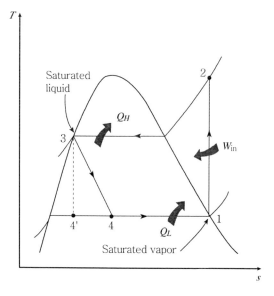

그림 2-7 T−s 선도

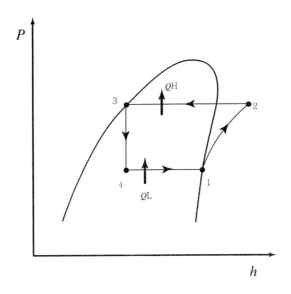

그림 2-8 P-h 선도

여기에서는 사이클이 고압·저압의 2압력 사이에서 운전된다는 것이 명확히 나타나고 있으며 3 → 4의 단열 팽창과정이 h축에 수직하게 잘 나타나 있다. 등엔트로피 압축과정은 1 → 2와 같이 엔탈피가 증가하는 방향으로 진전된다.

P-h 선도의 또다른 유용성은 냉동 사이클에서 가장 관심이 많은 열전달량 또는 동력요구량 등이 h축에서 쉽게 나타나고 있는 것이다. 압축기의 소요동력(W_c)은 h_2-h_1으로 표시되며 증발기에서의 열흡수량(q_L)은 h_1-h_4로, 그리고 응축기에서의 열방출량(q_H)은 h_2-h_3으로 나타난다. 따라서 냉동기의 성능계수는

$$COP_R = \frac{q_L}{w} = \frac{h_1 - h_4}{h_2 - h_1} \tag{2.7}$$

으로 표시된다. 한편, 열펌프의 성능계수는 다음과 같다.

$$COP_{HP} = \frac{q_H}{w_{net}} = \frac{h_2 - h_3}{h_2 - h_1} \tag{2.8}$$

또한 응축기 또는 증발기의 작동온도는 포화증기의 P축이 포화증기에 대하여 온도와 일대일로 대응하기 때문에 쉽게 알아낼 수 있다.

2) 냉 매

(1) 냉매의 종류

중기압축 냉동 사이클을 구성하는 작동매체를 냉매(冷媒 : refrigerant)라고 부른다. 냉동 사이클의 냉매로는 여러가지 화학물질이 쓰여져 왔으나 현재로는 흔히 후레온이라고 불리는 불화탄화수소류와 암모니아, 리튬·브로마이드(Li−Br) 등이 주종을 이루고 있다. 한편, 대부분의 냉매는 순수화학물질이 사용되고 있으나 2가지 이상의 화학물질을 혼합하여 사용하는 혼합냉매도 점차 활용범위가 늘어나고 있다.

(2) 냉매의 요구특성

냉매는 냉동 사이클이 열흡수 및 열방출이 일어나는 과정에서 증발 또는 응축이 되어야 한다. 증발·응축의 상변화 과정에서 열의 전달량이 커야만 작동매체의 단위 질량 유동량당 냉동의 효과가 커질 수 있기 때문이다. 또한 응축 시와 증발 시의 온도차이가 최소한 10℃ 이상은 되어야 냉동 사이클의 사용목적에 적당하다. 즉 냉동 부위의 온도가 열방산부의 온도보다 10℃ 이상은 낮아야 한다. 또한 열교환기의 크기를 너무 크지 않게 하면서 필요한 열을 전달하려면 열교환기에서 5~10℃ 정도의 온도차를 유지하는 것이 필요하다. 따라서 냉동실의 온도를 −10℃로 유지하려면 증발기에서의 증발온도는 −20℃ 수준이 되어야 한다. 냉매는 이 온도에서 증발하면서 대기압 이상의 압력을 유지하는 특성을 갖고 있을 필요가 있다(혹시라도 있을 수 있는 누설이 생겼을 때 냉매가 외부로 유출되는 쪽이 성능 유지에 바람직하다는 판단에 따른 것이다).

한편, 냉방용 에어컨의 증발기 온도는 10℃ 수준이면 적절하기 때문에 냉동용과는 다른 물질 특성의 냉매가 적절하다. 또한 냉매의 물질 특성이 화학적으로 안정적이어야 하고 독성·부식성·인화성 등이 없어야 하며 가격이 비싸지 않아야 한다. 아울러, 증발 엔탈피가 커야만 동등한 냉동 요구량에 대하여 냉매 질량 유동량을 적게 할 수 있다.

냉매의 요구 특성과 관련지어서 고려해야 할 중요한 사항으로 환경적응성을 고려해야 할 필요가 있다.

불화탄화수소와 성층권의 오존층 파괴의 관계가 본격적으로 거론된 것은 불과 1980년대부터의 일임에도 불구하고 대응책을 범세계적인 협약을 통하여 의무적으로 이행케 하면서 특정한 불화탄화수소류의 사용을 단계적으로 금지하는 수준까지 진전되었다. 여기에 해당되는 냉매로는 R-11, R-12, R-113, R-22 등 대표적인 냉매를 포함하고 있어서 더욱 심각성을 더하게 되었다. 이들 냉매는 새로 제작되는 냉동기에 사용이 불가능할 뿐 아니라 지금까지 광범위하게 개발되어 사용 중이던 냉동기에 대하여도 추가 사용이 불가능하게 되었다. 따라서 환경적응성이 좋은 냉매를 개발하는 작업은 새로운 냉동기 설계측면에서뿐 아니라 기존의 냉매를 사용하기 위하여 제작된 냉동기에 대체 사용되었을 때에도 만족할만한 성능을 보장할 수 있어야 한다.

표 2-1 주요 냉매의 특성

	화학식	임계점		용 도	오존 파괴 지수
		온도(℃)	압력(MPa)		
R-11	CCl_3F	198	4.380	산업용 냉동기	1.0
R-12	CCl_2F_2	112.1	4.116	냉장고 자동차 에어컨	1.0
R-22	$CHClF_2$	96	4.974	에어컨	0.05
R-134a	CH_2FCF_3	101.1	4.067	R-12의 대체 냉매	0

(3) 프레온(오존층 파괴)

프레온은 1931년 미국의 Dupont社에서 대량 생산을 시작하여 그 이전까지 암모니아가 주종이던 냉매시장을 대체하게 되었다. 프레온은 메탄 또는 에탄의 수소 원자가 염소와 불소로 치환된 물질이며 그들의 염소 또는 불소의 개수 및 위치 등에 따라서 액체·기체의 상변화 특성이 조금씩 다르다. 이들은 R-11, R-12, R-21, R-22, R-113, R-114 등과 같이 이름을 붙여 부르고 각각의 냉매특성에 따라 적절한 응용범위를 개척해 놓고 있었다. 그러나 이들 프레온이 대기 중에 방출이 되면 소멸되지 않고 남아서 대기권 밖 오존층의 오존을 파괴하는 것으로 알려지면서 이 물질의 사용을 억제하고 나아가서는 금지시키게 되었다.

현재까지로서는 이들을 대체하는 냉매로서 R-134a가 일부 기술적 제약이 있기는 하지만 단기적인 해결책이 될 것으로 보인다. Dupont社에서는 이 물질을 SUVA라는 이름을 붙여서 상품화하고 있다.

3) 실제 사이클

(1) 이상 사이클의 제약

증기압축 냉동 사이클이 실제로 작동되는 과정에서는 여러 가지 비가역성이 존재한다. 첫째로 사이클 전 과정을 통하여 열교환기 및 연결관 부분은 등압과정으로 이상화하였으나 마찰에 의한 압력강하를 피할 수 없다. 또한 열교환기 이외의 부분에서 일어나는 기체를 압축하는 과정이 가역·단열의 등엔트로피 상태에서 일어나는 것은 이상적일 뿐 실제장치에서는 마찰, 누설, 열전달 등 비가역성이 엄연히 존재한다.

또한 압축기 입구 조건을 포화증기로, 팽창 밸브 입구조건을 포화액체로 가정하는 것은 현실장치에서는 조금씩 어긋나도록 되어 있다. 이것은 비가역성의 측면에서보다는 단순 이상화 사이클에서 벗어났다는 면에서 관찰할 필요가 있다.

(2) T−s 선도

실제 사이클의 운전과정을 T−s 선도에 표시하면 그림 2 - 9(a)와 같다. 1−2의 압축과정은 어느 정도의 엔트로피 증가 방향으로 진행되며 2−5까지가 응축기에서 담당하여야 할 열방출 요구량이다. 포화액체보다 조금 더 과냉된 5상태로부터의 팽창된 냉매는 7−8까지의 증발기 열제거량을 유용하게 사용하며 포화증기보다 조금더 과열된 1상태가 되어 사이클을 완성한다. 열교환기의 설계 및 운전이 정확하게 일치되어 포화액체 또는 포화증기가 되도록 하기가 쉽지 않아 어느 정도의 여유분을 둔 과다 설계(over design)를 하기 때문이다. 과열된 증기를 압축기에서 압축하려면 체적이 늘어난 만큼 소요동력이 늘어나므로 ($\because w_c = \int vdp$) 효율에는 악영향을 미친다.

또한 압축 사이클을 단열·가역의 등엔트로피 과정으로 이상화하고 있으나 마찰 등의 비가역성에 의하여 엔트로피가 증가하는 효과와 열방출(즉 압축증기체의 냉각)이 있게 되면 엔트로피가 감소하는 효과가 상반되게 작용한다. 가능하다면 압축 전 또는 도중의 냉매를 냉각시키는 것이 압축 일을 줄이기 위하여 바람직하다(열교환기의 열전달률은 상변화가 일어날 때 기체 또는 액체상태에서보다 10~100배 크다. 상변화가 일어나면 같은 크기의 열교환기 면적에서 열교환을 훨씬 많이 할 수 있다).

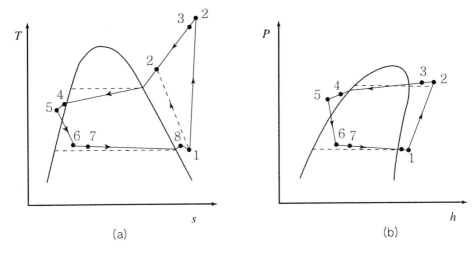

그림 2−9   실제 사이클의 운전과정 (a) T−s 선도   (b) P−h 선도

3. 여러 가지 냉동 사이클

1) 열펌프

(1) 장치개념

냉동 사이클을 열펌프로 사용하는 것은 개념적으로 매우 간단하다. 사이클의 T−s 선도에서는 냉동과 열펌프 사이클의 차이가 나타나지 않으며 단지 상태점을 돌아가는 방향만 반대가 된다. 실제로 냉동기의 장치를 그대로 사용하여 냉매 유동방향만 바꾸어 열펌프로 이용하는 예를 그림 2 - 10에 도식적으로 보여주고 있다. 여기에서는 실내와 실외의 열교환기 및 압축기의 위치 등은 모두 그대로 두고 단지 밸브 조작만으로 작동방향을 바꾸어 준다. 또한 여름에 설치해 놓았던 냉방용 창문형 에어콘의 방향만 실내와 실외 쪽을 바꾸어 놓는다면 난방용 열펌프로도 쓸 수 있을 것이다.

(2) 성능계수

열펌프의 성능계수는 투입된 동력에 대한 난방열 제공량으로 표시된다. 카노열펌프의 경우에는

$$\text{COP}_{\text{HP carnot}} = \frac{Q_H}{W} = \frac{Q_H}{Q_H - Q_L} = \frac{T_H}{T_H - T_L} \qquad (2.9)$$

로 되어 T_H와 T_L의 차이가 적을수록 높아진다. 극단적으로 T_H와 T_L이 같은 경우 성능계수가 무한대가 되지만 온도차가 없는 열전달을 일으킨 것 같아 무의미해진다.

그러나 T_L와 T_L의 차이가 적을수록 성능계수가 높다는 것은 열펌프 사용 시 열원(저온의 열공급원)의 온도가 높을수록 성능이 우수하다는 것을 뜻하므로 난방(또는 가열)용으로 열펌프를 설치할 때 중요한 고려사항이 된다. 즉 대기보다는 온도가 조금 더 높은 지하수, 지하심층, 지열, 또는 비교적 온도가 높지 않아 직접 가열에 쓰기에는 적당하지 않은 폐열(예를 들어 발전소 응축기 냉각수 등)을 사용하면 대기를 저온 열원으로 택할 때보다 훨씬 성능이 우수하게 된다.

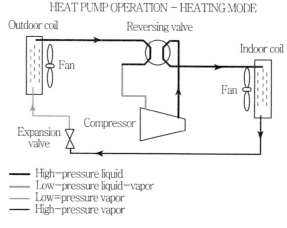

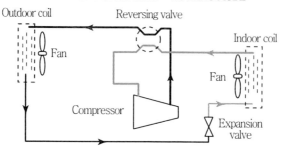

그림 2-10 역전 밸브만으로 냉동기와 열펌프 운전 변환 가능한 장치 예

(3) 냉방·난방 부하의 차이

실내를 쾌적하게 유지하기 위한 냉·난방에서는 외기 온도에 따라서 냉·난방 열부하가 달라지게 된다. 사람이 편안하게 느끼는 실내온도는 20~26℃로서 여름철에는 조금 높게, 그리고 겨울철에는 조금 낮게 유지되어도 쉽게 적응한다. 한편 대기온도는 지리적, 시간적으로 바뀌고 있으나 8월의 일평균이 22~26℃, 2월의 일평균이 5~10℃로서 난방용 온도차가 냉방용 온도차보다 훨씬 크다.

외벽의 단열정도, 그리고 공기회전 요구량 등을 고려한 난방부하와 냉방부하로 계산하였을 때에도 온도차와 비슷한 경향이다.

난방 및 냉방부하를 기준으로 볼 때 냉방용 에어컨을 난방용으로 그대로 적용하기에는 용량이 크게 부족해진다는 것을 쉽게 판단할 수 있다. 성능계수만을 가지고 판단할 때에는 열펌프의 이용이 절대적으로 유리한 것으로 보일 수도 있으나 이와 같은 제약이 있기 때문에 즉각적이고 광범위한 적용이 지연되고 있다. 그러나 적절한 저온 열공급원이 있다든지, 겨울철 기후가 온화한 지역, 또는 보조난방 시설이 있는 경우 등에는 이미 많이 응용되고 있다.

2) 캐스케이드(cascade) 냉동

(1) 온도와 성능계수

냉동기의 성능은 응축기의 열방출온도와 증발기의 열제거온도 사이의 차이가 작을수록 좋아진다. 그러므로 증발온도가 낮아질 때는 성능이 나빠질 수밖에 없으므로 극저온 냉동과 같은 경우에는 커다란 문제점으로 등장한다. 이를 해결하는 방법의 하나로서 캐스케이드(cascade) 냉동을 고려할 수 있다.

캐스케이드 냉동은 냉동 사이클을 응축과 증발 온도차이가 작은 부분 사이클로 구분하여 단계적으로 증발온도를 낮추어 가는 것으로 그림 2 - 11에 구성도를 보여주고 있다. 고온측(A) 사이클의 증발기와 저온측(B) 사이클의 응축기를 맞물려 열교환을 하면서 전체적으로는 Q_L만큼의 냉동 열제거와 Q_H만큼의 응축기 열방출을 하고 있다.

이 다단 냉동 사이클을 T−s 선도에서 보면 효율의 증가 가능성을 쉽게 알아볼 수 있다. 만약 응축온도를 T_H, 증발온도를 T_L로 한 단단(單段 : single

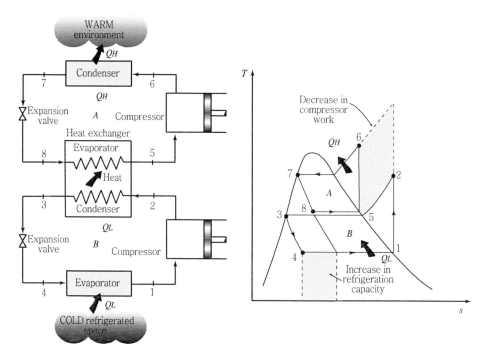

그림 2-11 2단 캐스케이드 냉동 사이클

stage) 냉동 사이클의 경우에는 T−s 선도의 1−4″ 이하의 면적만큼이 냉동열량이며 소요되는 동력은 1−2−7−4″으로 둘러싸인 면적이 된다. 그러나 T_M의 중간단계를 두어 2단 냉동 사이클을 구성하면 소요동력은 4−4″ 이하의 면적만큼 늘어나게 되므로 효율의 상승은 자명하게 된다. (한편 A 사이클의 증발열량이 B 사이클의 응축열량과 같아야만 하므로 그림에서 보면 A 사이클의 시간당 냉매유량이 B 사이클에서보다 커야 될 것이다.)

A 사이클의 증발기와 B 사이클의 응축기가 열교환기에서 연결되어 있다. 열손실이 잘 단열되어 열손실이 없고 운동에너지와 위치 운동에너지 또는 위치에너지 차이 등의 기타 손실이 없다고 가정하면

$$\dot{m}_A \, (h_5 - h_8) = \; \dot{m}_B \, (h_2 - h_3) \tag{2.10}$$

관계가 성립된다. 이 경우 A, B 사이클을 합친 냉동시스템의 성능계수는

$$COP_{A+B} = \frac{Q_L}{W_{net}}$$

$$= \frac{\dot{m}_B (h_1 - h_4)}{\dot{m}_A (h_6 - h_5) + \dot{m}_B (h_2 - h_1)} \qquad (2.11)$$

로 표시된다. 이 예에서는 A와 B 사이클의 냉매가 동일한 것으로 하였으나, 실제의 경우에는 각각의 온도·압력 조건에 적절한 다른 종류의 냉매를 선정할 수도 있다. 또한 열교환기의 열전달 성능을 증진시키기 위하여 온도 응축기의 온도를 고온측 증발기의 온도보다 일정 온도차만큼 높게 설계할 수 있다. 경우에 따라서는 2단 이상의 다단 캐스케이드 방식도 채택되고 있다.

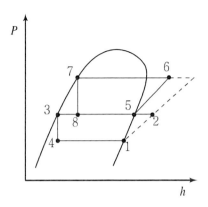

그림 2-12 캐스케이드 냉동시스템의 P-h 선도

3) 다단 압축·다단 팽창

(1) 다단 팽창

냉동 사이클에서는 증발기 압력에 따라 증발온도가 결정된다. 그러나 냉동대상에서 필요로 하는 온도가 2가지 이상인 경우가 있다. 예를 들면 가정용 냉장고의 냉동실과 냉장실은 그 목적에 따라서 유지온도가 4~6℃와 −20~−5℃까지로 각각 다를 수 있다. 냉동실은 아이스크림 등의 보관 뿐 아니라 제빙(製氷)을 위하여 −15℃ 정도로 유지하지만 채소류, 육류 등은 탈수를 방지하기 위하여 5℃ 정도가 적정 냉장온도로 추천되고 있다. 냉동·냉장실의 같은 온도에서 증발하는 냉동 사이클을 채택하면 각각의 온도 유지에 어려움이 있다. 또한 이를 위하여 두 개의 각각 다른 온도(압력)의 냉동 사이클을 채택하는 것은 경제적으로 타당하지 않은 경우가 많다. 이럴 때에는 그림 2-13의 개념도에서 보는 것과 같이 다단 팽창을 택할 수 있다. 그림에서 점선으로 표시된 보통 냉동 사이클에 비해서 실선으로 표시된 냉동 사이클은 같은 냉동열제거량에 비해서 소요동력이 적어진다는 것을 T−s 선도에서 쉽게 예측할 수 있다. 열교환기 측면으로 보아서는 열전달을 위해 필요한 열전달면적뿐아니라 작동 온도도 함께 감안할 필요가 있다.

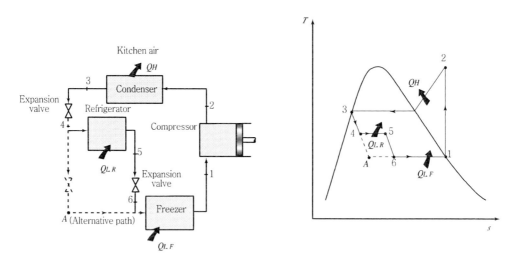

그림 2-13 단일 압축, 다단 팽창에 의한 냉동시스템

(2) 다단 압축

브레이튼 사이클의 압축과정에서 중간냉각을 시키면서 다단계로 압축시키면 압축에 소요되는 일이 줄어드는 것을 보았다. 냉동 사이클의 기체압축에서도 마찬가지로 다단 압축이 냉동효율을 높여줄 수 있다. 그림 2-14의 장치개념도에서 다단 팽창과 다단 압축을 동시에 채택한 예를 보여주고 있다. 여기에서는 중간압력으로 1차 팽창한 6상태에서 증기와 액체를 분리시킨 뒤 기체만(3상태)을 1차 압축시킨 2상태의 기체와 혼합시킨다. 이 혼합된 9상태의 기체를 다시 압축하여 고압측에 도달하게 된다. T−s 선도에서 소요 동력 또는 열전달량 등을 관측할 때에는 이들 사이클은 상단과 하단의 질량 유동량이 각각 다르다는 것을 참고하여 평가 내려야 한다.

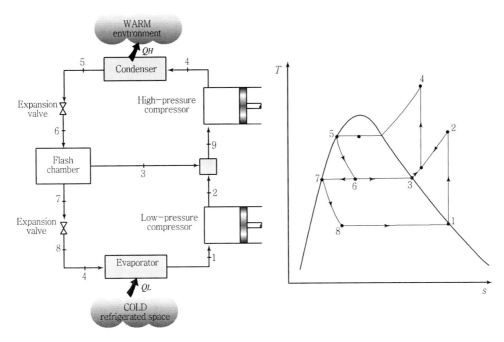

그림 2-14 다단 압축에 의한 냉동시스템

4) 기체 액화

(1) 물질의 증기돔 영역

상온상압에서 기체로 존재하는 물질을 압력을 높게 하거나 냉각을 시킴으로써 액체로 만들 수 있는 경우가 있다. 표 2-2에 주요 기체의 임계 온도·압력을 보면 대기압 상태에서 냉각만으로는 액화가 불가능한 것을 판단할 수 있다. 그리고 압력을 어느 정도 높게 하더라도 극저온의 냉동시설이 있어야 액체 상태까지 냉각이 가능하다. 한편, 임계점 이하로 기체 온도를 낮추는 것은 임계 압력보다 높은 압력에서만 가능하다. 기체의 액화는 가압과 냉각이 복합적으로 적용되어야만 함을 알 수 있다.

표 2-2 주요 기체의 임계 온도·압력

	CO_2	He	H_2	N_2	O_2	CH_4
T(K)	304.2	5.3	33.3	126.2	154.8	191.1
P(MPa)	7.39	0.23	1.30	3.39	5.08	4.64

(2) 기체 액화 공정

상업적 기체 액화 사이클 중 한 가지를 그림 2 – 15에 보여주고 있다. 이 공정에서는 기체를 다단 압축 및 중간 냉각방식으로 임계 압력 이상 가압한 뒤에 재생기(regenerator)의 방법에 의하여 냉각시킨 뒤 원하는 압력까지 (때때로 대기압까지) 팽창시킴으로 기·액 혼합체를 만든다. 우선 기체의 압축과정에서 가능하면 온도를 낮게 함으로써 압축 일을 줄이도록 한다. 여기에서는 입구 보충가스(make - up gas)를 사이클로부터 회수되는 저온의 기체를 사용하여 혼합에 의하여 온도를 낮추며 중간냉각을 하면서 다단 압축을 한다. 다단 압축은 이상적으로 열교환기의 방열온도에서 등온압축으로까지 이상화할 수도 있다.

그러나 열방출온도(흔히 대기온도)보다 낮은 온도로는 방열이 불가능하므로 여기에서 또다시 저온의 회수기체와 열교환을 시킴으로써 냉각을 하게 된다. 즉 고압의 고온 기체와 저압의 저온 기체 사이에서 열교환을 시키는 재생의 방법을 채택한다.

이와 같이 냉각된 고압기체를 교축(throtting) 감압시키면 온도가 떨어지면서

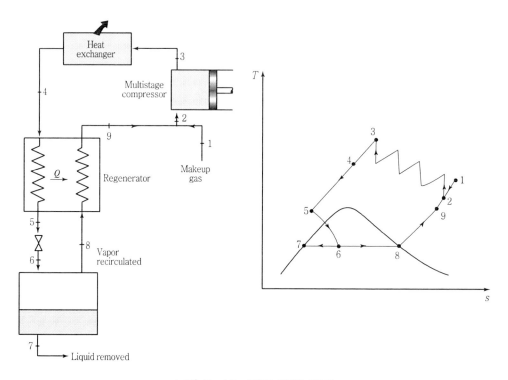

그림 2–15 기체 액화 공정

기·액 혼합체가 된다. 액체를 분리하고 기체는 다시 압축 사이클로 보내면서
그 사이에 재생 및 직접 혼합방식에 의해 입구 기체를 냉각시키는 역할을
담당한다. 대기로의 열방출은 용이하지만 사이클의 작동유체가 대기보다 낮은
저온에서 열을 버리면서 냉각되는 것은 쉽지 않으므로 가능한 한 중간냉각
등의 방법을 동원하여 대기온도보다 높은 온도에서 열을 방출하게 하며 저온의
열원은 액체와 분리된 기체가 매우 저온임을 이용하여 재생 등의 방식으로
추가 냉각을 달성하는 것이다.

5) 기체 냉동 사이클

(1) 역 브레이튼 사이클

카노 동력 사이클의 작동방향만 바꾸면 카노 냉동 사이클이 되며 랜킨 동력
사이클과 증기압축 냉동 사이클은 개념적으로 거의 일치한다는 것을 보았다.
이와 함께 다른 동력 사이클들도 냉동 사이클로의 활용이 가능하다. 여기에서는
브레이튼 사이클의 역방향 작동 경우를 생각해 본다. 이 냉동 사이클을 흔히
기체 냉동 사이클(氣體冷凍~ : gas refrigeration cycle)이라고 부른다.

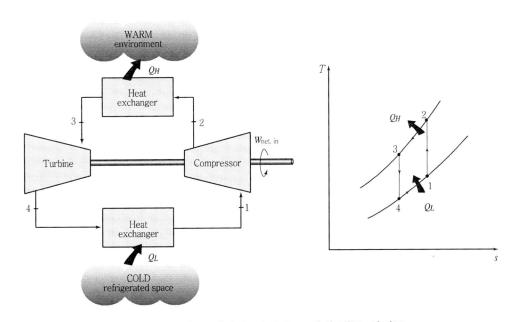

그림 2-16 단순 역 브레이튼 사이클 - 기체 냉동 사이클

그림 2 - 16의 개념도에서는 동축 터빈과 압축기 그리고 재생기를 이용한 역 브레이튼 사이클을 보여주고 있다. 저온의 열전달을 위하여 냉동목적에 사용하고 다시 사이클로 돌아오는 기체의 낮은 온도를 재생기에서 활용한다. 이 방법에서는 압축기에서 압축될 때의 기체는 고온이고 터빈에서 팽창하며 일을 할 때는 저온이기 때문에 터빈 일보다 압축기 일이 많으며 따라서 일의 합계는 −부호이며 즉 $W_{net,in}$이 필요하게 된다.

이 과정을 몇 차례 반복하면 극저온까지도 가능하며, 폐쇄 사이클로서 뿐 아니라 공기를 이용한 개방 사이클도 가능하므로 고공에서의 냉방 또는 냉각 등에도 활용할 수 있다.

6) 흡수식 냉동 사이클

(1) 동력 대신 열을 이용한 냉동

지금까지의 냉동기에서는 기체를 압축하기 위한 동력이 필요하였다. 그러나 앞에서 논의한 바와 같이 압력을 높이기 위하여 필요한 동력은 기체의 경우가 액체의 경우에 비하여 훨씬 (거의 비체적의 비율만큼) 크다. 그러므로 대용량의 냉동기를 사용할 동력(흔히 전력)의 공급이 문제가 될 때가 있다.

흡수식 냉동 사이클은 기체압축 냉동 사이클과 개념적으로 동일하지만 기체 압축기 대신 액체 펌프를 사용하여 소요동력을 줄이는 효과를 활용하고 있다. 그러나 일의 입력을 줄였을 뿐 열을 투입하여야만 하는 것은 열역학 제1 및 제2법칙을 통하여 알 수 있다. 한편 열원의 온도는 그다지 높을 필요가 없으므로 비교적 저온의 폐열 활용도 가능하다.

그림 2 - 17에 흡수식 냉동 사이클의 개념도를 보여 주고 있다. 흡수식이라는 이름이 의미하는 바와 같이 냉매를 액체에 흡수시킨 뒤 펌프로 가압하여 다시 액체로부터 냉매만 증발시켜 분리하는 것으로 냉매의 가압화가 이루어진다. 그림에 예로 든 암모니아는 물에 흡수 및 분리가 매우 용이하고 저온 증발 특성이 있기 때문에 많이 쓰여 왔다. 여기에서 물은 단지 수송매체 역할을 담당할 뿐이다. 흔히 쓰이는 다른 흡수 냉매·수송매체 조합으로 리튬 브로마이드−물 또는 리튬·클로라이드−물이 있다. 여기에서는 물이 냉매로 쓰이기 때문에 암모니아보다 안정성 등에서 훨씬 유리하지만 0℃ 이하로는 냉각시키기 곤란하며 따라서 냉방용 등에 흔히 쓰인다.

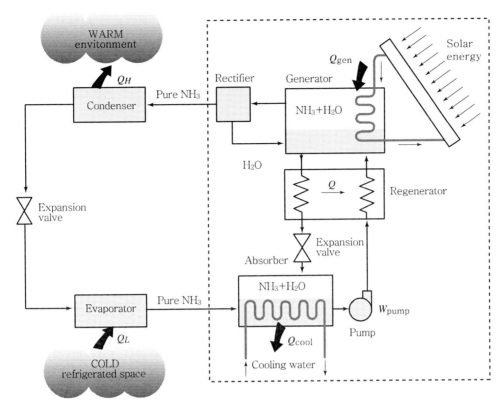

그림 2-17 흡수식 냉동시스템

7) 열전 동력 및 열전 냉동 사이클

지금까지 소개한 동력 및 냉동 사이클은 모두 상변화가 일어나는 작동매체를 사용하였다. 작동매체를 사용하면서 압력을 높이고 낮추는 펌프 또는 압축기와 열을 주고받는 열교환기가 필요하였다. 이 절에서는 작동매체가 없이 열을 가하면 동력(흔히 전력)을 얻을 수 있는 열전 동력 사이클과, 전력을 가하면 작동매체 없이 차가운 쪽이 더욱 차가워지는 열전 냉동 사이클을 소개한다.

(1) 열전현상

다른 물질로 만들어진 두 개의 도선을 양끝단에서 접합시켜 접점(junction)을 만들어 폐회로를 구성한 경우를 생각해 보자. 보통의 상황에서는 아무 일도 일어나지 않는다. 그러나 접점 중의 한쪽의 온도를 높게 가열하며 이 폐회로에 전류가 계속적으로 흐르게 된다. 이 현상을 제벡(Thomas Seebeck) 효과에 의한 열전(熱電 : thermoelectric) 현상이라고 부른다. 그림 2 - 18(a)와 같이 열전 효과가 나타나고 있는 회로를 차단하면 전류가 흐르지 않으며 열린 회로의 양단에 전압차가 발생하며 이를 기전력(起電力 : electromotive force)이라고 하며 전압계를 이용하여 측정할 수 있다.

열전 효과는 1821년 제벡에 의하여 발견되었으며, 물질의 고유 특성 중 하나이다. 열전 효과에 의한 기전력의 크기는 온도 범위와 물질의 종류에 따라 차이나므로 이를 이용하여 온도를 측정하는 데 사용할 수 있다. 온도 측정에 널리 쓰이는 열전대(熱電對 : thermo couple)는 두 가지 재질로 만들어진 도선의 쌍으로서 두 접점 사이의 온도차에 해당되는 기전력을 발생하므로 이를 이용하여 온도를 측정한다. 온도 측정에 쓰이는 열전대의 경우 0.1~0.4 mV/100℃ 정도의 매우 낮은 전압차를 나타낸다. 그러나 사용이 간편하고 반복성, 재현성이 우수하며, 물질의 종류 (및 그 조합) 이외의 조건, 예를 들어 형상, 굵기, 가공방법 등의 영향을 받지 않기 때문에 온도 측정법의 근간을 이루고 있다. 한편, 열전 효과는 역방향으로도 효과를 나타내고 있다. 즉 열전 효과를 나타내는 쌍의 도선에 전압을 가하면 열전쌍 양단에 온도차가 발생한다. 이것을 펠티어(Charles Athanese Peltier) 효과라고 부른다. 최근에 들어 전부 부품의 냉각 등에 그 응용이 확산되고 있다.

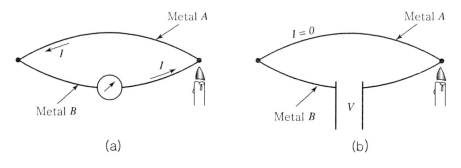

그림 2-18 열전현상

(2) 열전 동력 생산

제벡 효과는 접점의 온도를 다르게 유지할 수 있는 열원(source)과 열싱크(sink)가 존재할 경우 전류를 흐르게 할 수 있으므로 일을 생산하는, 즉 동력발생기를 구성할 수 있다. 열전 회로를 기준으로 보면 T_H의 등온상태에서 Q_H의 열을

흡수하고 T_L의 등온상태에서 Q_L의 열을 방출하며 그 차이만큼 전기 동력을 생산하므로

$$w_e = Q_H - Q_L \tag{2.12}$$

로 표시할 수 있다.

그림 2 - 19에서 보여주는 바와 같이 P−n의 접합부를 각각 고온부와 저온부에 설치하고 각각 냉각 및 가열함으로써 동력을 생산하는 방식으로서 아직은 효율이 낮아 비용이 많이 드는 편이나 아주 특별한 응용예(예를 들어 인공위성 우주선의 발전기)에서는 이미 실용화되어 쓰이고 있다.

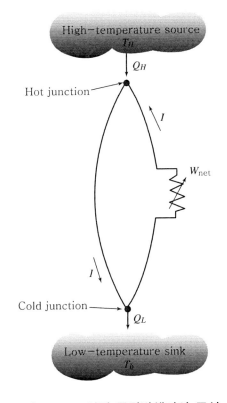

그림 2−19 열전 동력발생기의 구성

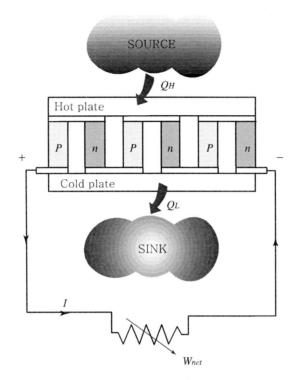

그림 2-20 반도체식 열전 발전기

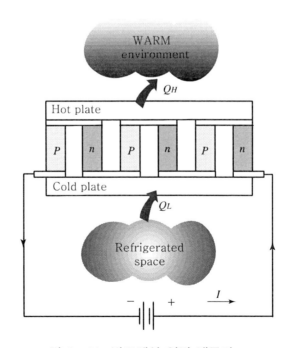

그림 2-21 반도체식 열전 냉동기

열전 동력 사이클은 작동매체가 없는 매우 간단한 구조이므로 동력생산에 획기적인 진전이 될 수 있다. 그러나 현실적인 열전 동력발생기의 경우 효율이 매우 낮고 대용량의 동력 발생이 가능하지 않다. 그러나 열전 효과를 발생시키는 물질의 조합을 개발하는 노력이 진전을 보아 어느 정도 현실적인 동력 생산기기가 가능하다.

한편, 열전 동력이 단순한 역방향 운전으로 구성되는 열전 냉동장치는 비교적 널리 보급이 확대되고 있다. 특히 움직이는 부품이 없이 전력공급만으로 냉동 효과를 보게 되기 때문에 소형의 전자 부품냉각 등에서 크게 환영받고 있다.

4. 식품의 냉동

육류와 어류는 냉동시켜 장기간 저장할 수 있다. 현대의 기계적 냉동법은 여러 가지 식품에 이용되는데, 미생물을 효과적으로 억제하기 때문에 효율적인 저장법이 된다. 대부분의 미생물들은 0℃ 이하에서는 성장할 수 없으며, 식품의 냉동으로 심하게 파괴당한다. 또한 식품 내의 기생충 가운데 특히 선모충병(旋毛蟲病)의 원인이 되는 선모충(Trichinella spiralis)이 파괴된다. 동결(凍結)은 일반적으로 −4~0℃에서 일어난다. 얼고 있는 식품의 온도는 완전하게 냉동될 때까지 일정하게 유지되다가 일단 냉동이 시작되면 빠르게 냉동 온도에 도달한다. 급속 냉동법의 기본적인 원리는 식품으로부터 열을 신속하게 빼앗는 것인데, 여기에서 식품의 온도는 30분 이내에 얼음 결정이 생기는 온도(−4~0℃) 이하로 떨어진다. 식품냉동을 성공적으로 하려면 냉동과 해동 과정에서 일어날 수 있는 물리적·화학적·생물학적 변화들을 고려해야 한다. 식품해동 후 다시 냉동시키는 것은 품질의 변화를 초래하기 때문에 저장온도는 일정 수준을 유지해야 한다. 이것은 대개 −18℃보다 높아서는 안 되며, −23℃에서 알맞은 결과를 보이고 −34℃에서 가장 좋은 결과를 보인다. 동물조직은 과일과 채소 조직보다 해동에 의한 손상을 적게 받는다.

1) 냉동법

'냉동식품'이란 제조·가공 또는 조리한 식품을 장기보존한 목적으로 급속냉동처리하여 냉동보관을 요하는 것으로서 용기포장에 넣은 식품을 말한다.

식품의 저장에 주로 사용되며, 냉동법은 대부분의 경우 살균의 효과는 거의 없고, 균의 번식이나 활동을 억제한다. 냉장 저장된 식품을 실온에 보관하면 적절한 환경이 이루어질 경우 균이 증식하게 되므로 유의해야 한다.

① 장점으로는

- 식품을 신선한 상태로 장기간 보존이 가능하며
- 냉동보존으로 미생물의 번식을 억제시킴으로 산화방지제 등의 방부제를 사용하지 않아 안전성이 높다
- 위생적이며 간편성이 뛰어나다
- 제품이 규격화 표준화되어 있다

② cryogenic freezing(심온냉동)

초급속 냉동방법(cryogeneic freezing)으로 포장 또는 비포장 식품을 −60℃ 이하에서 상변화를 일으키는 냉매(액체 질소, 아산화질소, 드라이아이스)에 의하여 단시간에 냉동하는 방법을 말한다. 냉동 중 식품의 품질 변화를 최소로 유지할 수 있는 장점이 있다. 그리고 IGF(individually guide frozen) 제품을 얻을 수 있는 장점이 있다. 냉동만두, 고로케, meat cubes, 빵가루를 입힌 생선제품 등과 같이 냉동 후 포장할 수 있는 조리냉동식품을 생산하는 데 적당하다.

2) 냉동식품 산업에 따른 분류

- 냉동품 : 원양어업의 냉동어, 냉동육, 브로이라, 냉동계란
- 기타 전처리 과정이 안된 농수축산품
- 냉동식품 산업 소재냉동식품 농산냉동식품 : 감자, 딸기, 귤, 콩류
- 냉동식품 축산냉동식품 : 식조류, 육류
- 수산냉동식품 : 어패류, 새우류, 오징어류
- 조리냉동식품 튀김류 : 돈까스, 고로케, 생선까스 등
- 구이류 : 햄버그 패티, 미트볼,
- 냉동만두, 피자, 냉동면
- 기타 : 빵반죽, 케이크, 과자 등

3) 가열유무에 따른 분류

냉동식품은 가열 유무에 따라 소재 냉동식품, 반조리 냉동식품, 완전조리 냉동식품으로 분류되는데 소재 냉동식품은 가식 부위만 냉동한 원료로서 축산 냉동식품, 수산냉동식품, 농산냉동식품으로 세분되고 제조공정상 가열을 안 하고 취식 시 가열해야 하는 반조리 냉동식품으로 돈까스, 고로케, 햄버그 패티류 등이 있으며, 공정상 가열하여 냉동시킨 제품으로 단지 식감을 높이기 위하여 가열 해동하여 취식하는 완전조리 냉동식품으로 분류된다. 또한 섭취 시 가열 유무에 따라 비가열 섭취냉동 식품과 가열 후 섭취냉동식품으로 분류되고, 제조 공정상 가열유무에 따라 냉동 전 가열식품과 냉동 전 비가열 식품으로 나뉜다.

① 제조공정

구 분	정 의	비 고
원료 냉동식품	농·수·축산물의 불가식부위를 제거하여 데치기 또는 구운 후 냉동시킨 제품	냉동감자, 냉동육 냉동홍시
반조리 냉동식품	제조공정 시 미가열하고 취식 시 굽거나 튀기며 또는 열을 가하는 등의 조리과정을 반드시 거쳐야하는 제품	돈까스, 햄버그, 생선까스
완전조리 냉동식품	제조공정 시 가열조리를 한 후 냉동시킨 제품으로 해동 후 취식가능하나 식감을 높이기 위하여 가열 후 섭취하는 식품	동그랑땡, 만두류
소재 냉동식품	타식품에 조미 또는 맛을 향상시키기 위해 재료로 사용할 수 있는 제품으로 주로 업소용 제품	냉동수프류, 냉동짜장

② 제품군별구분

구 분	정 의	비 고
만두류	육류와 야채 등에 부재료를 혼합하여 밀가루로 만든 만두 피로 성형한 제품	교자만두, 물만두, 군만두
피자류	밀가루가 주원료인 크러스트에 소스와 야채, 고기, 치즈 등의 토핑물을 얹은 식품	불고기피자, 콤비네이션피자

구 분		정 의	비 고
조리류	까스류	육류를 분쇄 또는 세절하여 조미 향신료 등 부원료를 넣고 혼합 성형하여 빵가루를 입혀 기름에 튀겨서 취식	돈까스, 생선까스
	패티류	식육 및 어육, 야채 등을 분쇄하여 조미향신료 등 부원료를 넣고 혼합, 성형(원형, 타원형, 사각형 등)하여 냉동하거나, 성형 후 바로 구운 제품으로 소비자들은 프라이팬이나 전자레인지로 취식	동그랑땡,산적 떡갈비, 완자
	튀김류	식육 혹은 수산물을 조미, 성형한 후 튀김옷 혹은 빵가루를 입힌 제품으로 튀겨서 취식	새우튀김, 오징어튀김
	고로케	식육과 야채 등으로 혼합된 속을 반죽 성형하여 빵가루를 묻혀서 튀긴 제품으로 전자레인지 조리나 튀겨서 취식	
기타류	핫도그	소시지나 어묵 등을 나무꼬치에 끼운 후 소다나 베이킹 파우더를 이용하여 튀김옷을 입힌 식품	핫도그
	양념육	식육을 양념 조미하여 포장한 제품으로 프라이팬 조리로 취식	양념갈비, 양념불갈비

4) 식품 종류에 따라 달라지는 냉동법

구 분	식 품	냉 동
익혀서 냉동하기	그린 아스파라거스	한 번 익힌 후 지퍼백에 겹치지 않게 배열하고 끝이 부러지지 않도록 알루미늄 트레이에 눕혀서 냉동하면 1개월 유지.
	피망	씨를 없애고 적당한 크기로 잘라서 뜨거운 물에 살짝 익히고 물기를 없앤 후 지퍼 백에 넣어 냉동하면 약 1개월 유지.
생것으로 냉동하기	부추	씻은 후 물기를 없애고 그대로 랩에 두 겹으로 싸서 냉동하면 약 1개월 유지. 조리할 때는 그대로 사용한다.
	과일	먹을 때의 상태로 얼린다. 껍질을 벗기거나 딸기는 꼭지를 따는 등 얼려 놓으면 믹서에 갈아 시원한 주스를 만들 수 있다.
갈아서 냉동하기	무	간 무를 제빙 용기에 담고 랩을 씌워 냉동하면 작게 나뉘어서 필요할 때 편리. 생선 구이에 곁들이거나 메밀국수 국물에 띄운다

구 분	식 품	냉 동
갈아서 냉동하기	마	아이스크림 용기 등에 랩을 깔고 간 마를 넣은 다음, 고무줄이나 와이어가 들어간 테이프로 봉하여 냉동해서 필요한 만큼 꺼낸다.
조리해서 냉동하기	양파	다진 다음 살짝 볶거나 얇게 썰어서 갈색이 될 때까지 볶아 얼린다.
	사과	껍질을 벗기고 은행잎 모양으로 썰어서 설탕, 레몬즙을 넣어 중불에서 가열한 다음, 식혀서 즙까지 냉동한다. 파이나 샌드위치에 이용 가능하다.
	샐러리 잎	샐러리 잎에 다진 당근과 양파를 넣고 샐러드유나 버터에 볶아서 냉동한다.

5) 냉동기

(1) 냉동기의 원리

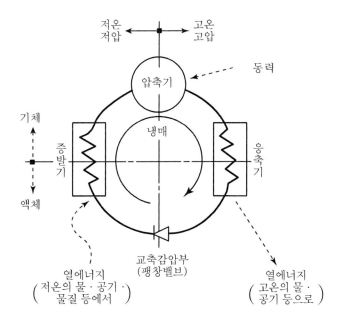

(2) 냉동기의 종류

방식	종류		냉매	용량	용도
증기압축식	왕복동식 냉동기 (reciprocating)		R12, R22, R500, R502	1~400 kW	룸에어컨(소용량) 냉동용
	원심식 냉동기 (turbo 냉동기)		R11, R12, R113	밀폐형 : 81~1,600 USRT	일반 공조용
				개방형 : 600~10,000 USRT	지역냉방용
	회전식	로터리식 냉동기	R12, R22, R21, R114	0.4~150 kW	룸에어컨(소용량) 선박용
		스크루식 냉동기	R12, R22	5~1,500 kW	냉동용, 히트펌프용
	증기분사식 냉동기		H_2O	25~1,000 USRT	냉수 제조용
흡수식	흡수식 냉동기		H_2O LiBr(흡수액)	50~2,000 USRT	일반 공조용 폐열, 태양열 이용

그림 2-22 회전식 냉동기(screw 냉동기)

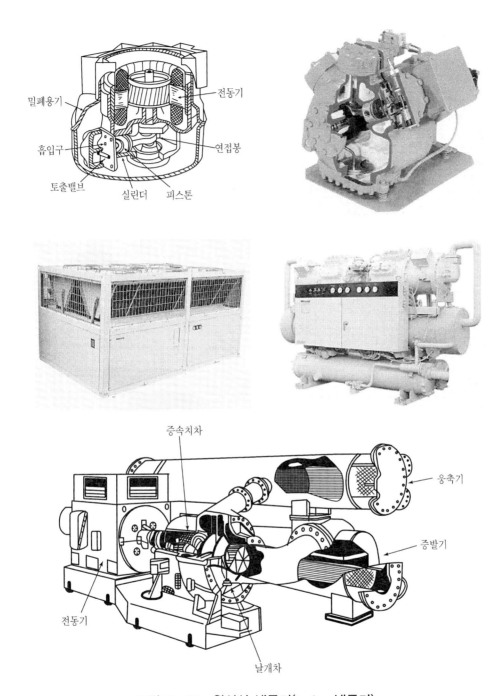

밀폐용기

전동기

흡입구

연접봉

토출밸브   실린더   피스톤

증속치차

응축기

증발기

전동기

날개차

그림 2-23   원심식 냉동기(turbo 냉동기)

6) 콜드 체인

(1) 콜드 체인 시스템(cold chain system)

선입선출과 재고 조사를 통한 유통기한 준수와 제조업체의 냉동(장)고 →
냉동(장)탑차 → 납품처 냉동(장)까지의 유통 과정을 준수, 신선도 유지에 철저
를 기하는 것으로 생산에서 최종 소비자에 이르기까지 신선함을 유지하는
시스템이다.

(2) 콜드 체인(cold chain)

어류·채소·과물·육류 등의 신선 음료품을
생산자로부터 소비자에게 콜드 체인(냉동의
사슬)으로 연결한다는 유통기구. 신선한 음
료품을 냉동해서 보관, 수송, 판매케 함으로
써 부패나 품질의 저하를 방지하고 수급을
조절하여 가격안정을 기할 수 있다.

그림 2-24 물류센터 저온창고
(덕트방식)

(3) 냉동냉장 제품의 효율적인 보관과 우수한 품질의 콜드 체인 시스 템 구축을 위한 각종 쇼케이스 및 저장고(cold storage)

KORONE 150/200

규격 : 1,540/2,040(W) × 1,040(D) × 895(H)
유효내용면적 : 432L
사용온도범위 : 0~+5℃

ET 100/100D

규격(mm) : 1,000(W) × 719(D) × 956(H)
　　　　　　 1,000(W) × 1,438(H) × 956(H)
유효내용면적 : 136L, 152L + 152L
사용온도범위 : −22~−24℃, +2~+5℃

7) 식품의 품질변화

(1) 생물학적 변화

① 저온 장해(chilling injury)

가) 증 상

이 증상은 수상에 착과된 상태에서는 볼 수 없고 저온 저장 중 정밀하지 못한 온도 제어에 의하여 저온과 조우하게 되면서 증상이 나타난다. 호반증이나 수확 후 pitting과는 달리 장해를 받으면 과피 표면이 분화구처럼 움푹 패이는 증상이 나타나는 게 다르다. 그러나 갈변된 상태의 장해 초기에는 호반증상과 구분이 어려우며 증상이 진행되어 과피 표면보다 움푹 들어간 것을 보고 저온 장해를 알 수 있게 된다.

또한 pitting 증상에서 볼 수 있는 포도송이처럼 증상이 이어져 연결되어 있지 않고 갈색의 반점이 따로따로 과피 표면 전체에 골고루 퍼져있는 게 특징이다.

나) 발생 원인

감귤의 계통에 따른 적정 저장 온도 이하에서 최소한 한 달 이상 조우되었을 때 나타나며 장기간 저장하기 위해 저장 온도를 낮추었을 때 또는 정밀하지 않은 저장고에서 발생할 수 있다.

다) 방지 대책

감귤의 계통별 장기간 또는 단기간 저장에 따라 적정 온도에서 저장하며 장기 저장 시 수시로 저장고 내 온도와 설정 온도의 차이를 확인한다. 또한 냉방 팬 근처의 온도와 멀리 떨어진 온도를 확인하여 장해 여부를 수시로 확인한다. 부지화(한라봉)를 4~5개월 저장할 때에는 9~11℃의 약간 높은 저온 저장으로, 청견인 경우 이보다 낮은 4℃에서, 온주밀감인 경우 4℃ 이상 5℃ 내외에서 저장을 하여야 한다. 더구나 부지화인 경우 무가온 하우스에서 1~2월의 저온 기간에 수확하여 저장하게 되는데, 이 경우 과피 조직이 연약하고 다습한 조건에 노출되어 흡습 상태가 되기 쉽다. 이 상태에서 예조 과정 없이 4℃ 내외의 저온 저장에 들어가게 되면 과피 중의 수분으로 인하여 저온 장해를 받기 쉬우며 부패되기 쉽다. 그러므로 예조 후 겨울철 실내 온도인 9~11℃의 온도 유지를 목표로 저장고를 관리한다.

오렌지 저장 중 저온 장해 오렌지 저온 장해 부지화 저온 장해

② 선도저하

가) 선도저하의 원인과 대책

생선식품의 신선도 저하 원인	신선도 보지의 대책
온 도	저온, 정온(定溫), 영온(永溫), 보냉
습 도	저온, 포장
분위기 gas 조성	저온, 포장
ethylene	저온, 흡수제, 포장
미생물	저온, 세정, 살균, 포장
광 선	포장, 차광
진동 및 충격	포장, 완충재

나) 어패류의 선도저하

어류는 어획 직후에는 냄새가 거의 없고 다소 있어도 불쾌한 냄새는 아니다. 그러나 어류를 그대로 방치하면 선도가 떨어짐에 따라 불쾌한 냄새가 증가하게 된다. 이 냄새를 비린내 또는 어취(魚臭, fish dor)라고 한다. 생선의 비린내는 또한 선도저하의 하나의 척도가 되고 있다. 원래 비린내는 세균의 작용으로 발생하기 때문에 냄새는 간단한 부패판정법의 하나가 될 수 있다.

다) CA 저장(controlled atmosphere storage)

과일·과실은 일정한 저온을 항상 유지해야 한다.

냉장육의 부패를 일으키는 주요 미생물은 호냉성균, 호기성균, 곰팡이, 효모 등이다. 상술한 미생물들의 증식이 일어나면 식육은 변패를 일으키게 되는데, 그 대표적인 문제점이 점성부패이다. 점성부패는 식육 표면에 끈적끈적한 점액이 나타나는 부패를 말하는데, 때로는 작은 거품과 함께 불쾌취도 발생한다.

이러한 부패의 주요 원인균은 아크로모박터(Achromobacter)이고 채소류는 수확후 호흡작용으로 인하여 CO_2를 방출하고, O_2가 소비되어 선도가 저하된다. 선도를 유지하는 방법은 CO_2를 2~10%, O_2를 1~5%로 저장하면 저장성이 길어진다.

그래서 CA 저장은 저장기간을 연장할 목적으로 저장분위기 중 저장온도와 습도 등을 조절하여 저장하는 것이다.

③ 미생물의 번식

냉장저장에서 있어 장시간 효과적으로 원료를 보존하기 위해서는 초기 미생물 수를 최소화시키는 것이 가장 중요하다. 따라서 원료처리 과정에서 미생물의 오염원은 철저히 제거되어야 한다. 또한 냉장저장 중에는 온도의 변동을 막아 재료표면에 수분의 응집을 막는 것이 저장성 증진에 도움이 된다.

육제품에서의 미생물의 증식은 식육의 변색을 일으키는데, 식육의 갈색화를 촉진시킬 뿐만 아니라 자체적으로 색소를 생성하여 식육표면에 변색반점을 생성하기도 한다. 한편, 식육 표면에 반점 또는 넓은 면적에 곰팡이가 발육하면 고기는 회색 또는 흑색으로 변색되며, 솜털 같은 것이 생겨나고 자극성 있는 곰팡이 냄새를 풍기게 된다. 이러한 곰팡이류의 아포도 외부로부터 오염되기 때문에 식육의 취급과 냉각실에서의 도체처리 시 위생에 만전을 기해야 한다. 특히 곰팡이는 저온에 대한 저항성이 높아 $-8℃ \sim -9℃$에서도 성장가능하며, 또한 85% 이상의 습도에도 발육하기 때문에 습도는 85% 이하로 유지하고, 식육의 표면이 습윤상태가 되지 않도록 하는 것이 중요하다.

도체의 냉장저장 중 미생물의 증식에 의해 발생하는 문제점 중 골염(bone taint)을 빼놓을 수 없다. 골염은 도체의 뼈 주위에서 혐기성 균이 증식하여 불쾌한 산패취를 생성하는 현상을 말하는데, 가스가 발생하여 축적되면 스폰지 형태를 나타내기도 한다. 뒤다리뼈, 등뼈 등의 주위, 특히 관절부위에서 잘 발생한다. 발생원인은 도살 시 또는 도살 후, 뼈 주위의 동맥을 통해 장내 세균 또는 공기 중의 세균이 이행하여 증식하기 때문이다. 피로가 축적된 소를 도살하면 골염의 발생빈도가 높아지는데, 이는 혈액의 항균작용이 약화됨으로써 세균오염에 대한 저항성이 저하되기 때문이다. 따라서 골염의 발생을 예방하려면 도살 전에 가축을 충분히 휴식시키면서 수분을 섭취하게 하여 도살 시 방혈을 촉진하고 도살 직후 신속하게 냉각하여야 한다.

(2) 물리적 변화

① 수분의 증발

식육은 지방함량과 물리적 성숙도에 따라 다르지만 약 70~75% 정도의 수분을 함유하고 있다. 이 수분은 식육을 구성하고 있는 단백질 분자들과 강하게 결합하고 있거나, 세포 밖에 존재하면서 자유롭게 외부로 빠져 나올 수도 있다. 육세포 조직의 85% 정도의 수분은 세포 내, 특히 마이오신필라멘트와 액틴피라멘트 사이에 존재하며, 나머지 약 15%는 세포 밖 공간에 존재한다. 이 고기 속의 수분은 크게 결합수, 고정수 및 유리수 3가지로 구분할 수 있는데, 결합수는 단백질분자와 매우 강하게 결합되어 있고, 고정수는 결합수 표면의 수분분자들과 수소결합을 이루고 있으며, 유리수는 말 그대로 고기 속에서 자유롭게 움직이면서 세포조직 간의 모세관현상에 의해 고기 속에 지탱하고 있다. 따라서 결합수는 고기가 물리화학적 변화(예 : pH 변화, 열처리, 세절, 냉동 및 해동, 압축 등)를 일으켜도 쉽게 움직이지 않지만, 고정수나 유리수는 내외적인 환경변화에 의해 쉽게 움직일 수 있다.

식육의 보수성은 식육이 주어진 조건하에서 수분을 보유할 수 있는 능력, 또는 물을 첨가하였을 때 첨가된 물을 흡수, 결합할 수 있는 능력으로 정의된다. 이 보수성은 특히 경제적인 면에서 매우 중요한데, 그 이유는 식육의 저장, 가공 중에 발생하는 중량감소의 대부분이 수분의 손실에서 유래하기 때문이다. 또한 보수성은 그 자체가 육질의 결정요인일 뿐만 아니라 육색, 연도 다즙성 등 다른 육질결정 요인에도 큰 영향을 미친다.

일반적으로 보수성이 나쁜 고기는 소매판매 시 조직이 견고하지 못하고 흐물거리며, 유리되어 나온 육즙이 트레이 바닥에 고이기 때문에 소비자의 구매욕을 감소시킬 뿐만 아니라, 냉동육의 해동 시 해동감량 및 냉장저장 시 육즙감량이 많아 경제적으로도 큰 손실을 가져온다.

② 얼음결정의 생성과 조직의 손상

순수한 물이 얼음이 되면 약 9% 정도의 부피가 증가하지만, 실제 식육에서는 순수한 물에서보다 부피증가가 적어 일반적으로 약 6% 미만의 증가가 일어난다.

이러한 부피팽창에 의한 조직손상은 동결속도에 따라 영향을 받으며, 완만동결 시 더욱 심하게 나타난다.

식육은 수분 이외에 단백질, 당질 등의 성분들이 수분 중에 분산하여 콜로이드 상태로 되어 있는데, 식육이 동결되면 이들 성분의 위치가 고정되게 된다. 또한 냉동은 물을 얼음으로 전화시키기 때문에 물에 녹아 있던 여러 가지 용질들은 상대적으로 물의 양이 적어지므로 농도가 증가되는 결과를 가져온다. 농축의 정도는 최종온도에 따라 좌우되며, 어느 정도는 존재하는 용질의 공정점 (식육 내 수분이 완전히 동결되는 온도 : 약 −60℃), 물리적 교반 및 동결속도에 의해 영향을 받는다. 따라서 발생되는 용질의 농축현상으로 인하여 냉동 중 얼지 않은 부분에서는 pH, 적정산도, 이온강도, 점도, 동결점, 표면장력 및 산화−환원 전위 등 여러 가지 성질에서 큰 변화가 발생한다.

급속동결은 작은 빙결정 형성 때문에 밝은 표면색을 야기하지만, 해동 후에는 냉동속도에 따른 차이가 없어진다. 냉동저장 중에는 고기의 마이오글로빈이 산화되어 변색이 유발되는데, 포장종류에 따라 −20℃에서 수개월간 선홍색을 유지할 수도 있다.

식육을 동결시킨 다음 약 −20℃ 이하의 저온에 냉동저장하는 것은 식육을 장기적으로 저장하는 최선의 방법으로, 다른 어떤 방법보다 미생물의 증식을 억제하고 육색, 풍미, 및 관능적 품질의 변화를 적게 만들 뿐만 아니라 대부분의 영양가도 저장시간 동안에 잘 유지되는 편이다. 하지만, 냉동된 육을 해동할 때 육즙 방출에 따른 수용성 영양분이 손실되기 때문에 약간의 영양가의 손실이 발생하며, 이러한 손실은 냉동과 해동조건에 따라 많은 차이가 있다. 방출되는 육즙에 존재하는 영양분들은 염, 단백질, 펩타이드, 아미노산 및 수용성 비타민 등이며, 고기 중에 존재하는 영양분은 냉동에 의해 파괴되거나 비소화성이 되지는 않는다.

냉동육의 품질은 일차적으로 냉동 전에 냉장저장 기간과 냉동방법에 의해 결정된다. 즉 냉동육의 품질을 잘 유지하려면 냉동 전 냉장육의 품질을 잘 관리해야 하며, 냉동은 급속히 시키는 것이 바람직하다. 하지만, 일단 식육이 냉동저장되면 수분의 승화, 단백질의 변성, 조직적인 손상 등의 물리화학적인 변화가 미미하지만 지속적으로 일어나 품질이 저하된다. 이러한 냉동육의 품질은 냉동속도 냉동저장기간, 온도, 습도 및 포장상태에 따라 영향을 받는다.

③ 단백질의 변성

식육은 냉동저장 중 단백질의 변성으로 조직이 질기고 건조해지는데, 이것은 냉동으로 인해 염들이 농축되기 때문이다. 또한 단백질의 추출성도 냉동저장 온도가 높을수록 더욱 저하되며, 이것은 고기를 가공육제품 원료로 사용할 때 기능성의 감소를 가져온다. 이러한 단백질 추출성 변화를 억제하기 위해서는 저장온도를 가능한 한 낮추거나 냉동변성 방지제를 첨가하여 냉동하여야 한다.

(3) 화학적 변화

① 지질의 변화

장시간 냉장저장 시 식육은 지방의 변질에 의해서도 불쾌취를 생성하는데, 이 불쾌취는 지방의 가수분해나 자동산화에 의해서 생성된다. 가수분해에 의한 지방의 변패는 식육 내 지방이 미생물들이 분비하는 지방분해효소에 의해 분해되어 유리지방산을 생성함으로써 일어난다. 이 지방 변패는 미생물의 오염 및 증식을 억제하면 방지할 수 있으므로, 가급적 저장온도를 낮추고 특히 저장 중의 온도변화를 최소화하여야 한다. 또한 장기저장이 필요할 경우에는 급속냉동을 통해 억제할 수 있다.

지방의 변패는 지방산화에 의해서도 일어난다. 지방산화는 비효소적인 반응으로 식육의 지방이 광선, 열, 금속이온 등 외부의 촉매작용에 의해 유리기(free readical)를 생성하고, 이 유리기는 잔존하는 산소와 결합하여 하이드로퍼록사이드(hydroperoxide)라는 물질을 만드는데, 이 물질은 매우 불안정하여 aldehydes, alcohols, ketones 등과 같은 2차 부산물로 분해되어 불쾌취를 생성한다. 이 반응은 한번 시작되면 연쇄반응을 일으킴으로 자동산화라고도 부르며, 매우 심함 변패취의 원인이 된다.

지방산화는 포화지방산이 많은 쇠고기보다는 불포화지방산이 많은 돼지고기에서 많이 발생하며, 부위별로도 일어나는 정도가 다르다. 이 반응은 촉매작용에 의해 시작되거나 촉진되므로 이들 원인을 제거하는 것이 중요하다. 즉 식육을 냉암소에 저장하거나, 저장온도를 낮게 그리고 일정하게 유지하고, 또한 진공포장을 함으로써 산소와의 접촉을 막는 것 등이 효과적인 방지책이 될 수 있다.

② 색의 변화

좋지 않은 냉장조건에서 식육을 장기간 저장하면 식육표면의 육색이 변화하는데, 이는 선홍색의 육색소인 옥시마이오글로빈이 산화하여 갈색의 메트마이오글로빈으로 변화되기 때문이다. 이러한 변색의 정도는 냉장실의 온도, 유속, 상대습도 및 포장상태 등에 의해 좌우된다.

냉장온도는 변색에 가장 큰 영향을 주는데, 그림 2 - 25에서 보는 바와 같이 저장온도가 낮을수록 메트마이오글로빈의 함량이 낮아지므로, 낮은 온도를 유지하면 변색을 억제할 수 있다. 이것은 산소의 용해도가 온도가 낮아질수록 높아지고, 산소를 소비하는 환원효소 및 미생물들의 활력이 떨어져 상대적으로 식육 내 옥시마이오글로빈의 함량이 증가하기 때문이다. 냉장실의 유속은 빠를수록, 상대습도는 낮을수록 도체나 육표면의 건조를 유발시켜 변색을 촉진하게 되는데, 이는 표면건조로 용질의 함량을 부분적으로 증가시켜 마이오글로빈의 산화가 촉진되어 갈색의 메트마이오글로빈의 함량이 증가하기 때문이다

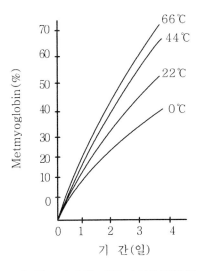

그림 2－25 저장온도가 쇠고기에서 메트마이오글로빈 형성에 미치는 영향

8) 해 동

(1) 냉동육의 해동

냉동육의 해동과정은 그림 2 - 26에서 보는 바와 같이 냉동된 식육을 해동정체기까지 가열하는 단계(a), 해동단계(b), 그리고 해동점 이상으로 온도를 올리

는 단계(c)로 구분된다. 전체 해동시간은 냉동된 식육의 온도를 얼음이 전혀 남아 있지 않는 온도까지 올리는 데 소요되는 시간이다. 해동과정에서는 얼음을 녹이기 위하여 열을 가해야 하는데, 1℃ 올리는 데 얼음 g당 79.7 cal가 필요하다. 얼음이 얼기 위하여 필요한 열량과 얼음을 녹이기 위하여 필요한 열량은 동일하지만 해동은 냉동보다 훨씬 완만한 과정을 거치게 되는데, 그 이유는 물보다 얼음의 열전도도가 4배, 열확산계수는 9배 정도 빠르기 때문이다.

　냉동 시에는 외부에서 내부로 물이 얼어 들어가기 때문에 내부의 열이 바깥으로 쉽게 이동, 제거될 수 있으나, 해동 시에는 외부에서 내부로 얼음이 녹아가는 이유로 인하여 외부의 열이 내부로 쉽게 전달이 되지 못한다. 따라서 해동에 소요되는 시간은 냉동에서보다 더 길게 된다. 그림 2 - 26에서, a단계에서는 얼음의 존재 때문에 열이 쉽게 전달되어 온도가 급격히 상승하지만, b단계에서는 물이 존재하기 때문에 온도상승이 완만하게 이루어진다. 이러한 현상은 전자레인지를 이용한 자파해동을 제외한 모든 해동방법에서 관찰된다.

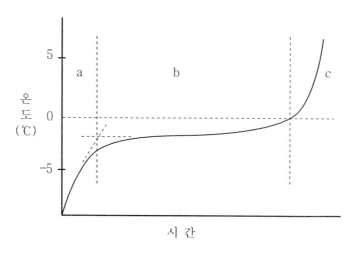

그림 2-26　전형적인 식육의 해동곡선

　냉동육은 직접 조리를 하지 않는 한 동결된 상태에서 포장이 된 채로 해동시켜야 건조를 방지할 수 있다. 냉동육의 해동 시에는 육즙이 누출되는데, 이 육즙의 정도는 식육의 종류, 표면적, 냉동방법, 저장조건 및 해동방법에 따라 달라진다. 일반적으로 중량의 약 1~2%의 육즙이 삼출되어 나오며, 따라서 해동된 고기는 종종 건조한 조직감을 나타내기도 한다.

해동방법은 크게 표면가열방법과 내부가열방법의 두 가지로 구분되는데, 표면가열 방법은 공기, 물 또는 증기를 이용하여 열을 표면에서 전도시켜 해동시키는 방법이고, 내부가열방법은 전자파를 이용하여 열이 냉동육의 내부에서 발생되어 해동되는 방법이다. 해동은 급속히 이루어지면 육즙의 삼출이 적지만 표면적이 큰 식육의 경우 표면온도가 높아질 위험이 있다. 해동시간은 식육의 온도, 크기, 열용량, 해동방법에 따라 달라지는데, 비록 오랜 시간이 걸리더라도 냉장온도에서 해동하는 것이 권장되는데, 그 이유는 해동 중 미생물의 증식을 막기 위해서이다. 각각의 해동방법에 따른 특성은 다음과 같다.

① 공기해동

실온에서 하룻밤 지체시켜 해동시키는 방법으로 열전달 매체가 정지된 공기이므로 해동속도가 매우 느리다. 따라서 미생물의 성장을 억제하기 위해서는 실온이 약 15℃ 이하로 하는 것이 바람직하며, 고습도의 공기를 순환시키는 터널 속에서 수행하면 신속한 해동과 위생적인 관리가 이루어질 수 있다.

② 침수해동

이것은 열전달 매체가 물이기 때문에 공기보다 열전도도가 높아 공기해동보다 해동시간이 단축된다. 하지만 물을 사용하므로 사용한 물의 교체빈도와 온도 등에 따른 위생상의 어려움이 있으며, 폐수발생이 문제가 된다.

③ 증기해동

이 방법은 응축된 수증기의 높은 열전도도를 이용하는 것으로, 저압하에서 저온으로 생산된 수증기를 냉동육의 표면에 응축시킴으로써 해동한다. 공기나 물보다 훨씬 빠른 해동이 이루어지는 반면, 냉동육 표면온도 관리에 신중을 기해야 한다.

④ 전자파해동

전자기 파장을 이용하여 냉동육 내부에서 열을 발생시키는 방법으로, 적외선 해동(infrared defrosting), 초음파해동(ultrasonic defrosting) 및 마이크로웨이브(microwave) 해동법 등이 있지만, 상업적으로는 전자레인지를 이용한 마이크로웨이브 해동법이 가장 많이 쓰인다. 마이크로웨이브 해동에 사용되는 파장은 가정용 전자레인지는 2,450 MHz, 산업용 전자레인지는 915 MHz를 이용하는데, 식육의 부위에 따라 가열 정도가 다를 수 있다는 문제가 있다. 하지만 해동 시 수분의 분리가 적고, 단시간에 해동시킬 수 있어 가장 좋은 해동법으로 알려져 있다.

5. 동결장치

1) 접촉동결장치

접촉동결법(contact freezing)은 저온으로 한 고체벽 사이에 식품을 끼우고 동결시키는 방법이다. 고체벽은 보통 중공(中空)의 금속판(냉각판)으로 다단식으로 되어 있고, 중공에는 냉매를 통하여 냉각판을 냉각한다.

냉각판의 배치방식에는 수평식과 수직식이 있다. 수평식은 직방체의 종이상자로 포장된 식품의 동결에 알맞고 포장상자는 알루미늄의 tray로 늘어놓아 냉각판에 삽입하여 냉각판을 내려 밀착하여 약간의 압력을 건다.

수직식은 포장되지 않은 부정형, 보기로서 생선, 식육 등의 동결에 알맞다. 원료는 수직냉각판 사이에 넣어진 block을 만들고 유압에 의한 냉각판의 간극을 좁게 하여 냉각판에 밀착하여 열전도를 좋게 한다. 동결이 끝나면 block을 냉각판에서 떨어지게 하고 또 서리제거를 위하여 냉각판을 덥혀준다. 가온시간은 1.5분의 짧은 시간으로 목적을 달할 수 있게 설계되어 있다.

접촉동결법에 의한 조작효율을 높이기 위해서는 원료표면과 냉각판의 접촉을 긴밀하게 해야 한다. 포장상자의 내용이 완전히 채워지지 않았거나, 그 접촉이 긴밀하지 않으면 동결시간은 길어지게 된다. 또 식품의 포장재료의 종류에 따라 그 동결속도는 크게 좌우된다.

2) 침지·분무동결법

침지동결법(immersin freezing)은 저온액체 중에 담가 동결하는 방법이다. 저온의 액체로서는 예부터 식염수가 사용되었으나 최근에는 식염수 대신에 propylene glycol이나 ethylene glycol의 50% 수용액, 액체질소(b.p$-196℃$) 등이 사용되고 있다.

식염수의 염분의 침투를 방지하고자 설탕 또는 포도당을 혼합하여 사용하고 있다. 혼합액은 $-17.8℃(0℉)$로 하여 새우를 바스켓에 넣어 잠그고, 6~8분으로 동결시킨다.

　액체질소의 경우는 식품을 액체질소 중에 담그는 대신에 액체질소를 식품에 분무하는 방법이 사용되고 있다. 분무에 의해 낙하된 액체질소는 탱크에 받고 다시 사용한다. 또 분무 시에 증발된 저온의 기체질소는 컨베이어의 앞쪽으로 보내 식품의 예비냉각에 사용된다. 최근에는 수송트럭도 사용된다.

3) 공기동결법

　광의의 공기동결법에는 협의의 공기동결법(sharp freezing)과 송풍동결법(air blast freezing)이 있다. 협의의 공기동결법은 붕관식(棚管式) 동결법이라고도 하며 냉각공기의 자연순환에 의하여 열이동을 하는 것으로, 그 열전달계수가 낮고 동결속도가 느리나 장치가 간단하므로 널리 사용된다.

　송풍동결법은 air blast 동결법이라고도 하며 −35~40℃의 송풍을 풍속 2~5 m/sec로 순환시켜 동결한다. 냉각용 코일과 공기의 열교환에 있어서 풍속과 경막전열계수의 파계는 풍속이 1~6 m/sec 사이에서는 거의 직선적으로 증대된다.

　송풍동결법은 자연순환의 동결법에 비하여 그 전열계수가 풍속에 따라 향상하기 위하여 동결시간도 1/4정도 (풍속 3~6 m/sec)로 감소하므로 여러 가지 새로운 장치가 고안되어 있다. 그러나 이 방식은 건설비가 높기 때문에 자연순환식의 공기동결법에 송풍기를 설치하여 송풍을 하여 식품을 동결하는 방법도 널리 사용되고 있어 semi−air blast 동결법이라 한다.

　공기동결법으로는 이외 최근 개발된 유동층 동결법(fludized bed freezing)이 있다. 이 방법은 식품고체입자를 다공판 위에 쌓고 다공판을 통과한 냉각공기를 위로 불어넣음으로써 고체입자를 부유시켜 유동층을 형성하고, 냉각공기와 고체입자의 열교환에 의하여 동결시키는 방법이다. 유동층의 형성에는 고체입자의 방법이 균일하고, 작은 것이 요망된다. 보기로서 어린 양배추, 딸기와 같이 팁의 경우에 좋다.

　유동층 동결의 특징은 냉각공기와 고체입자의 접촉효율이 좋고, 경막전열계수도 크고 더욱이 각 입자의 전 표면적이 아주 큰 상태로 유동층 중에 존재하기 때문에 다른 방법에 비하여 열이동속도가 빠른 것이다. 이 방법은 급속동결이 가능하다. 또 다른 특징은 일반의 공기동결법으로 tray 등에 넣어서 동결하는 경우 이것을 꺼낼 때 tray와 고체입자 혹은 고체입자가 서로 결착하여 당겨 벗기자면 고체입자를 파괴하거나 표면에 상처가 날 우려가 있다. 그러나 유동층 동결에서는 동결 중에 부유된 다공판-입자 간 및 입자-입자 간은 접촉되어 있지 않고, 또 동결 전의 세정공정 등으로 입자표면에 잔류하는 물이 냉각공기로 표면에 퍼뜨려져 얼음의 얇은 층을 표면에 만들어 freeze burn을 방지하고 있다.

공기냉각법을 연속화하기 위하여는 냉각 코일표면의 서리를 제거할 필요가 있어 그 방법으로서는 ethylene glycol이나 propylene glycol을 냉각 코일표면에 분무하여 서리를 제거하는 방법이 고안되어 있다. 또 액체 질소는 증발기에서 증발시킨 다음 강제적으로 식품에 붙여 이것을 순환 이용하는 것이다.

제3장 식품의 건조

식품 중에 존재하는 수분을 증발 또는 승화시켜 제거하는 단위조작이다. 건조과정에서는 수분의 증발에 필요한 잠열을 공급하기 위한 열 전달과 식품중의 수분이 공기 중으로 이동하는 물질전달이 동시에 일어난다.

건조는 중요한 식품보존법의 하나이다. 식품 내의 수분이 어느 수준 이하로 감소되면 미생물 및 효소에 의한 변질을 방지할 수 있으므로 저장성이 향상된다. 또한 부피와 무게를 감소시킴으로써 포장에 도움을 주고 수송비를 절약할 수 있다. 그러나 건조과정 중 풍미, 색, 텍스처 및 영양분 손실 등으로 인하여 품질이 저하되므로 식품의 종류에 따라 건조기 종류와 건조 조건을 잘 선택하여 품질저하를 최대한 줄여야 한다.

1. 식품의 수분

식품에 함유한 수분함량은 습량기준(wet weight basis, Xw%)과 건량기준(dry weight basis, X%)으로 나타낸다. 습량기준은 습한 물체 단위 질량당 수분량이고, 건량기준은 건물 단위 질량당 수분량이다. 식품의 수분함량은 일반적으로는 습량기준으로 나타내나 건조공정의 계산에서는 건조가 진행됨에 따라 총 무게가 변하므로 수분함량을 습량기준으로 나타내면 계산이 복잡해진다. 따라서 계산과정을 단순화시키기 위하여 건조공정의 계산에서는 일반적으로 건량기준으로 나타낸다.

만약 W를 건조 고체와 총 수분을 합한 습한 고체의 무게(kg), Ws를 수분을 제외한 고형분, 즉 건조 물체의 무게(kg)라 하면 습량기준 수분함량 Xw(%)와 건량기준 수분함량 X(%)는 각각 다음과 같이 구한다.

$$Xw(\%) = W - Ws / W \times 100 = 총\ 수분\ 무게 / 습한\ 고체\ 무게 \times 100$$
$$X(\%) = W - Ws / Ws \times 100 = 총\ 수분\ 무게 / 고형분\ 무게 \times 100$$

2. 공기의 성질

1) 습 도

우리가 매일 접하는 공기는 건조공기와 수증기의 혼합물이며 건조공기가 수증기를 함유할 수 있는 능력은 0부터 포화 상태까지이다. 일반적으로 공기라 하면 수증기를 함유한 습윤 공기를 의미하며 공기의 성질은 식품의 건조, 저장 등의 조작과 매우 밀접한 관계를 갖는다.

2) 절대습도

습도는 습윤 공기 중에 포함되어 있는 수분의 양을 나타내는 척도로서 건조공기 1 kg이 동반하는 수분의 kg수를 절대습도 H라 정의한다.

공기가 수분으로 포화되었을 때의 습도는 주어진 온도와 압력에서 건조공기 1 kg에 동반될 수 있는 최대수증기량으로 포화습도라 한다.

3) 상대습도

상대습도는 공기 중의 수분의 분압과 동일온도에서 물의 포화증기압의 비로 정의되며 일반적으로 %로 나타낸다.

4) 이슬점

이슬점은 일정한 습도를 냉각시켜 공기 중의 수분이 응축될 때의 온도, 즉 공기가 수분으로 포화될 때의 온도이다.

5) 습윤공기비열

습윤비열이란 건조공기 1 kg과 동반되는 H kg의 수증기의 온도를 1 K(1℃) 올리는 데 필요한 열량이다.

3. 습구온도

단열포화 온도는 대량의 물과 공기가 단열실에서 접촉했을 때 도달되는 정상상태의 온도이다. 습구온도는 소량의 물이 흐르는 대량의 공기와 접촉했을 때 얻어지는 정상상태 비형 온도이다. 온도계의 끝에 물에 적신 가제가 감겨져 있다.

가제가 감겨진 이 온도계가 온도 T, 습도 H인 흐르는 공기 중에 놓여져 있는 경우를 생각하자. 그러면 젖은 가제에서 수분이 증발하고 증발에 필요한 잠열은 젖은 가제의 물에서 빼앗아가므로 물은 냉각되어 온도가 공기 온도보다 낮아진다. 이렇게 되면 온도차에 의하여 공기에서 온도계로 열이 이동한다. 결국 수분의 증발에 의하여 증발열로 온도계로부터 제거되는 잠열과 공기로부터 온도계로 전달되는 현열의 이동속도가 같아지는 동적 평형에 도달하게 되며, 가제와 물의 온도는 일정한 온도 Tw를 유지하게 된다. 이 온도를 습구온도 Tw라 한다. 이 과정에서는 대량의 연속적으로 흐르는 공기가 소량의 물과 짧은 시간 접촉하므로 증발하는 수증기량이 작기 때문에 단열포화와는 달리 흐르는 공기의 온도와 습도는 변하지 않는다.

4. 건조기의 분류

식품의 건조법을 간단히 분류하기는 어려우나 열을 공급하는 방법에 따라 크게 두 가지로 나눌 수 있다.

① 열풍에 의한 건조

식품을 가열공기와 직접 접촉시켜 건조하는 방법으로 단열건조기 또는 직법건조기라 한다.

② 가열면과 접촉시켜 건조하는 방법

건조시킬 습한 물체를 수증기 등의 외부열원에 의하여 가열된 표면과 접촉시켜 건조하는 방법으로 비단열건조기 또는 간접건조기라 한다. 유전가열, 복사, 마이크로파에 의하여 가열되는 건조기도 비단열건조기에 속한다.

5. 건조메커니즘

1) 일정한 조건에서의 건조곡선(drying curve for constant condiyions)

회분건조실험에서 얻은 자료는 일정한 시간간격으로 측정한 습한 고체의 무게 W(고형분 + 수분)이다. 이 자료로부터 건조속도를 구하기 위해서는 수분함량을 건량기준으로 나타낸다. 주어진 건조조건에서 평형수분함량 X_e(kg수분 / kg고형분)를 흡습곡선으로부터 결정하고, 자유수함량(free moisture content) X를 다음과 같이 계산한다.

$$X = X_t - X_e$$

건조시간 t에 따른 자유수함량(수분함량) X의 변화를 그리면 곡선이 나오는데 곡선으로부터 건조속도를 구하기 위해서는 주어진 시간 t에서 접선을 그려 그 기울기 dX/dt를 구해야 한다. 각 점에서 건조속도 R은 다음 식으로 계산한다.

$$R = -L_s / A \cdot dX / dt$$

여기서

R : 건조속도(kg수분 / h·m²)

Ls : 사용한 고형분(kg)

A : 열풍에 노출된 표면적(m²)

6. 건조곡선

습한 고체가 건조면에 평행으로 흐르는 열풍 중에서 건조될 때 열풍의 온도와 습도, 풍속, 흐르는 방향 등이 건조기간 동안에 일정한 경우를 일정한 건조조건 (constant drying condition)이라 한다.

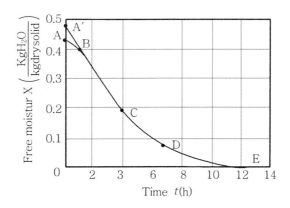

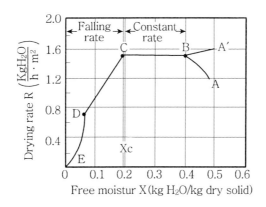

그림 3-1 건조속도 곡선

AB 구간은 예비건조기 또는 조절기간(settling down stage)이며, 점 A는 시료의 초기 수분함량을 나타낸다. 일반적으로 건조 초기의 식품의 온도는 열풍보다 온도가 낮기 때문에 식품의 표면온도가 열풍과 평형을 이루도록 가온되는 단계로서 증발속도는 약간 증가한다. 점 B에서 표면온도는 마침내 열풍과 평형에 도달한다. 일반적으로 이와 같은 초기 조절기간은 짧기 때문에 건조시간의 계산에서는 무시한다. BC 구간은 건조속도가 일정하므로 항률건조기간(drying in constant rate period)이라 한다.

점 C부터 건조속도가 점 D까지 직선적으로 감소한다. 이와 같이 건조속도가 감소하는 구간을 감률건조기간(falling rate of drying period)이라 한다.

점 D에서부터는 건조속도는 더욱 빨리 감소하여 점 Ed인 평형수분함량 Xe에 도달하게 되며, 이 점에서 자유수 X = Xt − Xe = 0 이 된다. 어떤 물체에서는 DE 구간이 전혀 나타나지 않는 경우도 있고 또는 전 감속건조기간이 DE 구간으로만 구성되어 있기도 하다.

7. 항률건조기간(drying in constant rate period)

건조물체나 건조조건에 따라 감속건조기간의 모양은 다르지만 일반적으로 항률건조기간과 감속건조기간의 두 구간이 존재한다. 식품의 건조는 항률 건조기간이 짧거나 없는 경우가 많으며 대부분이 감속건조기간인 것이 특징이다.

항률건조기간에 있어서 초기에 고체는 수분함량이 높아 건조표면이 완전히 물의 얇은 막으로 덮여 있고 이 물은 비결합수로 Aw는 거의 1.0이다. 따라서 주어진 조건에서 건조속도는 고체의 영향을 받지 않고 마치 액체층 표면에서의 증발과 같으며, 표면으로의 열전달 속도에 좌우된다.

만약 고체가 다공성이면 항률건조기간에 고체표면에서 증발하는 수분은 대부분 내부로부터 공급된다. 표면에서 증발하는 수분만큼 내부로부터 수분이 계속 공급되어 표면이 수막(water film)으로 덮여 있는 동안은 항률건조기간이 계속된다.

이 기간 동안의 수분의 증발은 다공성 고체를 가제에 비한다면 고체표면 온도는 일정하게 유지되며 습구온도와 거의 같다.

8. 감률건조기간(drying in falling rate period)

건조속도가 감소하는 점 C를 임계수분함량(critical mpisture content) Xc라 하며 건조시간의 계산에서 중요한 값이다. 이 점부터는 고체 내부로부터 표면으로의 수분이동속도가 감소하여 표면이 더 이상 젖어 있는 상태를 유지할 수 없으며, 차츰 표면이 건조되기 시작하여 점 D에서 완전히 건조된다. CD 구간 동안에서도 일반적으로 수분함량이 감소함에 따라 건조속도가 직선적으로 감소하며, 이를 감률건조 제1기간이라 한다.

표면에 완전히 건조되는 점 D부터는 감률건조 제2기가 시작된다. 점 D부터는 증발면(plane of evaporation)이 표면에서 내부로 천천히 후퇴하여 건조속도는 더욱 감소한다.

이 기간동안의 건조속도는 주로 고체내부에서 수분 이동속도에 영향을 받으며, 열풍의 풍속 등과 같은 외부조건의 영향은 적다. 감률건조기간에 증발되는 수분량은 비교적 건조시간은 오래 걸리기 때문에 총 건조시간의 대부분은 감률건조이다.

9. 감률건조기간에 고체 내에서의 수분의 이동

감률건조기간은 CD와 DE의 두 부분으로 구성되어 있다. 감률건조기간에 표면에서 수분이 증발하기 위해서는 내부의 수분이 고체층을 통하여 표면으로 이동해야 한다. 감률건조기간의 건조속도는 수분의 이동속도에 크게 영향을 받는다. 고체층을 통한 수분의 이동속도에 따라 크게 영향을 받는다. 고체층을 통한 수분의 이동메커니즘은 여러 가지이며, 실제 건조조작에서 수분의 이동은 이들 메커니즘이 복합적으로 작용하여 일어나며 또한 건조하는 과정에서 주 메커니즘이 변한다.

1) 모세관 이동(capillary movement)

이 현상은 종이 위에 떨어뜨린 물방울이 퍼지는 것과 같은 메커니즘으로 표면에서 수분이 증발함에 따라 내부의 수분이 모세관 힘에 의하여 표면으로 이동하는 것이다. 모세관 현상에 의한 수분의 이동은 모래와 같이 입자 상태의 고체에 잘 적용된다.

2) 액체 수분의 확산(liquid diffusion)

표면과 내부의 농도차에 의하여 액체 수분이 확산하는 현상으로 콜로이드 또는 겔 상태의 물체의 건조에서 중요하다.

3) 표면확산(surface diffusion)

고체 내부에 흡착한 수분이 표면을 따라 고농도에서 저농도 영역으로 이동하는 현상으로 결합수의 이동에만 적용된다.

4) 기체 확산(gaseous diffusion)

건조가 어느 정도 진행되면 증발면이 고체 내부로 이동하게 되며 내부에서 증발한 수분이 수증기압의 차에 의하여 다공성의 건조층을 통하여 증기 상태로 이동하는 현상이다.

이 현상은 진공 동결 공정에서 주로 일어나며 또한 모든 건조의 말기에서 어느 정도 일어난다.

건조 공정에서 모세관 이동과 액체 확산에 의한 수분 이동이 가장 중요하다. 대부분의 건조과정은 이 두 가지 메커니즘이 적용된다. 즉 초기단계에는 모세관 현상에 의하여 수분이 이동하며 수분함량이 낮을 때에는 주로 액체 수분의 확산에 의해 수분이 이동되는 것으로 알려져 있다.

10. 항률건조기간의 계산

1) 실험적으로 측정한 건조곡선으로부터 구하는 방법

건조의 계산에서 가장 중요한 것은 주어진 초기 자유수함량 X_1을 최종 수분함량 X_2까지 건조시키는 데 걸리는 시간이다. 항률건조되는 경우 건조시간은 실험적으로 측정한 회분건조곡선 또는 물질 및 열전달계수를 이용하여 구한다.

주어진 물체의 건조시간을 측정하는 데 가장 좋은 방법은 실제 사용하게 될 건조기에서의 동일한 열풍의 풍속, 온도, 습도 및 재료의 노출표면적 조건에서 건조실험을 하는 것이다. 항률건조시간은 실험적으로 구한 건조곡선으로부터 구할 수 있다.

건조곡선을 이용하는 대신에 건조속도곡선을 이용할 수도 있다. 건조속도는 다음과 같이 정의된다.

$$R = -Ls/A \times dX/dt$$

$t_1 = 0$일 때 X_1에서 $t = t_2$일 때 X_2까지 적분하면

$$t = \int_0^t dtc = -Ls/A \int_{x_1}^{x_2} dx/R$$

만약 항률건조기간 동안에 건조가 진행되어 X_1과 X_2가 임계수분함량 X_c보다 크면 $R = $ 일정 $= Rc$이므로 다음과 같이 적분된다.

$$t = Ls/ARc \times (X_1 - X_2)$$

11. 감률건조기간의 계산

감률건조기간의 건조곡선은 재료의 종류, 재료의 두께, 환경조건에 따라 변한다. 어떤 경우에는 감률건조곡선 모양이 뚜렷이 나누어지면, 이는 건조 메커니즘이 변한다는 것을 의미한다.

감률건조기간에 건조속도를 예측하는 방법은 고체의 다공성(porous), 비다공성(non-porous) 여부에 따라 다르다. 비다공성 물체인 경우, 표면수가 증발된 후에는 건조속도는 내부 수분이 표면으로 환산되는 속도에 의해 결정된다. 다공성 물체인 경우에 수분은 모세관 이동에 의하여 주요 수분이 이동되며, 표면 대신에 고체 내부에서도 증발이 일어날 수 있다.

1) 다공성 고체와 모세관 이동

(1) 건조메커니즘

다공성 고체 내부의 대표적인 수분분포곡선은 아래로 볼록한 부분과 위로 볼록한 두 부분으로 나누어진다.

다공성 고체에서 수분은 모세관 현상에 의하여 이동한다. 다공성 고체 내부에는 세공(pore) 또는 좁은 통로(channel)가 복잡하게 연결된 망상구조(network)를 형성하고 있으며, 고체 표면에는 여러 가지 크기의 세공에는 meniscus가 형성되고, 물과 고체표면의 계면장력(intefacial tension)에 의하여 모세관 힘(capillary force)이 작용한다.

이 모세관 힘에 의하여 수분은 세공을 통하여 표면으로 이동하는데, 모세관 힘은 세공의 지름이 작을수록 크므로 표면에서 수분이 고갈될 때 큰 세공부터 먼저 비게 되며 빈 공간은 공기로 채워진다.

내부에서 표면으로 공급하는 수분이 충분하여 표면이 젖어 있는 상태일 때는 항률건조가 계속된다. 건조가 진행되면 세공 내의 수분은 점차 고갈되며, 임계수분함량에서 수분층은 고체 내부로 후퇴하여 고체표면은 젖어 있는 표면이 점차 감소한다. 따라서 총 표면적을 기준으로 했을 때 건조속도는 감소하게 되며, 건조된 표면이 증가함에 따라 건조속도는 계속 감소한다.

이와 같은 감률 제1기는 직선 BC로 나타내었다. 여기서 건조속도는 일반적으로 직선적으로 감소한다.

고체에서 수분이 점차 제거되면 공기로 차 있는 세공비율이 증가되며, 어떤 한계에 도달하면 수분이 세공 내부에서 연속상을 이루지 못하여 공기로 채워지고 남아 있는 수분은 세공의 한쪽 구석 또는 세공들 사이의 간격으로 몰리게 된다. 이와 같은 상태가 되면 건조속도는 CD로 나타낸 것과 같이 더욱 급속히 감소하는데, 점 C를 제2의 임계수분함량, CD를 제2 감률건조기간이라 한다.

이 최종 건조기간 동안에 건조속도는 열풍의 유속의 영향을 받지 않는다. 수증기는 고체층을 통해 확산되고 증발열은 건조된 고체층을 통해 전도에 의하여 공급된다. 고체표면의 온도는 열풍의 건구온도 가까이까지 상승하고 고체 내부에 온도 구배가 형성된다. 미세한 세공구조를 가진 물체인 경우 제2 감률건조기간은 확산 모델인 것으로 확인되었으며, 건조곡선은 아래로 볼록한 형태가 된다.

(2) 건조시간의 계산

건조기 설계에서 건조시간의 계산은 매우 중요하다. 일정한 건조조건에서 건조시간의 계산은 실험으로 구한 건조곡선으로부터 구한다. 모세관 현상에 의하여 수분이 이동하는 경우, 때에 따라서 감속건조기의 건조곡선을 직선으로 단순화시킬 수 있으며, 이 경우에 건조속도는 수분함량에 비례하여 감소한다. 직선의 건조속도식은 다음과 같이 쓸 수 있다.

$$R = - Ls / A (dX / dt) = K (X - X_0)$$

여기서

R : 감률건조기에 들어간 지 $t(s)$ 시간 후의 건조속도(kg수분 $/ s \cdot m^2$)

X : 시간 t에서의 수분함량(kg수분 $/ kg$고형분)

Xe : 열풍의 온도와 습도조건에서의 평형함수율(kg수분 $/ kg$고형분)

기울기 K는

$$K = Rc / Xc - Xe$$

앞의 두식을 묶으면

$$R = Rc(X - Xe / Xc - Xe)$$

이 식을 $t = 0$일 때 $X = Xc$, $t = t$ 일 때 $X = X$로 적분하면 감률건조기간은 다음과 같이 주어진다.

$$t = Ls(Xc - Xe) / ARc \ ln(Xc - Xe) / (X - Xe)$$

또 Rc 대신에 대입하면

$$t = \chi_L \ P_s \ \lambda_w(Xc - Xe) / h(T - T_w) \ ln(Xc - Xe) / (X - Xe)$$

Rc는 항률건조기간의 건조속도를 kg수분 $/ h \cdot m^2$ 로 나타낸 것이고, $(dX / dt)c$ 는 kg수분 $/ kg$고형분$\cdot h$로 나타낸 것이다.

12. 식품건조 중의 품질 변화

1) 물리적 변화

(1) 가용성 물질의 이동

건조가 진행됨에 따라 가용성 고형물질은 수분과 함께 이동한다. 건조 중 액상의 물은 내부로부터 표면으로 이동하게 되는데 이때 가용성 물질도 이동하여 건조 후에 표면에 축적된다. 또한 건조 중 건조된 표면에서의 가용성 물질의 농도가 덜 건조된 내부보다 높아지므로 농도차에 의하여 가용성 물질의 이동이 표면에서 내부로 이동되기도 한다. 가용성 물질의 이동방향은 원료식품의 성질 및 건조조건에 따라 달라지는데 대부분의 경우, 양쪽방향으로 동시에 물질전달이 일어나는 것으로 생각되고 있다.

(2) 수 축

육류와 채소류는 동결건조를 제외하고는 어떤 건조방법을 사용하든지 건조하는 동안에 수축되며, 수축 정도는 건조속도에 크게 영향을 받는다.

건조 초기에 건조속도가 느리면 수축량과 수분증발량 사이에 간단한 관계가 성립되지만 건조 말기에 가까워지면 수축은 감소하여 최종제품의 크기와 현상은 건조가 끝나기 전에 정하여진다.

건조채소의 겉보기 밀도와 다공성은 건조조건에 크게 좌우된다. 초기 건조속도가 빠르면 식품의 외층이 굳어져 그 최종부피는 건조 초기에 정해지기 때문에 이 경우에 겉보기 밀도는 작아지고 복원성은 좋아진다. 반면에 건조 초기에 느린 속도로 건조하면 재료가 상당히 수축되어 겉보기 밀도가 커진다.

(3) 표면경화

식품 표면에서 증발하는 수분량이 내부로부터 표면으로 확산하는 양보다 클 경우 식품의 표면은 건조되면 단단한 불투과성의 막을 형성하는데 이 현상을 표면경화라 한다.

표면경화 현상은 당류나 그 밖에 용질의 농도가 큰 식품에서 더욱 현저하다.

이것은 건조과정에서 수분이 내부확산에 의해 표면으로 이동하면서 다공성의 모세관을 형성하고 이를 통해 표면으로 이동한 후 수분은 증발되므로 표면에서 고화되는 것이다.

그 밖에 건조 후반기에 표면온도의 상승 등을 포함한 여러 가지 작용에 영향을 받게 된다.

2) 화학적 변화

(1) 갈변현상 및 색소의 파괴

갈변에 영향을 미치는 인자는 pH, 온도, 수분활성도, 당과 아미노산의 종류 및 함량 등이다.

갈변속도는 수분활성도가 0.6~0.8에서 가장 높은데 이는 수분활성도가 낮을 때는 갈변반응에 필요한 수분이 충분히 존재하지 않기 때문이며, 높을 때는 반응물의 농도를 희석시키기 때문인 것으로 추정되고 있다.

건조 중의 갈변은 건조 후기 식품의 수분함량이 낮을 때 가장 심하기 때문에 건조 후기의 온도를 낮추면 갈변정도를 줄일 수 있다. 색소의 파괴로는 카로틴, 베타닌, 클로로필 등이 산화에 의하여 건조 중 파괴되어 색소로서의 활성을 잃는다.

(2) 단백질 변성 및 아미노산의 파괴

단백질 변성에 영향을 미치는 인자는 식품의 수분함량, 온도, 산, 전해질 및 pH 등을 들 수 있는데 식품의 수분함량이 많으면 비교적 저온에서 변성이 일어나고 적으면 고온에서 일어난다. 예로서 알부민의 경우, 수분함량이 50%일 때 변성이 56℃에서 일어나는 반면 수분이 없는 경우는 160℃에서 일어난다.

일반적으로 건조 초기의 식품온도가 55℃ 이상이면 단백질이 변성되는데 건조식품의 조직감, 보수력, 용해성, 거품성 및 수축 등에 영향을 미친다. 육류의 경우 고온건조 시 섬유질의 직쇄상 폴리펩타이드사슬 사이의 수분이 제거되고, 인접한 폴리펩타이드사슬이 상호근접하여 결합을 이루어 견고한 구조가 된다.

건조공정 중 특히 열에 약한 필수아미노산인 라이신이 파괴되며 아울러 건조 중에 아미노산이 환원당과 마이얄반응을 일으켜 아미노산 함량이 급격히 감소한다.

(3) 지방의 산화

지방의 산화는 산패, 불쾌취의 발생 및 지용성 비타민의 파괴와 밀접한 관련이 있다.

지방산화속도는 수분활성도가 낮을 때 크며 수분활성도가 증가함에 따라 감소하다가 중간범위 이후에 다시 증가한다. 이는 단분자층의 수분은 지방산화를 저해하는 작용을 하고, 중간수분 이상에서는 촉매의 이동성 증가, 산소의 흡수, 고체의 팽윤에 의한 새로운 반응면의 제공 등에 기인하는 것으로 알려져 있다.

또한 저온건조보다 고온건조에서 쉽게 산화되어 산패를 일으킨다. 산패를 줄이기 위해서는 항산화제를 사용하면 효과적이다.

(4) 비타민의 파괴

건조공정 중 비타민 C 및 티아민의 파괴율이 높으며, 지용성 비타민은 수용성 비타민에 비하여 손실이 적다. 비타민 C는 수분함량이 높을 때 열에 불안정하므로 건조 초기의 온도를 낮추어야 하며, 수분함량이 낮아지는 건조후기에는 온도가 높아도 파괴가 적다.

비타민 C의 산화를 억제하기 위하여 아황산 등의 환원제로 처리하기도 한다.

건조 중 비타민 C의 손실은 1차 반응이다. 티아민 또한 건조 중 파괴율이 높은데 이 반응도 1차 반응으로 알려져 있다. 환원제는 티아민을 파괴시킴으로 비타민 C의 보존을 위하여 사용되는 아황산은 티아민의 치명적인 손실을 가져온다.

13. 건조장치

1) 상자형 건조기

열풍건조법은 통풍식과 송풍식으로 나눌 수 있는데, 통풍식은 소량의 식품을 건조하는 데 적합한 것으로, 캐비닛 모양의 건조실 내에는 여러 단의 선반이

장치되어 있어 피건조물을 공기의 유통이 용이한 쇠그물 모양의 선반에 올려놓고 가열장치를 벽면이나 아래에 장치하여 가열 건조된 공기와 습기가 많아진 공기를 섞어서 건조하는 방식으로 상자형 건조기(cabinet drier)가 대표적이다. 가열된 공기가 수평과 수직으로 이동할 수 있어 건조온도를 쉽게 조절할 수 있으며 바닥을 차지하는 면적을 적게 하는 장점이 있다.

2) 터널 건조기

송풍식은 건조실이 터널 모양으로 되어 있으며 송풍장치가 가열공기를 외부에서 송풍하여 건조하는데 이러한 건조기를 터널 건조기(tunnel drier)라 한다. 이 건조기는 대단위 건조 공장에서 많이 사용되며, 터널 내부에는 건조될 제품이 실린 상자(tray)를 운반할 수 있는 수레나 컨베이어(conveyor)가 설치되어 연속적으로 건조할 수 있다. 특히 컨베이어 벨트 위에 얹어 운반하면서 건조하는 건조기를 컨베이어 건조기(conveyor drier)라고도 한다. 과실과 채소류를 대량으로 건조시킬 때 주로 사용한다.

건조될 원료가 건조기에 들어가면 터널을 통하여 나오는 더운 공기에 의하여 건조가 시작된다. 원료가 터널 내를 이동하면서 점점 뜨겁고 건조한 공기에 의해서 건조가 완료된다. 건조속도는 열풍의 온도, 컨베이어의 속도, 건조될 원료의 양에 의하여 조절할 수 있다.

이 건조기는 송풍하는 방식에 따라 병류식, 향류식, 중앙배기식, 교차류식 등이 있는데, 병류식(concurrent flow)은 열풍이 흐르는 방향과 건조될 제품이 이동하는 방향이 같고, 역류 또는 향류식(counter-current flow)은 열풍방향과 재료이동 방향이 서로 엇갈리게 흐르고, 중앙배기식(center-exhaust flow)은 병류와 향류를 조합한 것이고, 교차류식은 열풍이 재료의 흐름에 대하여 교차로 흐르는 것이다. 역류식 터널 건조기인 경우 가열된 건조공기를 가장 건조된 제품과 접촉하기 때문에 건조가 잘된 제품을 얻을 수 있는 반면에 과열의 위험성이 있다. 열풍과 식품이 같은 방향으로 진행하는 병류식 열풍건조기는 초기 건조속도는 빠르나 터널의 출구 쪽에서는 습기찬 열풍 때문에 건조 효과가 불량하므로 수분함량이 적은 제품을 얻기 힘들다. 그러나 공기의 온도를 높일 수가 있어 소요 증발량에 비하여 공기량을 비교적 적게 할 수 있다.

건조기에는 건조하고자 하는 식품을 너무 많이 넣지 않도록 해야 한다. 너무 많이 넣으면 건조가 잘되지 않은 채로 따뜻하고 습기에 찬 공기와 장시간 접촉되어 변질하기 쉽기 때문이다. 터널건조 방법은 대량 건조일 경우에도 비교적 시설비가 싸기 때문에 식품의 건조에 많이 이용되고 있지만 가열온도가 높고 가열시간이 길기 때문에 가열 중 변화가 심하게 일어나는 식품에는 곤란하다.

3) 유동층 건조기

부유식 건조기(fluidized bed drier)라고도 한다. 건조할 식품이 깔려 있는 판(bed) 아래로부터 열풍을 빠른 속도로 불어 올려 식품이 열풍에 날려서 유체와 같이 흐르도록 하며 건조하는 것이다. 일반적인 열풍건조보다 건조속도가 빠르게 된다.

유동층 건조기에는 연속식과 비연속식이 있다. 비연속식으로 비교적 낮은 속도로 열풍을 통과시켜 건조시키는 빈 건조기(bin drier)가 있다. 배기구에는 분말분리기를 달아 열풍으로 미세입자가 날아가는 것을 막고, 송풍장치의 위치를 바꾸어서 필요에 따라 가압상태나 또는 감압상태에서 건조시킬 수도 있다. 이 건조기는 당근, 양파, 감자, 완두, 육류, 밀가루, 코코아, 커피, 소금, 설탕 등과 같이 여러 가지 제품에 널리 이용되고 있으며 앞으로 이용도는 더욱 넓어질 것이다.

4) 기류 건조기

기송 건조기(pneumatic drier)라고도 한다. 유동층 건조기보다 풍속을 빠르게 하면 원료가 열풍기류에 날려 보내면서 건조시키는 방법으로 마치 유속이 높은 열풍을 이용하여 이동하게 되고 원료만을 포집할 수 있는 사이크론(cyclone)이 부착된 구조이다. 풍속은 보통 20~40 m/s이다. 연속식 기류 건조기는 건조파이프가 순환식 고리모양으로 되어 있다. 열풍과 식품을 계속 공급하면 식품은 고리모양의 파이프를 연속적으로 순환하면서 건조되고 건조된 제품도 연속으로 배출된다. 피건조물의 형태가 별로 문제가 되지 않고 부서져도 좋은 것은 회전 건조기(rotary drier) 또는 기류 건조기 등을 이용하여 건조하기도 한다. 이와 같은 방법은 대량 생산할 경우에도 비교적 시설비가 싸기 때문에 천일건조하던 식품의 건조에 많이 이용되고 있다.

5) 분무 건조기

분무 건조법(spray drying)은 액체 또는 슬러리 상태의 피건조 식품을 안개모양으로 열풍(150~200℃) 중에 분산시켜 건조시키는 방법이다. 원리는 증발면적(표면적)을 최대한 확대시켜서 몇 초 안에 순간적으로 건조시키는 것이다. 분말과즙, 인스턴트 커피, 분말 향료, 분유, 유아식품 등을 만드는 데 이 건조법이 사용된다.

건조장치는 건조실, 분무 노즐(nozzle), 가열장치 등으로 되어 있다. 분무방식에는 0.6~1.2 mm 되는 작은 구멍을 통하여 압력을 걸어 분출시키는 노즐분무방식과 고속으로 회전하는 원반(5,000~20,000 rpm) 위에 액체식품을 떨어뜨려서 원심력에 의하여 안개모양으로 비산시키는 원심분무방식이 있다.

물의 기화열(증발열) 때문에 액체의 온도는 그렇게 많이 올라가지 않고 대단히 짧은 시간에 건조되어 단백질 변성이 비교적 적어 영양분, 방향성분 등 열에 민감한 물질을 함유한 액상 식품의 건조에 적당하다. 또한 구형의 다공질 입자로 할 수 있어 용해성, 분산성이 좋아 인스턴트 분말의 제조에 적합하며, 연속으로 대량처리가 가능하여 경제적이라고 할 수 있다.

분무건조기의 일종으로 원료액을 커다란 탑(높이 70 m, 직경 15 m) 꼭대기에서 분무시키고 아래로부터 불어오는 저온저습(30℃ 이하, 습도 수% 이하)한 공기에 90~200초간 노출시켜 건조하는 탑건조기(tower drier)가 있다. 이 건조기로 건조된 제품은 빛깔, 향기 및 재수화복원성(reconstitution characteristics)이 우수하다.

6) 롤러 및 드럼 건조기(roller or drum dryer)

이 건조기는 식품을 건조 드럼 표면에 바르게 되는데, 이때 드럼이 회전함에 따라 표면에 묻게 된다. 식품은 큰 드럼 표면에 묻게 됨으로써 시간이 지남에 따라 건조가 되고, 건조 후에는 칼(scraper)로 건조된 식품을 긁어내게 된다. 드럼 건조는 전도에 의한 건조 방법으로 볼 수 있다.

7) Kiln 건조기

건조장치로서 식품을 건조기에 올려놓고 건조한 가열공기를 이용하여 건조한다. 건조 도중에 식품을 내리거나 뒤집는 등 노동력이 많이 들고 건조시간이 길다. 건조사과의 제조 등에 이용된다. 건조 중에 수분이 20% 이상이 되더라도 지나친 건조시간을 피하기 위하여 건조를 중지하고 아황산 처리(sulfiting)를 해야 한다.

8) 단 건조기(tray dryer)

단 건조기는 식품을 단 위에 얇게 펼쳐 놓고 건조시키는 것이다. 가열은 단 위를 공기가 통과하도록 하거나 가열된 단으로부터 전도 또는 단 위에 가열판을 두어 건조 표면을 복사에 의해 가열하는 것 등이 있다. 대부분의 단 건조기는 수증기를 제거한 공기로 가열하게 된다.

9) 진공 건조기(vacuum dryer)

회분식 진공 건조기는 단 건조기와 원리는 비슷하지만, 감압상태로 유지시켜 주는 점이 다르다. 열전달은 전도나 복사에 의해 이루어지며, 단은 감압이 된 큰 통 안에 놓이게 된다. 여기서 발생한 수증기는 응축시켜 제거하게 된다. 감압 펌프는 비압축성 가스로 취급하지 않으면 안 된다. 이 밖에도 롤러를 가진 감압식 형태의 건조기 등이 있다.

10) 냉동 건조기(freeze dryer)

건조할 식품을 높은 감압 상태로 되어 있는 감압실 안의 선반이나 벨트 위에 놓도록 되어 있다. 대부분의 경우 식품을 건조기에 넣기 전에 얼린다. 열은 복사나 전도에 의해 식품에 전달되며, 수증기는 감압 펌프에 의해 제거되고 응축된다. 가속 냉동 건조기는 열전달이 전도에 의해서만 이루어지며, 확장된 금속판은 열전달과 수분 제거를 증진시키기 위해 식품과 열판 사이에 끼이게 된다. 건조할 식품의 모양은 열전달이 최대로 되도록 만들어져야 한다. 냉동

응축기는 수증기를 응축시키는 데 사용한다.

11) 회전 건조기

회전 건조기(rotary dryer)는 식품을 긴 원통 안에 넣고 원통을 약간 경사지게 회전시키면서 열풍을 불어넣어 건조시키는 방법이다. 원통의 내부에는 돌기(flight)가 있어 원통이 회전함에 따라 식품을 들어올렸다가 흐르는 열풍 속으로 뿌리게 되어 있다. 건조시킬 식품은 경사진 원통의 입구로 계속 삽입되고 건조된 제품은 반대쪽 출구로 방출된다.

열풍은 식품의 이동방향과 같은 병류 또는 반대방향인 향류로 불어 주며 때로는 수직으로 통과하게 하는 경우도 있다. 이 건조기는 원통의 회전으로 인한 교반효과로 건조가 빠르고 균일하게 건조되며, 비교적 자유롭게 흐를 수 있는 입자로 된 식품에 한하여 사용될 수 있다.

12) 적외선 건조기

적외선 건조기(infrared dryer)는 적외선을 이용하여 식품표면의 온도를 상승시키고 수분을 증발시켜 건조하는 장치이다. 열에 약한 식품에는 장파적외선을 사용한다.

13) 초단파 건조기

초단파 건조기(microwave heating)에서는 마이크로파(microwave)를 조사하면 식품 내부의 수분의 격렬한 진동에 의하여 열이 발생되는 유전가열(dielectric heating)의 원리를 이용하여 건조하는 방법이다. 현재 2,450 MHz가 주로 사용되는데 일부에서는 915 MHz도 산업용으로 쓰이고 있다.

이 건조원리의 특징은 가열효율이 높아 건조시간이 짧고, 식품형상이 복잡하고 수분함량이 불균일하여도 균일한 건조가 가능하다. 건조장치로는 초단파를 발생시키는 발진장치, 조사되는 건조실과 전파를 전송시키는 도파관이 발진장치와 건조실 간에 접속되어 있다.

P·A·R·T

02

생물공학 응용

제4장 효소일반

1. 효 소

1) 효소의 특성

효소는 단백질성 생체 촉매(觸媒)로서, 생존 세포에는 반드시 존재하며 촉매 효율, 기질 특이성 및 조절에 대한 감수성이 높기 때문에 비생물 기원의 화학 촉매와는 전혀 다른 것이다. 또한 효소는 일반적으로 빠른 속도로 기질을 선택적으로 전환시키거나, 필요할 때까지는 활성이 없는 전구체 상태로 존재하기도 한다. 생화학 반응이 완화(緩和)된 조건하에서 순조롭게 일어나는 것은 효소의 촉매기능이 크기 때문이다. 많은 반응이 동시에 질서정연하게 진행되는 것은 효소가 엄밀한 특이성을 갖기 때문이며, 생물이 급격한 환경 변화에 대응할 수 있는 것도 효소의 교묘한 제어 기능에 의한 것이다.

다시 말해서, 효소라는 것은 생물이 생산하는 생체 촉매로서, 다음과 같은 세 가지 특징을 들 수 있다.

(1) 기질 특이성

각 효소는 각각의 특정 기질에만 작용하며, 그것 이외의 다른 기질에는 작용하지 않는다. 이것을 기질 특이성이라고 말하며, 열쇠와 자물쇠의 관계로 예를 들 수 있다.

(2) 온화한 반응 조건

효소는 물 용매계에서 생리적인 pH와 온도의 온화한 조건하에서 작용한다. 각 효소는 각각의 최적 pH, 최적 온도가 존재하며, 그 범위를 벗어나면 반응속도는 급속히 떨어진다.

(3) 반응속도

다음 식과 같이 효소(E)는 기질(S)과 일단 복합체(E·S)를 형성한 후, 신속히 분리되어 생산물(P)과 효소(E)로 된다.

$$S \; + \; E \; \rightarrow \qquad E{\cdot}S \qquad \rightarrow \; E \; + \; P$$

기질 　　효소 　　효소 기질 복합체 　　효소 　　기질

또한 효소는 최적 조건하에서 초당 기질 10^{2-6} 분자를 생성물로 변환시키는 능력이 있다. 효소 반응과 일반 화학반응의 많은 차이점을 표 4-1에 도시하였다.

표 4-1 효소 반응과 일반 화학반응과의 비교

	효소반응	일반 화학반응
반응조건	상온·상압의 온화한 조건	고온·고압
반응 에너지	효소분자 배치의 변화	열
용매계	물	물, 유기용매
기질 특이성	상당히 높다	낮다
기질·생성물의 농도	비교적 저농도	고농도
반응장치	상압장치	내열·내압장치

2) 효소의 분류

효소의 종류와 수는 매년 증가하여 현재에는 약 2,500종으로 추정되고 있다. 이 중에서 상품으로 시판되고 있는 것은 약 150종으로 그것의 절반 이상이 연구용 시약이며, 공업적으로 이용되고 있는 것은 약 60여 종 정도라고 판단된다.

이렇게 많은 종류의 효소를 분류하고 명명하는 것은 효소 이용면에서도 중요한 일이며, 국제생화학연합위원회(EC)로부터 제창된 분류법을 이용한다. 이것은 반응 형식에 의해 효소를 표 4-2와 같이 6그룹으로 구분하고, 그 범위 내에서 더욱 상세히 분류하여 개개의 번호를 붙이는 방법이다.

각각의 반응형식 뒤에 아제(-ase)라고 하는 문자를 붙여 효소명으로 한다. 단, 이 분류법이 결정되기 전부터 이용된 효소의 관용명은 현재까지 그대로 사용되는 것이 많다. 공업효소의 세계 총생산액은 1994년에 10억 달러로 추산되며 효소 이용 용도별로 세제용 32%, 전분가공용 15%, 유가공 14%, 섬유가공 10%, 기타 29% 순으로 나타났다. 효소의 산업적인 이용은 점차 증가추세에 있으며 2005년에는 약 17~20억 달러로 추산되고 있다(Godfrey & West, 1996).

표 4-2 효소의 분류

효소	예(EC numbers)	중요한 작용
1) 산화환원효소 (Oxidoreductase)	alcohol dehydrogenasa (EC. 1.1.1.1)	산화환원 반응을 촉매하는 모든 효소
2) 전이효소 (Transferase)	aspartate aminotransferase (EC. 2.6.1.1)	methyl, acyl, glycosyl 및 phosphate 등의 잔기를 공여체로부터 수용체로 전이시키는 효소
3) 가수분해효소 (Hydrolase)	α-amylase (EC. 3.2.1.1)	잘 알려진 효소군으로 관용명은 가수분해되는 기질명에 -ase를 붙임
4) 탈리효소 (Lyase)	pyruvate decarboxylase (EC. 4.1.1.1)	C-C, C-O 또는 C-N 결합을 가수분해 또는 산화 이외의 방법으로 분열시키는 효소
5) 이성화효소 (Isomerase)	Xylose isomerase (EC. 5.3.1.5)	분자 내 변화를 촉진하는 효소(racemase, epimerase, cis, trans isomerase)
6) 결합효소 (Ligase)	acetyl-CoA synthetase (EC. 6.2.1.1)	ATP의 피로인산 결합의 가수분해로 동반하여 2개의 분자를 결합시키는 효소. 생성하는 결합은 C-O, C-S, C-N, C-C와 인산에스테르 결합 등

3) 세제용 효소

효소 중에서 공업적으로 가장 많이 이용되는 것이 세제용 효소이다. 원래 세제의 주성분은 비누였지만, 최근에는 각종 합성 계면활성제가 주류를 이룬다. 이것들은 기름때를 유화시켜 세척하는 것으로서, 단백질 성분의 때에는 효력이 없다. 따라서 등장한 것이 알칼리성 프로테아제(protease) 첨가 세제이며, 이어서 알카리성 셀룰라제(cellulase), 리파제(lipase), 아밀라제(amylase) 등이 등장했다. 세제용 효소는 산업적으로 매우 중요하며 효소 세계시장의 32%를 점유하고 있다.

(1) 알칼리성 프로테아제

프로테아제는 단백질 또는 펩타이드에 작용하여 펩타이드 결합의 가수분해를 촉매하는 효소이다. 효소반응의 최적 pH에 따라 산성, 중성 및 알카리성 프로테아제로 나누기도 한다. 단백질 때를 제거하기 위해 사용되는 효소로서 세제의 pH가 약알칼리이기 때문에 알칼리성 프로테아제가 사용된다. 주로 *Bacillus*속 균주의 프로테아제이다.

(2) 알칼리성 셀룰라제

셀룰라제는 셀룰로스의 $\beta-1,4$ 결합을 가수분해하는 효소이다. 종래의 세제는 계면활성제와 프로테아제의 작용만으로 거의 만족스러운 결과를 얻었지만, 가정에서 세탁되는 목면 의류에 끝까지 남아 있는 누런 때는 인체 유래의 피지(皮脂) 때문인 것으로 최근 밝혀졌다. 그러나, 이 때는 목면 단섬유 내부에 침입하여 비결정부분의 젤(gel)상 구조에 들어가 있다. 따라서, 목면섬유는 손상시키지 않고 겔상 구조의 비결정부분 셀룰로스 분자에만 특이적으로 작용하여 연화시키는 약알칼리성 셀룰라제를 첨가함으로써 누런 색깔을 제거시킨다.

(3) 리파제

리파제(lipase)는 중성지방을 가수분해하는 효소이다. 의류 표면의 기름때는 원래 계면활성제만으로도 충분하다고 생각되지만, 효과를 보강시키기 위해 리파제를 일부 사용한다.

(4) 아밀라제

아밀라제(amylase)는 전분의 $\alpha-1,4$ 결합을 가수분해하는 효소이다. 전분질의 때는 온수에 담가 두면 간단히 제거되기 때문에 아밀라제는 그다지 필요하지 않지만, 유럽에서는 접시 세척기에 일부 사용하고 있다.

4) 효소에 의한 전분가공

효소 중에서 공업적으로 많이 이용되는 것은 전분 가공용 효소이다. 비록 세제용 효소보다는 시장점유율이 낮지만, 1980~91년에 걸쳐 전분 가공용 효소의 생산액이 공업용 효소 전체의 20~40%를 점하는 것을 볼 때, 이 분야에 있어서 효소가 얼마나 중요한가를 잘 나타내고 있다.

전분의 화학 구조는 많은 수의 glucose가 glycoside 결합으로 된 다당체이지만, 그 형태상 직쇄(直鎖)의 amylose와 분지(分枝)의 amylopectin으로 나눌 수 있다. 전분의 종류에 따라 amylose와 amylopectin의 함유율은 다르며, 직쇄부분은 $\alpha-$ 1,4 결합, 분지부분은 $\alpha-$1,6 결합으로 되어 있다.

효소에 의한 전분가공 기술은 최근 눈부신 발전을 거듭하여 종래의 액화효소, 당화효소 이외로 새로운 효소가 계속 발견되어 새로운 생산물을 많이 만들어내고 있다. 전분가공에 사용되는 중요한 효소를 표 4-3에 나타내었다. 효소를 이용한 전분가공기술의 전체과정은 그림 4-1에 나타내었다.

표 4-3 전분가공에 사용되는 중요한 효소

공 정	효 소	기 원	반응조건		생성물
			pH	온도℃	
액화	$\alpha-$amylase	세균	6~7	90	dextrin
당화	glucoamylase	곰팡이	4~5	60	glucose
당화	$\beta-$amylase	맥아, 대두	5	55	maltose
분지절단	pullulanase(isoamylase)	세균	5	60	직쇄 dextrin
이성화	glucose isomerase	세균, 방선균	7~9	60~70	fructose
환상화	CGTase*	세균	7~8	60~70	cyclodextrin
당전이	$\beta-$fructofuranosidase	곰팡이	5~6	55	fructooligo 당

*cyclodextrin glucanotransferase

효소에 의한 전분가공 기술 중 특히 최근에 급속히 발전한 cyclodextrin, 이성화 당 및 올리고당(그림 4-1)에 대하여 보충설명하겠다.

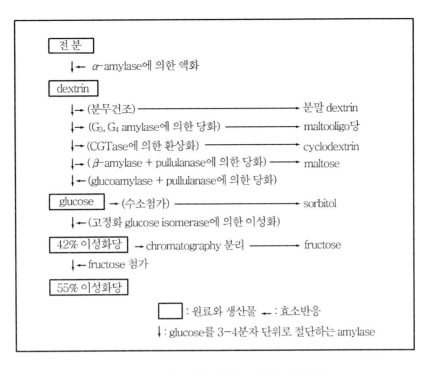

전 분
  ↓← α-amylase에 의한 액화
dextrin
  ↓→ (분무건조) ──────────────→ 분말 dextrin
  ↓→ (G₃, G₄ amylase에 의한 당화) ──────→ maltooligo당
  ↓→ (CGTase에 의한 환상화) ──────→ cyclodextrin
  ↓→ (β-amylase + pullulanase에 의한 당화) ─── maltose
  ↓← (glucoamylase + pullulanase에 의한 당화)
glucose → (수소첨가) ──────────→ sorbitol
  ↓← (고정화 glucose isomerase에 의한 이성화)
42% 이성화당 → chromatography 분리 ──────→ fructose
  ↓← fructose 첨가
55% 이성화당

그림 4-1 효소를 이용한 전분 가공기술

(1) cyclodextrin(CD)

전분에 CGTase를 작용시키면 가수분해와 동시에 환상화반응이 일어나 cyclodextrin을 얻을 수 있다. cyclodextrin은 α, β, γ의 3종류로 구성되어 있으며, glucose의 수는 각각 6, 7, 8개로 환상화되어 있다. cyclodextrin 분자는 원통형으로 중심이 비어 있고, 중심의 내측은 소수성, 외측은 친수성으로 상당히 흥미로운 기능 때문에 많은 새로운 용도를 열었다. 휘발성 향료의 안정화, 조해성(潮解性) 물질 및 유상(油狀) 물질의 분말화, 산화방지 등 다양한 목적에 이용된다.

(2) 이성화당

중요한 감미료인 sucrose는 glucose와 fructose가 결합한 이당류이지만 이성화당은 이 양자의 혼합물이다. 이것은 이성화반응에 의해 glucose의 일부를 fructose로 변환시켜 제조한 것에 의해 명명되었다. 이성화반응을 촉매하는 glucose isomerase는 미생물 유래의 효소이다. 공업적으로는 고정화효소법으로 반응시켜 우선 이성화도 42%의 이성화당을 얻은 다음, 이것을 chromatography로 분리한 fructose를 첨가하여 55% 이성화당을 얻는다. 사탕과 유사한 정도의 감미도를 갖고 있으며 각종의 식품가공용으로 널리 이용된다.

(3) 올리고당

단당 2~10개가 glycoside 결합으로 결합한 당이다. 대표적인 것으로는 프락토올리고당(fructooligosaccharides : sucrose 분자에 glucose 1~3개가 결합한 것)과 갈락토올리고당(galactooligosaccharides : lactose 분자에 galactose 1~6개가 결합한 것)이 있다. 효소반응으로 생산된 이 올리고당들은 장내 유용세균인 *Bifidus*균의 증식에 유용하며 저칼로리이다. 프락토올리고당을 제조하는 데 사용되는 것은 $\beta-$fructofuranosidase이고, 가락토올리고당을 제조하는 것은 $\beta-$galactosidase이다.

5) 유가공 효소

효소 중에서 공업적으로 많이 이용되는 것이 유가공용 효소이다. 카이모신(chymosin, 별명 rennin)과 유당분해효소($\beta-$galactosidase, 별명 lactase)들은 치즈, 저유당 우유 및 올리고당 제조 시 매우 중요한 효소로 산업적으로 매우 중요한 위치를 차지하고 있다.

(1) 치즈(cheese)와 카이모신(chymosin, 별명 rennin)

치즈는 우유 중의 단백질 $\kappa-$casein을 응고시켜 생성한 응유물(curd)를 모아서 숙성시킨 유제품이다. 이 응유반응에는 송아지 제4위에 존재하는 rennet가 예부터 사용되어 왔다.

rennet의 주성분은 카이모신이라고 부르는 특수한 protease로 송아지의 성장과 함께 chymosin의 분비는 중지되고 pepsin이 분비된다. 즉, 카이모신은 종래에는 rennin이라고 불려 왔지만 혈압 조정효소 renin과 혼란되기 때문에 최근에는 카이모신이라고 부른다.

그림 4 - 2와 같이 우유에 유산균을 첨가하여 유산발효시킨 후, chymosin에 의해 우유 중의 단백질 $\kappa-$casein의 특정부위를 절단시켜 응유물을 얻는다. 이것을 탈수, 가염, 압착, 숙성시키면 내추럴(natural) 치즈가 되며, 가열처리하면 프로세스(process) 치즈가 된다.

최근 치즈 소비량이 증가함에 따라 카이모신이 상당히 부족하게 되었다.

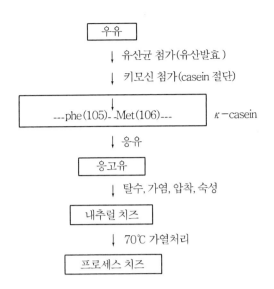

의 설명은 다음과 같은 흐름도이다:

우유
↓ 유산균 첨가(유산발효)
↓ 키모신 첨가(casein 절단)
↓
---phe(105)-·-Met(106)---   κ-casein
↓ 응유
응고유
↓ 탈수, 가염, 압착, 숙성
내추럴 치즈
↓ 70℃ 가열처리
프로세스 치즈

그림 4-2   카이모신에 의한 응유반응과 숙성치즈의 제조법

그 대책의 하나로 곰팡이 유래의 카이모신 형태의 효소(곰팡이 rennet)의 발견과 유전자 조작에 의한 키모신이 만들어지게 되었다. 유전자 조작에 의한 카이모신의 생산은 송아지 제4위의 프로카이모신 특이적인 mRNA를 주형으로 하여 cDNA를 만들어 벡터 플라스미드에 연결한 후, 대장균에 삽입하여 대장균에서 대량생산하는 방법이다. 이 방법은 미국 Pfizer사의 제조법으로 실용화되어 있다. 유전자조작에 의한 카이모신의 제조는 유전자 조작법이 대형상품의 공업화에 성공한 최초의 귀중한 예이다. 이 카이모신은 성능 및 가격면에서도 천연 송아지의 카이모신에 필적하는 우수한 효소이다.

(2) 유당분해효소(β-galactosidase, 관용명 lactase)

β-galactosidase는 유당(lactose)를 glucose와 galactose로 분해시킬 뿐 아니라, 반응조건에 따라 glucose에 galactose를 결합시켜 올리고당(oligosaccharides)를 생산할 수 있는 효소로서 미생물, 식물, 동물 등에서 다양하게 발견된다. β-galactosidase와 같이 유당을 분해하는 효소가 결핍되어 있는 경우, 사람에게도 증상이 뒤따르는데, 특히 동양 성인들에게 흔히 볼 수 있는 유당 불내증(lactose intolerant)은 우유 속에 다량 함유되어 있는 유당을 분해하지 못하는 것이 원인이며, 우유 속의 유당을 β-galactosidase로 처리하여 쉽게 분해시킬 수 있다. 따라서 현재 β-galactosidase는 직접 또는 담체에 고정화하여 저유당 우유 제조에 이용되

고 있다. 최근 *β*-galactosidase는 장내 유용 미생물인 *Bifidobacterium*의 증식을 촉진시키는 기능성 올리고당 제조에도 이용되며, 비이온성 탄수화물계 계면 활성제 제조, 천연약물 중의 배당체의 합성, 용해도가 낮은 약물들의 용해도를 증가시키는 pro-drug의 합성 등의 고부가가치의 신물질을 제조하는 데 적합한 효소이다. 현재 저유당 제조와 전이반응에 의한 기능성 올리고당 제조를 효과적으로 수행하기 위해 고온균으로부터 많은 내열성 *β*-galactosidase가 탐색 및 연구되고 있다.

2. 고정화 생체촉매와 bioreactor

1) 고정화 생체촉매

효소 본래의 특성을 살려서 이용목적에 적합하도록 인공적으로 개량하려는 시도 중의 하나로서, 촉매활성이 있는 효소 그대로 고정화시켜 물에 불용성이 되도록 하는 것이다.

1916년 미국의 Nelson과 Griffin이 효모에서 추출한 invertase가 골탄(骨炭)의 분말에 흡착된 상태에서도 효소활성을 나타낸다고 보고한 것이 최초이다. 실제적으로 효소를 고정화시킨 것은 1953년 서독의 Grubhofer와 Schleith가 polyaminostyrene 수지를 diazo화시킨 것에 diastase, ribonuclease, pepsin 등 여러 가지 효소를 결합시킨 것이 시초였다. 이어서 1960년대 후반부터 이 고정화 효소(Immobilized Enzyme)에 관한 연구는 급속히 발전하여 오늘날에 이르렀다.

고정화 효소란 자유롭게 마음대로 돌아다니지 못하도록 '고정시킨 상태의 효소'라는 의미이다. 1971년 미국의 New hampshire주 Henica에서 열린 제1회 효소공학회의(Enzyme Engineering Conference) 이후 사용되어 오고 있는데, 그때까지는 불용성 효소라고 하였다.

공업적으로 효소를 이용하는 경우 일반적으로 미생물 유래의 것이 많은데, 일반적으로 세포 내에서 추출하여 분리하는 것이 필요하다. 그러나 세포에서 분리된 효소는 불안정한 것이 많다. 또한 효소법에 의한 유용물질 생산의 경우, 미생물에서 효소를 정제하지 않고, 미생물 자체를 고정화시켜 미생물의 복합효소계를 그대로 이용하는 연구가 1970년대 이후 활발해졌다.

1970년대 후반에는, 더욱 발전하여 동식물세포나 organelle(세포 내 소기관)의 고정화에 관한 연구도 시작되어 지금은 복수의 효소계나 보효소계를 포함한 복잡한 반응계의 고정화의 연구로 진행되고 있다.

　이상과 같은 목적으로 고정화된 계를, 총칭하여 고정화 생체촉매라고 부르며, 이것을 충진시켜 연속적으로 효율 높이 촉매반응을 진행시켜, 목적생산물을 얻는 장치를 bioteactor(생물반응기)라고 부르고 있다. 또한 최근 효소조(槽)나 폐수처리 시설 등 미생물이 관여하는 장치 일체를 포함하여 bioreactor라고 부르는 경우도 있다.

2) 고정화 방법

　효소, 미생물, 동식물세포나 organalle 등을 고정화시킨 상태에서, 각각의 기능을 완전히 발현시키기 위해서는 완화된 고정화 반응조건이 요구된다. 고정화 방법으로는 많은 연구보고가 있는데, 크게 나누면 담체결합법(carrier - bound method), 가교법(cross - linked method) 및 포괄법(inclusion method)의 세 가지 방법으로 분류된다(그림 4 - 3).

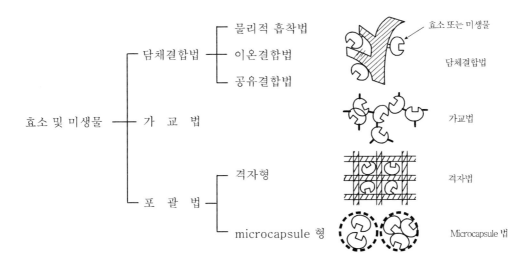

그림 4-3　고정화 효소 및 고정화 미생물의 분류

(1) 담체결합법

　효소를 물불용성의 담체에 결합시키는 방법은 고정화 효소의 제조 중에서도 가장 오래 전부터 행하여 왔으며 연구보고된 예도 많다.

미생물의 경우, 이 담체결합법은 사용 중에 균체가 담체로부터 떨어져 나오기 쉽고, 또 균체의 자기소화에 의하여 효소가 누출되는 등의 결점이 있어 미생물에는 적합하지 않다.

효소 고정화의 경우 담체 종류에 따라 효소 결합량이 크게 변화하여 효소활성에도 영향을 미치는 경우가 많다. 담체를 선택하는 경우 고정화되는 효소 자신의 성질에 따라 다르나 담체 입자의 크기, 삼차원 망목구조에 의한 표면적의 넓이, 친수성 부위의 모양 및 화학조성 등에 대해서도 충분한 검토를 할 필요가 있다. 일반적으로 담체의 친수성부위를 많게 하고 표면적을 넓혀 주면 담체당의 효소 결합량은 증대하여 활성이 높은 고정화 효소가 얻어지는 경우가 많다.

담체로서는 cellulose, agarose, dextran, amino acid polymer, polyacrylamide, polystyrene, polyvinylalcohol, glass beads, chitin, collagen, nylon, ceramic 등이 있다.

이 담체 결합법에는 그 결합양식에 따라 ① 공유결합법 ② 이온결합법 ③ 물리적 흡착법의 3종류가 있는데, 특히 효소 고정화에는 공유결합법이 많이 사용되고 있다.

① 공유결합법

공유결합법은 물에 불용성의 담체와 생체촉매를 공유결합으로 결합시켜 고정화시키는 방법으로 담체 결합법 중에서도 가장 많이 보고되었다. 이 방법에 의해 생체촉매를 담체에결합시킬 때 관여하는 생체촉매의 관능기로서 $\alpha-$ 또는 $\omega-$amino기, $\alpha-$, $\beta-$ 또는 $\gamma-$COOH기, $-$SH기, $-$OH기, phenol기, imidazol기, indol기 등이 있다.

이들 관능기들은 여러 가지 diazonium염, acid$-$azide, isocyanate, 혹은 활성형 halogen화 alkyl 등과 반응한다. 따라서 이와같은 반응성이 높은 관능기를 갖고 있는 담체와 생체촉매를 적당한 조건하에 반응시키면 고정화 생체촉매를 얻을 수 있다. 그 결합 양식에 따라 크게 cyanogen bromide 활성화법, acid azide, diazo법, alkyl화법, 담체가교법 등으로 분류한다.

공유결합법은 이온결합법 및 물리적 흡착법에 비해 반응조건 설정이 어려우며 격렬한 반응을 하기 때문에 일부 효소 단백질 구조의 변화와 활성중심의 파괴를 일으킬 수 있다. 그러나 일단 담체에 안정하게 결합한 효소는 기질 용액이나 염 용액 등으로 쉽게 이탈하지 않는다는 장점이 있다.

가) cyanogen bromide(CNBr) 활성화법

CNBr 활성화한 다당류를 이용하는 방법으로 많은 생체 촉매가 고정화되어 있다. 다당류로서 cellulose, Sephadex, Sepharose 등이 사용되고 있지만 그중에서도 Sepharose를 이용한 예가 많다.

즉, 다당류에 CNBr를 pH 11~12에서 작용시키면 중간체의 cyan 유도체를 거쳐서 일부는 불활성형의 carbamide 유도체가 되지만, 대부분은 활성형의 imide carbonate 유도체가 된다.

이 활성형의 imide carbonate 유도체와 효소는 약알카리성에서 반응하여 효소 고정화가 일어난다. 이 방법에 의해 얻어진 고정화 효소는 isourea 결합, imide carbonate 결합의 것이 혼합해 존재하지만 대부분은 peptide 결합이라고 생각할 수 있다. 이 방법은 상당히 완화된 조건하에 효소와의 결합반응을 일으킬 수 있어 뛰어난 고정화법 중의 하나이다. 실험 예로서 CNBr-activated Sepharose 4B에 ascorbic acid oxidase를 고정화시킨 ascorbic acid oxidase-Sepharose 4B가 있다.

나) acid azide 유도체법

반응 중 아미노산의 racemi화를 일으키지 않는 합성방법으로 carbonic acid의 azide 유도체를 이용하는 방법이 많은 생체촉매의 고정화에 사용되고 있다. 즉, 아래 반응식에 나타낸 것과 같이 carboxymethyl cellulose를 methyl ester로서 여기에 hydrazin을 작용시켜 hydrazide로 하고 이어서 아질산을 작용시켜 acid azide 유도체로 한 후, 저온에서 효소단백질을 반응시키면 고정화효소를 얻을 수 있다.

$$\text{Cellulose-OCH}_2\text{COOH} \xrightarrow[\text{HCl}]{\text{CH}_3\text{OH}} \text{Cellulose-OCH}_2\text{COOCH}_3 \longrightarrow \text{Cellulose-OCH}_2\text{CONHNH}_2$$

$$\xrightarrow[\text{HCl}]{\text{NaNO}_3} \text{Cellulose-OCH}_2\text{CON}_3 \longrightarrow \text{Cellulose-OCH}_2\text{CONH}_2\text{-효소}$$

다) diazo법

이 방법은 방향족 amino기를 갖는 물에 불용성의 담체(R-Y-NH_2)를 염산과 아질산나트륨으로 diazonium 화합물을 만들고 이것과 효소를 diazonium coupling 시켜 고정화하는 방법이다.

$$R-Y-NH_2 \xrightarrow[\text{HCl}]{\text{NaNO}_2} [R-Y-N{=}N]Cl \xrightarrow{\text{효소}} R-Y-N{=}N-\text{효소}$$

효소의 단백질 중의 유리 amino기, histidine의 imidazol기, tyrosine의 phenol기 등이 이 결합에 관여하고 있다. 담체로서는 다당류, polyacrylamide, styrene계 수지, 다공성 유리 등이 사용되고 있다.

라) alkyl화법

이 방법은 효소단백질 중의 유리의 아미노기, phenol성의 OH기 혹은 −SH기 를, halogen과 같은 반응성이 강한 관능기를 갖는 담체를 alkyl화하여 고정화하는 방법이다. 이 방법에 이용되는 담체로서는 halogen화 acetyl 유도체, triazine 유도체, halogen화 methacrylic acid 유도체 등이 있다.

halogen화 acetyl 유도체로서는 chloroacetyl cellulose, bromoacetyl cellulose, iodoacetyl cellulose 혹은 polyethylene glycol−iodoacetyl cellulose 등이 사용되고 있다. 예를 들어, 아래식에 나타낸 것과 같이, cellulose와 bromoacetylbromide를 bromo acetic acid−dioxan 속에서 반응시켜 얻어진 bromoacetyl cellulose에 효소를 결합시키는 방법으로 trypsin, chymotrypsin, ribonuclease가 고정화되어 있다.

$$\text{cellulose-OH} \xrightarrow[\text{BrCH}_2\text{COOH-dioxan}]{\text{BrCH}_2\text{COBr}} \text{cellulose-OCOCH}_2\text{Br}$$

$$\xrightarrow{\text{효소}} \text{cellulose-OCOCH}_2-\text{효소}$$

그리고 이 bromoacetyl cellulose를 이용하여 사상균 amylase를 고정화하는 경우에 황산암모니움과 같은 염석제의 공존하에 고정화하면 활성이 높은 안정된 고정화 amylase를 얻을 수 있다.

아) 담체가교법

이 방법은 유리의 amino기에 작용하는 2개 혹은 그 이상의 관능기를 갖는 시약을 이용하여, amino기를 함유한 담체와 효소단백질 중의 amino기의 사이를 가교하여 효소를 고정화하는 방법이다. 가교시약으로서는 glutaraldehyde가 자주 사용되며, 담체의 amino기와 효소단백질 중의 amino기의 사이에 schiff 염기가 형성되어 효소가 고정화된다. amino기를 함유한 담체로서는 aminoethyl cellulose, DEAE−cellulose, Sepharose의 amino 유도체, 불활성화 albumin, aminoethyl polyacrylamide, 다공성 유리의

aminosilane 유도체 등이 사용되고 있다. 예로 aminoethyl cellulose 담체에 glutaraldehyde 를 이용하여 다음과 같이 aldolase, trypsin 등이 고정화되어 있다.

cellulose$-$OCH$_2$CH$_2$NH$_2$$+$OCH(CH$_2$)$_3CHO+$효소

$\longrightarrow$ cellulose$-$OCH$_2$CH$_2$N$=$CH(CH$_2$)3CH$=$N$-$효소

가교시약으로서는 glutaraldehyde 외에 hexametylenecyanate도 아래와 같이 사용되어 aminoacylase가 고정화되어 있다.

cellulose$-$OCH$_2$CH$_2$NH$_2$$+$OCN(CH$_2$)$_6NCO+$효소

$\longrightarrow$ cellulose$-$OCH$_2$CH$_2$NHCONH(CH$_2$)$_6$NHCONH$-$효소

이 외에 관능기를 갖지 않은 담체에 효소를 미리 물리적으로 흡착시키든가, 혹은 흡수시킨 후 가교시약을 이용하여 처리하는 방법이 있다. 예를 들어, 효소를 silica 입자에 흡착시키든가, 혹은 polyethyleneimide로 처리한 silica 입자에 이온결합시킨 후, glutaraldehyde를 이용하여 urease, trypsin, phosphorylase 등이 고정화되어 있다(Marchall & Walter, 1972).

② 이온결합법

이온결합법은 이온교환기를 갖는 담체에 생체촉매를 이온적으로 결합시켜 고정화하는 방법이다. 그러나 이온결합법에는 사용되는 담체에 따라 이온결합만이 아니고 물리적인 흡착도 관여하는 것으로 생각되나 일단 이온결합력이 보다 큰 역할을 하는 것으로 생각된다. 이온결합을 일으키는 담체로서는 이온교환기를 갖는 다당류 외에 이온교환수지와 같은 합성고분자의 유도체도 이용된다.

이 방법은 앞에 서술한 공유결합법에 비교하여 조작이 간단하며, 그 반응조건도 온화하기 때문에 고차구조 및 활성중심의 아미노산잔기의 변화가 적고, 비교적 활성이 높은 고정화효소를 얻는 경우가 많다. 그러나 담체와 효소의 결합력이 공유결합에 비해 약하기 때문에, 완충액의 종류 혹은 pH의 영향 등을 받기 쉬우므로 이온 강도가 높은 상태에서 반응을 시키면 효소가 담체로부터 유리되는 경우가 있다. 실험 예로서 DEAE$-$Sephadex$-$amylase의 제조가 있다.

③ 물리적 흡착법

물리적 흡착법은 효소단백질을 물에 불용성 담체에 물리적으로 흡착시켜

고정화하는 방법이다. 이 방법은 앞의 이온결합법에 비교하면 더욱 효소단백질의 활성 중심의 파괴 혹은 고차구조의 변화가 적다고 생각되기 때문에 효소에 잘 맞는 담체가 나온다면 좋은 방법이다. 그러나 담체와의 상호작용이 약하기 때문에 효소가 담체로부터 이탈하기 쉽다는 단점이 있다.

이 방법에 이용되는 담체로서는 활성탄, 다공성 유리, 산성백토, 표백토, kalionite, alumina, silica gel, bentonite, hydroxyapatite, 인산 칼슘 gel과 같은 무기물 외에, 전분, gluten과 같은 천연 고분자도 사용된다. 이들 담체 중에서 활성탄을 이용하는 방법은 오래 전부터 행하여져 비교적 많은 보고가 있다.

예를 들어, 활성탄에 사상균 α-amylase를 흡착시킨 column에 적당한 유속으로 전분용액을 통과시키면 유출액 중에 glucose가 생성된다. 또 고정화 tannin에 amylase를 흡착시켜 고정화한 예도 있다.

(2) 가교법

가교법은 화학적 결합에 의하여 생체촉매를 고정화하는 방법인데, 앞에 설명한 담체가교법과는 달리 물 불용성 담체를 사용하지 않고 고정화시킨다.

즉, 이 가교법은 2개 또는 그 이상의 관능기를 갖는 시약(bifunctional reagent 혹은 multifunctional ragent)을 이용하여 생체촉매 간을 가교(cross linkage)하는 것으로 고정화하는 방법이다.

가교시약으로서는 glutaraldehyde, hexamethylene diisocyanate, N,N'−ethylenebis −maleinimide hexamethyl diisocyanate 등이 사용된다.

효소 단백질의 경우 이 반응에 관여하는 관능기로서는 N단말의 α-amino기, lysine의 ε-amino기, tyrosine의 phenol기, cysteine의 sulfhydryl기 및 histine의 imidazole기 등이 있다. 가교시약 중에서 glutaraldehyde를 이용하는 방법이 가장 많이 효소에 응용되고 있다.

glutaraldehyde법은 앞에 설명한 공유결합법의 경우와 마찬가지로 비교적 격렬한 조건하에서 반응시키기 때문에 얻어진 고정화 효소는 비교적 활성이 낮은 경우가 많다. 예로서 glutaraldehyde에 의한 고정화 catalase가 있다.

(3) 포괄법(entrapping method)

고분자 겔(gel)의 미세한 격자 중에 생체촉매를 봉입하는 격자형(lattice type)과 고분자의 반투막성 피막의 마이크로 캡슐 속에 봉입하는 마이크로 캡슐형(micro−

capsule type)이 있다.

이들 방법은 앞에 설명한 담체결합법 혹은 가교법과는 달리 원리적으로는 생체촉매 자체와 결합반응을 일으키지 않는다. 따라서 많은 생체촉매의 고정화에 응용하기에 가능하다. 그러나 화학적인 중합반응을 일으키기 위한 경우에는 비교적 가혹한 조건하에서 시키기 때문에 효소가 실활되기 쉬우므로 조건을 잘 설정할 필요가 있다. 그리고 기질 혹은 생성물이 고분자물질일 경우에는 이 방법을 적용할 수 없다.

① 격자형 포괄법

망목구조(網目構造)를 갖는 고분자 겔(gel)의 격자 속에 생체촉매를 고정화하는 방법으로, 생체촉매의 존재하에서 monomer와 가교제를 중합시켜 고분자 겔을 형성시키는 방법(polyacrylamide gel), 고분자를 녹인 상태로부터 겔을 형성시키는 방법(κ-carrageenen, alginic acid, gelatin, cellulose acetate 등) 등이 있다.

격자형 포괄법은 효소뿐만 아니라 미생물, 동식물 세포 등을 같은 방법으로 고정화할 수 있고 생체촉매의 수식이 일어나기 어려우며 단백질 분해효소의 작용이나 잡균에 오염이 되기 어려운 점 등의 장점이 있다.

이상의 포괄용 담체로서 polyacrylamide, κ-carrageenan, alginic acid를 이용한 고정화법을 소개한다.

가) polyacrylamide법

polyacrylamide법은 acrylamide에 가교제인 N,N'-methylene-bisacrylamide (BIS)와 중합촉진제인 β-dimethyl-amino propionitrile(DMAPN)과 중합개시제인 과황산칼륨을 첨가하여 중합시켜 형성된 polyacrylamide 겔(gel)의 미세한 격자 속에 생체촉매를 포괄 고정하는 방법이다.

이 polyacrylamide 겔의 격자의 크기는 중합반응에 이용하는 monomer 및 가교제의 농도에 따라 다르나 평균 10~40Å 정도라고 한다. 따라서, 저분자의 기질 혹은 반응생성물은 자유롭게 겔의 격자를 통과할 수 있으나, 고분자의 효소나 균체, 세포 등은 겔로부터 이탈할 수 없다. 이 방법은 화학적인 중합반응을 일으키기 때문에 반응에 사용하는 시약이나 중합반응에 의한 열로 효소의 모양이 변하거나 실활할 가능성이 있다. 따라서 효소의 안정성을 고려한 조건 선정이 필요하다. 이 방법의 유리한 점은 acrylamide는 한 번 중합되면 상당히 안정하다는 점으로, κ-carrageenan이나 alginic acid의 겔과 같이 효소반응액 속에 겔화제를 첨가할 필요가 없다. 따라서, 많은 반응계에 적용이 가능하다. polyacrylamide를 담체로 하여 amylase의 고정화와 대장균의 고정화 등이 보고된 바 있다.

나) κ-carrageenan법

κ-carrageenan은 홍조류로부터 추출된 다당류로서 분자량이 10~80만 정도 이다. 식품첨가물 외에도 겔화제로 널리 이용되고 있다. 이 κ-carrageenan을 가온하면 쉽게 수용액이 되고, 냉각 혹은 여러 종류의 금속이온, 암모니움이온, amine 등을 가하면 쉽게 겔화하는 성질이 있다. 이 성질을 이용하여 효소나 균체, 세포 등을 겔 내에 포괄 고정하는 것이 가능하다. 이 κ-carrageenan을 이용하는 방법은 조작이 간단하고, 더욱이 완화한 조건에서도 가능하기 때문에 얻어진 고정화 표품(標品)의 활성이 높으며 안정성도 좋다.

이 방법의 단점은 반응액 속에 암모니움 이온 등의 겔화제가 함유되어 있지 않으면 겔이 붕괴하여 균체가 누출하기 때문에 반응액의 성분에 따라서는 겔이 안정하게 유지되지 않는 경우도 있다. 또한 격자의 크기는 polyacrylamide 겔보다 크기 때문에 오히려 효소보다 균체나 세포의 포괄 고정에 적합하다. κ-carrageenan을 이용한 대장균의 고정화가 잘 알려져 있다.

다) alginic acid-칼슘법

alginic acid는 해조(海藻)로부터 추출된 산성 다당류로서 칼슘, 알루미늄과 같은 금속이온과 접촉하면 쉽게 겔화한다. 이 성질을 이용하여 균체나 세포를 포괄고정화하는 일이 가능하다.

이 방법은 κ-carrageenan을 이용하는 경우와 같이 조작이 간단하고 완화된 조건하에서 행할 수 있다. 단, 이 경우도 배지나 반응액 속에 Ca^{2+} 등의 겔화제가 함유되어 있어야 하고, EDTA나 인산 등 Ca^{2+}에 대한 chelate제가 있으면 겔이 붕괴하기 때문에 주의가 필요하다. 예로 *Saccharomyces cerevisiae*의 고정화가 잘 알려져 있다.

② microcapsule법

microcapsule형 포괄법은 반투막성인 polymer의 피막에 의해 생체촉매를 피복 하여 고정화하는 방법으로, 얻어진 microcapsule은 통상 직경이 수 μm으로부터 수백 μm의 구형(球形)이다. 이 방법은 주로 효소단백질에 응용되고 있다.

microcapsule의 응용에 관해서는 1954년에 미국의 National Cash Register 회사에서 개발한 carbonless 복사지가 최초이다. 그 후 이 기술은 의약품, 식품, 연료 등에 광범위하게 이용되고 있다.

효소 microcapsule 제조에는 효소활성의 저하를 막기 위하여 통상의 물질인 microcapsule화의 경우보다도 엄밀한 조건이 요구된다. 이제까지 고안된 여러 가지 방법은 크게 계면 중합법(interfacial polymerization), 액중 건조법(liquid drying), 상 분리법(phase separation) 등으로 나눌 수 있다.

가) 계면 중합법(界面重合法)

친수성(親水性)인 monomer와 소수성(疏水性)인 monomer가 그 계면으로 중합한다는 원리를 응용하여 효소를 피복하는 방법이다. 즉, 효소와 친수성 monomer의 수용액을 물에 섞이지 않는 유기용매 속에 유화(乳化),분산하고, 여기에 유기용매에 가용성인 소수성 monomer를 서서히 가하면 수용액과 유기용매의 계면으로 중합반응이 일어나 polymer의 피막이 형성되어 효소를 피복한다. 반응 후 유기용매로 세정하여 반응하지 않은 monomer를 제거한다. 사용하는 monomer는 축합중합 혹은 부가중합하는 성질을 갖는 monomer이다. 이들 monomer의 조합과 생성하는 polymer의 종류를 표 4-4에 나타내었다.

표 4-4 capsule화의 소재와 피막

친수성 monomer	소수성 monomer	생성된 polymer
Polyamine	bis—Haloformate	Polyurethane
	Polyisocyanate	Polyurea
Glycol	다염기산 baride	Polyester
다가 phenol	Polyisocyanate	Polyurea

이 방법에 의하면 capsule의 크기를 자유롭게 바꿀 수 있고, 조제에 요하는 시간도 상당히 짧다. 그러나 효소의 종류에 따라서는 사용하는 monomer에 대하여 불안정하여 조제 중에 실활하는 경우도 있다. 따라서 capsule화하는

효소의 성질 및 용도 등을 고려하여 monomer의 조합을 선택할 필요가 있다. 실험 예로서 *Proteus vulgaris*의 asparakinase의 nylon microcapsule 제조가 있다.

나) 액중 건조법

유기용매에 녹은 polymer 속에 효소용액을 유화 분산시키고, 이것을 수용액 속에 옮겨 유기용매를 서서히 제거함에 따라서 생기는 polymer의 피막 속에 효소를 피복하는 방법이다. 이 방법에 의한 microcapsule의 제조순서는 우선 유기용매에 녹은 polymer 속에 유화제로서 유용성(油溶性)의 계면 활성제를 넣고, 이것에 효소를 분산시켜 기름 중의 물형태의 일차 유화액을 만든다. 유기용매로서는 bezene, cyclohexane, chloroform과 같은 물보다 비등점이 낮으며 물과 섞이지 않는 것이 좋다. 다음으로 일차 유화액을 gelatin, polyvinyl alcohol 혹은 계면활성제 등의 보호 colloid 물질을 함유한 수용액 속에 분산시켜 2차 유화액을 제조한다. 이것을 천천히 교반해 가면서 감압하에 서서히 유기용매를 제거하면 polymer의 피막이 형성되어 효소 microcapsule이 얻어진다.

capsule의 피막으로서는, ethylcellulose, polystyrene 등의 소수성으로 유기용매에 녹일 수 있는 polymer를 사용한다. capsule의 크기는 polymer의 농도, 교반속도 혹은 보호 colloid 물질의 종류 등에 따라 변하지만, 수십 μm 이하의 작은 것을 만드는 것에는 적합하지 않다.

이 방법은 앞에 설명한 계면 중합법과는 달리 피막으로서 처음부터 polymer를 사용하여 반응성이 있는 시약을 사용하지 않기 때문에 조제 중에 효소가 실활하는 일이 비교적 적어서 효소의 microcapsule화법으로서는 매우 좋다. 그러나, 2차 유화액을 만드는 2차 분산으로 2차 유화액이 잘 형성되지 않아서 효소의 capsule화 수율이 낮아지는 경우가 많다. 또, 유기용매를 제거하여 polymer를 고정화하는 데 시간이 걸리는 것이 결점이다. Lipase의 ethyl cellulose microcapsule 제조가 잘 알려져 있다.

다) 상(相) 분리법

이 방법은 물과 섞이지 않는 유기용매에 녹은 polymer 속에 효소용액을 넣어서 유화분산시킨 후, 상 분리(phase separation)를 일으키는 비용매(polymer를 용해하지 않는 유기용매)를 서서히 넣으면 상 분리가 일어나서 polymer의 진한 용액이 효소 주위를 둘러싸 polymer가 석출되어 microcapsule을 형성하는 것이다.

이 방법에서 가장 주의해야 할 것은 단번에 polymer를 석출시키지 말고 일단 진한 용액으로 상 분리시키는 것이다. 이 과정이 없으면 효소를 둘러싸는 일은 일어나지 않고 polymer만 침전해 버리고 만다.

capsule 소재로서는 collodion, ethycellulose가 자주 이용되지만 polystyrene, polyvinylacetate 등 합성 고분자도 사용 가능하다. 앞에 설명한 액중건조법과 마찬가지로 capsule화의 조건이 비교적 완화하기 때문에 효소의 microcapsule화에 적합한 방법이다. polymer의 피막에 잔존하는 유기용매를 완전히 제거하는 조작이 상당히 귀찮은 것이 결점이다.

(4) liposome법

이 방법은 계면 활성제나 lecithin과 같은 양친매성 액체막(兩親媒性 液體膜 : amphiphatic liquid—surfactant membrane)에 의해 효소를 둘러싸는 방법으로, 물에 용해되지 않은 반투막성의 피막으로 효소를 포괄하는 앞에 설명한 microcapsule화법과는 다르다. 이 방법은 계면활성제를 함유한 탄화수소 용액에 효소용액을 유화, 분산시켜서 안정한 유화액을 만드는 방법이다. 따라서 막 자체는 유동성인 액체로, 앞의 microcapsule과 같이 고체피막은 아니다.

이 액체막 microcapsule의 커다란 특징은 기질 혹은 반응생성물의 막투과성이 막의 세공(細孔)의 크기가 아닌 막의 성분에 대한 용해도에 의존하고 있다. Horseradish peroxidase의 liposome의 제조가 잘 알려져 있다.

(5) 막(membrane) 고정화법

최근, 막 제조기술의 발전과 더불어 대규모적인 막 분리장치를 이용하여 효소의 분리·정제, 균체·동식물 세포의 분리와 회수를 하고 있으며, 이 막을 그대로 bioreactor로 이용하려는 경향이 있다. 막을 barrier로서 생체촉매를 고정시켜 reactor화하는 이 방법은 목적에 따라서는 뛰어난 효과가 기대된다.

막으로서는 주로 한외여과막(ultrafiltration막 : UF막) 및 미세여과막(micro-filtration막 : MF 막)이 사용된다.

UF막의 재질로서는 cellulose acetate, 합성고분자인 polysulfone, polyacrylonitrile, polyolefin 등이 사용된다. 또한, MF막에는 cellulose acetate, cellulose nitrate 등의 cellulose계 재질이 널리 사용된다.

UF막이나 MF막 어느 쪽도 구멍이 열려 있다고 하는데, polycarbonate film을 핵분열 입자 조사법으로 만든 MF막은 일정한 크기의 구멍이 있다고 한다.

분자의 분획 크기는 UF막으로서는 2 ㎚, MF막으로서는 30 ㎚를 하한으로 각각 그 이상의 크기를 분획하는 여러 가지 막이 용도에 따라서 만들어져 있다.

cellulose acetate 막은 비대칭성 막으로 만들어진다. 비대칭성 막은 미크론 (micron) 이하의 치밀한 두께로 분자를 분획할 수 있는 표면층과 그 표면 바로 밑에 커다란 세공(細孔)을 갖는 스폰지 모양의 층으로 되어 있다. 스폰지층의 두께는 여러 가지 있으나 100 μm 정도로 표면층을 지지하는 역할을 한다. 이러한 구조는 얇은 표면층만이 막투과에 저항을 주게 되므로 유속(流速)이 빨라지며 지지층에 의해 물리적 강도도 높아진다.

이러한 UF막, MF막을 생체촉매의 고정화에 혹은 bioreactor로서 사용할 경우 주로 module로 만들어진 것을 사용한다. module로서는 중공계(中空系 : 중간이 비어 있는 것), capillary, 관(管), 평막(平膜) 등이 있다. 고정화용으로는 관 형태인 것은 막 면적이 적기 때문에 그다지 사용되지 않는다. 평막의 경우에는 다수의 막을 쌓아서 막 면적을 크게 한다. 중공계형 및 capillary형은 표면층이 내강(內腔) 이 되도록 조제한 적당한 길이의 중형계 또는 capillary 양끝을 묶어 둥근관 내에 장착한 것으로 다관식(多管式) 열교환기의 형태를 갖추고 있다. 중형계의 내경은 40~80 m, capillary의 내경은 0.25~2.5 ㎜이다. 특히 중공계의 경우 module 단위 체적당 막 면적이 대단히 크다.

고정화는 필요한 경우 멸균한 module의 막을 절단한 단편에 생체촉매를 도입하는 것만으로 완료되어 간단하다. 조작방법으로는 ① 중간에 막을 개입시켜 기질용액과 촉매를 접촉시키는 방법 ② 촉매측에 기질을 도입시켜, 반응생성물을 막의 반대측에서 여과, 분별하는 방법이 있다. 후자의 경우 막 module은 반응기 외에도 간단한 분리기의 역할도 한다. 전자에 있어서는 기질과 촉매의 접촉과 생성물의 분리는 막을 통한 기질·생성물의 확산에 의해 달성된다.

막 고정화법의 최대 이점은 복수의 효소, 균체, 동식물 세포를 실활시키지 않으면서도 간단히 고정화할 수 있다는 것, 생성물을 크기에 따라 분리해 가면서 반응시킬 수 있다는 것, scale up이 용이하다는 것 등이다. 한편 결점으로는 효소가 안정화되지 않는 것, 막에 흡착한 효소가 활성이 없어지는 것, 막면(膜面)에 생기는 겔층이나 농도 분극에 의해 효소가 적절하게 이동하지 않는 것, 시간과 함께 투과속도가 감소되는 것, 생세포 고정화의 경우 지나치게 증식해 버리면 막이 파괴되는 것, CO_2의 제거나 효소의 공급에 약간 난점이 있는 것, 중공계의 경우 미리 막을 통한 기질을 공급하지 않으면 안 되는 것 등이 있다.

3) 바이오리액터(bioreactor)

바이오리액터는 앞에서 설명한 것과 같이 고정화 생체촉매를 활용하여 그 기능을 고도로 발휘시키기 위한 효율적인 생산설비이다. 여러 가지 모양의 것이 사용되고 있는데, 대표적인 것으로 다음 다섯 가지가 있으며 그림 4 - 4에 도시하였다.

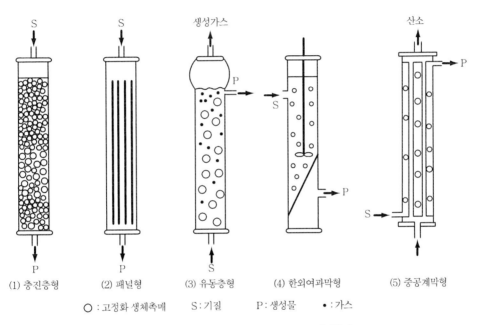

그림 4-4 대표적인 bioreactor의 형태

(1) 충진층형

널리 이용되고 있는 전형적인 형태로 과립상태로 제조한 고정화 생체촉매를 column에 충전한 것으로 가스가 발생되는 반응에는 부적당하다.

(2) 패널형

충진층형의 개량형으로 판상(板狀)으로 만들어서 column 내에 배열시킨 것이다. 기질용액의 흐름이 좋고 청소하기도 쉽다.

(3) 유동층형

고정화생체촉매를 column 내에 부유시킨 상태에서 사용한다. 가스발생을 동반하는 반응에도 사용이 가능하다.

(4) 한외여과막형

고분자화합물을 투과시키지 않는 한외여과막을 이용한다. 고정화 생체촉매 뿐만 아니라 유리(遊離)효소에도 사용이 가능하다.

(5) 중공계막형(中空系膜型)

튜브 모양의 여과관을 묶어서 column에 삽입. 예로 튜브막 표면에 호기성균을 고정하고 기질용액을 흐르게 하면서 통기(通氣)하여 사용한다.

4) 고정화의 장점과 특징

효소는 고정화에 의해 원래의 효소보다 활성이 저하되는 경우가 많으며, 기질 특이성이 변화하는 경우도 있지만 아래와 같이 고정화효소의 장점이 훨씬 더 많다.

(1) 특이성 변화와 활성이 저하하는 이유

① 활성중심의 아미노산 잔기의 일부가 파괴 또는 결합에 관여
② 효소단백질의 고차구조의 변화
③ 기질 또는 생성물의 확산이나 막투과의 속도에 따른 외관상의 활성저하
④ 담체의 입체장해에 의한 기질이 효소로의 접근방해에 의한 활성저하

(2) 고정화 촉매의 장점

① 열, pH, 유기용매, 변성제 등에 대한 안정성 증대
② 장기간 반복하여 연속사용이 가능하여 효소에 대한 비용 절감
③ 촉매밀도가 높아져 반응속도가 증대하여 반응시간 단축
④ 반응생산물로부터 효소를 제거할 필요가 없어져 순도 및 수율이 향상됨
⑤ 이용목적에 적합한 성질, 형태의 고정화 기준품의 정비 가능
⑥ 생산설비가 소형화, 시스템화되어 합리적임
⑦ 반응공정의 제어, 관리의 자동화가 용이하게 되어 인건비가 절감됨

⑧ 자원에너지, 환경문제의 관점에서도 유리함

특히, 효소분자는 아미노산 체인이 포개어져서 입체구조와 활성자리(active site)를 형성한다(그림 4‐5‐a). 그러나 열, 변성제 등의 영향으로 변성되어 활성자리가 붕괴되어 실활한다(그림 4‐5‐b). 일단 고정화된 효소는 입체구조가 보강되어 안정화된다고 생각된다(그림 4‐5‐c).

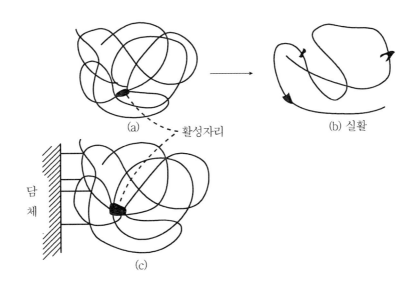

그림 4‐5 고정화에 의한 효소 안정성의 향상

5) 바이오리액터의 공업적인 이용

바이오리액터는 1969년 고정화 아미노아실라제(aminoacylase)에 의한 DL‐아미노산의 광학분해에 관하여, 우선 최초의 공업화가 이루어졌고, 이어서 효소, 식품, 의약품의 분야에도 도입되었으며, 유기합성반응, 분석, 검사, 의료 등 광범위한 분야에서 이용되고 있다.

(1) 고정화 미생물

고정화 미생물은 고정화된 미생물의 생사와는 관계없는 것으로 ① 그 효소활성을 이용하는 경우와 ② 살아 있는 그대로의 미생물을 이용하는 경우로 크게 나누어진다.

처음에는 사멸한 균체의 효소활성을 이용하여 왔으나, 1970년대 후반 이후 미생물을 생존상태 그대로 고정화시켜 다단계의 효소반응을 이용하는 연구가 시작되었다. 이 경우 영양원을 계속 보급하여 미생물을 증식상태로 이용하기 때문에 '고정화 증식 미생물'이라고 불린다.

이러한 고정화 증식 미생물을 사용하여 표 4-5와 같이 알코올, 유기체, 아미노산, 항생물질, 호르몬, 효소 등을 제조하는 연구가 현재 계속 성행하고 있다.

표 4-5 고정화 증식 미생물에 의한 유용물질의 제조 예

유용물질	고정화 증식 미생물	고정화용 담체
맥주	*Saccharomyces cerevisiae*	alginic acid 칼슘
ethanol	*Saccharomyces cerevisiae*	alginic acid 칼슘
n-propanol	*Clostridium butyricum*	alginic acid 칼슘
isopropanol	*Clostridium butyricum*	alginic acid 칼슘
acetic acid	*Acetobacter aceti*	다공성 ceramics
citric acid	*Aspergillus niger*	alginic acid 칼슘
lactic acid	*Lactobacillus lactis*	alginic acid 칼슘

(2) 고정화효소에 의한 아미노산의 제조

① 고정화 아미노아실라제에 의한 L-amino acid의 연속제조

L-amino acid는 식품 첨가물, 사료, 의료품 등에 대량으로 사용되고 있는데, 합성법으로 제조하면 D와 L-amino acid가 혼합된 라세미체가 된다. 이것을 아세틸화시켜 사상균(絲狀菌)의 효소 아미노아실라제를 작용시키면 다음 식과 같이 L형은 탈아세틸화되어 L-amino acid가 되고, D형은 아실화된 amino acid로 남기 때문에 두 가지의 분리가 가능하다. 이 방법을 아미노산의 광학분할이라고 한다.

$$
\begin{array}{llll}
\text{DL-R-CH-COOH} & \longrightarrow & \text{L-R-CH-COOH} + \text{D-R-CH-COOH} + \text{R'COOH} \\
\quad\quad | & & \quad\quad | \quad\quad\quad\quad\quad\quad | \\
\quad \text{NHCOR'} & & \quad\, \text{NH}_2 \quad\quad\quad\quad\quad \text{NHCOR'}
\end{array}
$$

N-acyl-DL-amino acid   L-amino acid   N-acyl-D-amino acid

종래에는 유리(遊離)효소인 batch법(回分法)으로 제조하였지만, 1969년 일본 다나베제약(주)은 그림 4 - 6에 도시한 고정화 아미노아실라제에 의한 연속제조법을 최초로 공업화하는 데 성공했다.

고정화용 담체로서는 현재 탄닌셀룰로즈가 사용되고 있다. 이 방법은 L−phenylalanine, L−valine, L−methionine의 제조에도 역시 이용되고 있다.

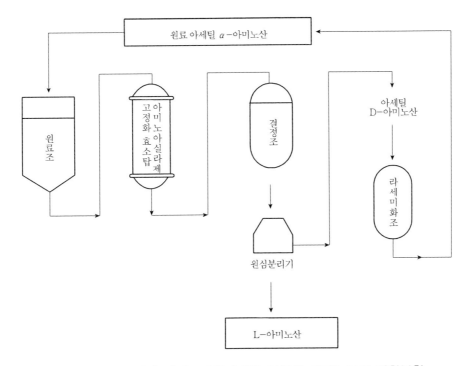

그림 4−6 고정화 아미노아실라제를 이용한 아미노산의 광학분할

② L−aspartic acid와 L−alanine의 제조

의약·식품첨가물 외에 저칼로리 감미료 aspartame의 원료로 수요가 많은 aspartic acid는 fumaric acid와 암모니아에 aspartase를 작용시켜 생산한다. 다음에는 이 L−aspartic acid에 aspartate decarboxylase를 작용시키면 CO_2가 유리되어 L−alanine이 생성된다.

실제로, aspartase의 경우는 aspartate 함유 대장균체를, 그리고 L−aspartate−β−decarboxylase의 경우는 *Pseudomonas dacunhae*의 균체를 각각 κ−carrageenan으로 포괄 고정시킨 후, 이들 양자를 연결하여 fumaric acid로부터 L−aspartate, 그리고 L−aspartate로부터 L−alanine을 각각 연속적으로 생산할 수 있다.

③ 고정화효모에 의한 알코올제조와 맥주 연속제조

최근, 한정된 화석연료인 석유, 석탄을 대신하는 연료로서 biomass(생물계 유기자원)로부터 에탄올을 생산하는 것이 주목받기 시작했다. 그중에서 핵심이 되는 기술이 고정화 증식 효모를 이용하여 에탄올을 연속제조하는 것이다.

연료용 에탄올 제조는 기술적으로 해결하지 못한 문제가 많아서 현재로서는 와인, 맥주 등 주류 제조에 한정되어 있으며, 겔포괄법으로 고정화시킨 효모의 바이오리엑터로부터 와인이나 맥주를 만들어 낼 수 있다.

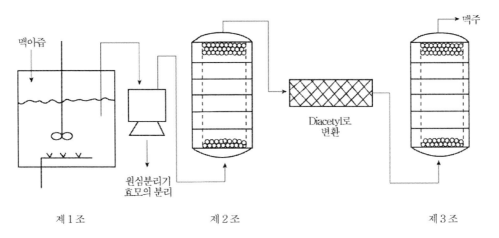

그림 4-7 바이오리액터에 의한 맥주제조 시스템

맥주는 1989년 핀란드의 회사가 효모를 이온교환 수지에 고정화시켜 숙성(熟成)공정부분만 도입한 것이 최초이다. 발효와 숙성 공정을 통합시킨 총합적인 시스템으로서 실제로 맥주 양조에 사용한 것은 1992년 일본의 기린맥주가 사이판에서 시작한 것이 최초이다(그림 4 - 7). 여기에 3개의 반응용기인 조(槽)를 사용하여 풍미를 더해 주는 것이 장점이다. 제1조(효모의 통기 교반에 의한 아미노산의 소비) →고정화를 위해 균체 원심분리 →제2조(고정화 효모를 사용하여 당을 소비하고 에탄올을 생성) →제3조(고정화 효모를 사용하여 불쾌취인 diacetyl을 줄임)

이 연속 양조법에 의하여 종래의 1내지 2개월의 공정이 3내지 4일로 단축된다.

3. 바이오센서(biosensor)

1) 바이오센서의 원리

물리센서나 화학센서로서 많은 검지기(檢知器)가 개발되어 이용되고 있다. 그에 대하여 생물 효소반응이나 면역에 있어서의 항원－항체 반응과 같이 매우 특이성이 높은 반응을 이용한 검지기가 개발되었으며, 그중 여러 가지 장치가 실용화되었다. 이들을 총칭하여 바이오센서라고 한다.

효소와 전기화학 device를 조합시켜 처음으로 효소센서의 원리를 제안한 것은 미국의 소아과병원에 있던 L. C. Clark이다. 그는 당뇨병 환자의 혈액 중에서 glucose양을 전극을 이용하여 전기신호의 모양으로 측정하는 방법을 착안해 내었다. 그는 1962년에 효소액은 cellulose 투석 튜브 속에 넣고 이것을 효소전극에 장착시켜 구성한 전극으로 glucose의 분석이 가능하다는 것을 보여주었다. 그러나 이 방법은 실용되지 못하고, 1966년에 고정화시킨 효소막을 사용하는 방법이 S. J. Updike와 G. P. Hicks에 의해 처음으로 채용되었다. 그들은 glucose oxidase를 polyacrylamide gel로 포괄 고정시킨 막을 만들었다. glucose oxidase는 다음과 같은 반응을 촉매한다.

$$C_6H_{12}O_6 + O_2 \xrightarrow{\text{glucose oxidase}} C_6H_6O_6 + H_2O_2$$

$$\underset{\text{glucose}}{} \qquad\qquad \underset{\text{glucono}-\delta-\text{lactone}}{}$$

이 고정화 glucose oxidase 막을 산소전극의 가스투과막 위에 탑재하였다. 산소전극은 용존산소 농도를 측정하는 것으로 백금의 전극은 가스투과성 막으로 피복(被覆)되어 있다. 이러한 전극을 glucose를 함유한 용액 속에 넣으면 glucose가 산소에 의해 산화되어 용액 속의 용존산소 농도가 저하된다. 이 농도 저하는 산소전극에 의한 전류치의 저하로서 측정할 수 있다.

이와 같은 바이오센서는 검출대상이 되는 화학물질을 인식하는 분자 식별부위(receptor)와 화학적 물리적 변화를 감지하여 전기신호로 변화시키는 검출부위(transducer)로 구성된다(그림 4－8).

분자식별 소자(素子)로서는 상기 효소 이외에 미생물, 항체, organelle, 동식물세포, 동식물조직 등도 이용할 수 있어서 각각 효소센서, 미생물센서, 면역센서,

organellar 센서 등으로 불린다. 이들 분자식별 소자는 막 또는 각종 지지체(支持體)에 고정화시켜 사용된다. 또 transducer로서는 산소전극, 과산화수소 전극, 이산화탄소 전극, 암모니아 전극, pH 전극 등이 이용되고 있다.

바이오센서의 최대 특징은 생물소자가 갖는 특이적인 분자식별 기능을 잘 이용한다는 점으로, 여러 종류의 성분이 섞여 있는 시료로부터 목적물 만을 선택적으로 분석하는 일이 가능하다. 그리고, 측정 결과가 전기신호로 나타나기 때문에 수십초 혹은 수분 이내에 계측이 가능하다.

바이오센서는 시료액 속에 담그는 것만으로 간단 신속하게 분석이 가능하기 때문에 의학분야에서 사용하기에 적합하다. 또한 발효공업의 발효액이나 식품공업에서의 식품 가공과정에서의 프로세스 관리, 나아가서는 하천이나 폐수의 오염지표로서의 BOD 측정 등에 이용 가능하다.

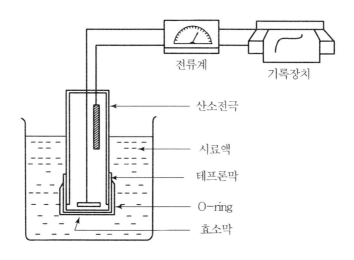

그림 4-8 효소막 센서의 조합

2) 효소센서

최초의 바이오센서는 효소센서이다. 의료계측분야에서는 혈액이나 뇨 등의 체액을 대상으로 효소반응과 분광학적 측정법을 기본으로 하는 자동분석장치 (autoanalyzer)가 개발되어 임상분석분야에 보급되었다.

그러나, autoanalyzer는 다항목 및 다수의 체액시료를 연속적으로 분석하는 목적으로 개발된 것으로 긴급 혹은 임상치료 등의 사용에는 적합하지 않다.

그래서 시료액에 담그든가, 아니면 시료액을 주입하는 것만으로 간단하고 신속하게 분석이 가능한 센서가 주목받게 되었다. 또한 발효공업의 발효액, 혹은 식품공업에 있어서 식품가공 프로세스관리용 센서의 개발이 요망되었다. 주요한 효소센서의 종류와 특성을 표 4-6에 나타내었다.

표 4-6 효소센서의 특성

센서	효소	고정화법	전기화학 devise	안정성 (일)	반응시간 (분)	측정범위 (mg/ℓ)
Glucose	Glucose oxidase	공유결합법	산소전극	100	1/6	$1-5\times10^2$
Ethanol	Alcohol oxidase	가 교 법	산소전극	120	1/2	$5-10^2$
Glutamine	Glutaminase	흡 착 법	암모니아 이온전극	2	1	$10-10^4$
Urea	Urease	가 교 법	암모니아 이온전극	60	1~2	$10-10^3$
중성지질	Lipase	공유결합법	pH전극	14	1	$5-5\times10$
인산지질	Phospholipase	공유결합법	백금전극	30	2	$102-5\times10^2$
과산화수소	Catalase	포 괄 법	산소전극	30	2	$1-10^2$
Penicillin	Penicillinase	포 괄 법	pH전극	10	1	$10-10^3$
Cholesterol	Cholesterol esterase	공유결합법	백금전극	30	3	$10-5\times10^2$
L-Amino acids	L-Amino acid oxidase	공유결합법	암모니아 가스전극	70	-	$5-10^2$

효소센서는 효소가 갖는 기질에 대한 반응특이성을 이용하기 때문에 측정물질에 대한 선택성이 우수하다. 그리고 효소센서의 감도(感度), 안정성은 효소막의 특성에 따라 다르기 때문에 효소센서의 개발연구는 효소막의 안정성의 향상을 중심으로 진행되고 있다. 효소막 재질의 개량에 따라 10초 이내에 측정이 가능해졌으며, 수개월간 안정적으로 사용가능한 효소센서도 개발되고 있다.

효소센서 중에서 glucose, sucrose, lactose, lactic acid, 요소, 유기인 등을 계측하는 센서 등이 시판되고 있다. 앞으로 실용화의 범위가 더욱 넓어질 것으로 기대된다.

3) 미생물센서

효소는 미생물 등으로 정제과정을 거쳐서 제조되기 때문에 일반적으로 고가이다. 또한 효소는 불안정하여 고정화과정 중에 실활하는 경우도 있다. 그래서 효소 대신 미생물을 이용하는 것을 착안하게 되었다. 미생물 균체를 고정화시켜 이용하는 경우 균체 내의 단일효소뿐만 아니라 복합효소계, 보효소, 에너지 재생계, 혹은 미생물의 모든 생리기능까지 이용이 가능한 이점이 있다. 미생물 센서의 예를 표 4-7에 나타내었다.

표 4-7 미생물센서의 특징

센서	미생물	고정화법	전기화학 device	안정성 (일)	반응시간 (분)	측정범위 (mg/ℓ)
Glucose	*P. fluorescens*	포괄법	산소전극	14 이상	10	$5-2\times10$
Ethanol	*T. brassicae*	흡착법	산소전극	30	10	$5-3\times10$
Acetate	*T. brassicae*	흡착법	산소전극	20	10	$10-10^2$
Glutamate	*E. coli*	흡착법	탄산가스전극	20	5	$10-8\times10^2$
Lysine	*E. coli*	흡착법	탄산가스전극	14 이상	5	$10-10\times10^2$
BOD	*T. cutaneum*	포괄법	산소전극	30	10	$5-3\times10$
Cephalosporin	*C. freundii*	포괄법	pH전극	7 이상	10	$10^2-5\times10^2$

미생물센서는 미생물 기능에 착안하여 두 종류로 분류된다. 하나는 호흡활성을 지표로서 각종의 화학물질을 계측하는 것으로 호흡활성 계측형 센서라고 이름 붙여졌고, 그 구성은 호기성미생물과 효소전극이다. 다른 하나는 미생물의 대사 생산물을 전극 등으로 검지하는 것으로 대사물질 계측형 센서라고 불리며, 고정화 미생물막과 이온 선택성 전극, 이산화탄소 전극, 연료전지형 전극 등을 조합하여 만든다. 그 외에 전류법과 전위법 등이 있다.

이들 미생물센서는 불안정한 효소센서보다 수명이 훨씬 길다는 이점이 있다. 효소센서의 수명은 길어도 1개월 정도인데, 잘 사용하면 8개월에서 1년 정도는 유지된다. 이를 위한 연구개발이 여러 곳에서 진행되고 있다. 특히, 공업계에서 glucose 센서, 알코올 센서, 초산 센서, 구루타민산 센서, 항생물질센서 등이 실용화되고 있다.

생물관련 분야의 응용예로서는 BOD 센서가 개발되어 실용화되어 있다. 하천이나 공장폐수의 유기물에 의한 오염의 정도는 BOD(생물화학적 산소요구량)로 표시된다. 이것은 미생물이 이용가능한 유기물의 산화에 필요한 산소량인데, 이 분석에는 복잡한 조작과 시간을 필요로 한다. 폐수의 미생물처리에 이용되는 효모의 *Trichosporon cutaneum*을 배양하고, 이것을 다공성 acetylcellulose 막에 고정한다. 이 미생물막을 산소전극의 가스 투과성막 위에 장치한 것이 BOD 센서로 검지 가능한 BOD의 최저치는 3 ppm이다.

특수한 예로서 변이원성(變異原性) 테스트를 위한 미생물센서에 관한 연구가 몇 가지 발표되었다.

4) 면역센서

항원은 대응하는 항체와 특이적으로 복합체를 형성하기 때문에 항원－항체 반응을 이용한 면역분석법은 임상화학 검사에 특히 많이 이용되고 있다. 그러나, 번잡한 조작을 필요로 하며 측정에 많은 시간을 요하는 점이 문제이다. 그래서, 항원(혹은 항체)을 고정화한 막과 막전위 측정용 장치로부터 만들어지는 면역센서가 고안되었다. 이러한 막전위 측정형 면역센서의 일례로 매독혈청 진단센서 개발 등을 들 수 있다.

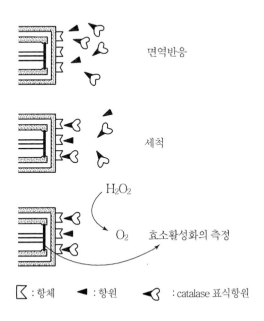

그림 4-9 효소면역 센서의 원리

5) 그 외의 바이오 센서

바이오 센서는 매우 학문적인 연구분야로 공학관련 연구자에 의해 새로운 연구가 활발하게 진행되고 있다. 빛을 이용하는 면역센서, 화상처리 시스템을 이용하는 면역센서의 연구도 활발하다. 여기에서는 생선의 선도센서와 미각센서에 관하여 소개한다.

(1) 생선의 선도센서

생선의 화학적 신선도 판정에 이용되는 휘발성 염기질소의 측정은 세균에 의한 초기부패의 정도를 판정하는 데 유효하다. 그러나 세균이 번식하기 이전의 신선도 판정에는 K치가 이용된다. 생선은 사후 근육 중의 ATP는 효소에 의하여 탈인산되면서 다음과 같이 분해가 진행된다.

$$ATP \rightarrow ADP \rightarrow AMP \rightarrow IMP \rightarrow HxR(inosine) \rightarrow Hx(Hypoxanthine)$$

K치는 각각의 분해생성물을 측정하며 다음 식에 의하여 구해진다.

$$K = \frac{HxR + Hx}{ATP + ADP + AMP + IMP + HxR + Hx} \times 100$$

즉, K치는 ATP 및 그 분해물 전량에 대한 HxR+Hx 양의 비율(%)이며 그 수치가 낮을수록 선도가 좋다. 금방 잡은 생선은 10 이하이고, 20 이하라면 생선회로 가능한 선도이다.

K치를 자동적으로 측정하는 선도계가 제조되어 시판되고 있다. 그러나 현재까지는 고가이기 때문에 일반적으로 널리 보급되지는 못하고 있다. 그래서 생선의 선도를 보다 간단히, 그리고 신속하게 측정하기 위한 선도센서가 고안되었다. 그 원리는 상기 ATP 분해물 중의 inosine 5′−monophosphate(IMP), inosine, hyphoxanthine을 분석하는 각각의 센서들을 조합한 것인데, 어육에 침을 찔러 세 종류의 화학물질을 연속적으로 측정하여 선도의 변화를 바로 확인하여 고급생선회용, 조리용 등으로 판정할 수 있다.

(2) 미각센서

식품의 기호성은 관능검사에 의해 조사되는데, 이 방법은 주관적인 것이며 결과에 개인 차가 나고 결과가 신속히 얻어지지 않는 결점이 있기 때문에 식품제조공정의 온라인 제어의 이용이 곤란하다. 따라서, 식품미각을 측정할 수 있는 센서를 개발하기 위한 연구가 더 한층 박차를 가하고 있다.

4. 효소의 산업적 응용 및 생산 기술 현황

1) 효소 이용현황

(1) 세계현황

효소는 1964년 IBU(International Union of Biochemistry)에 의해 추천된 효소 분류 당시 대략 600여 종이 알려져 있었으나, 현재 약 3,000여 종이 되며, 이 중 산업적으로 응용되고 있는 주요 효소는 150여 종이고, 산업용 효소는 60여 종이 활용되고 있다. 2000년의 산업용 효소 전체 시장은 약 15억 달러로 추산되며, 세제용 효소가 약 33%, 섬유용 효소가 14%, 전분당 관련 효소가 14%, 의약용 효소가 33%, 연구용 효소가 3%, 진단용 효소가 3%의 비율로 시장을 구성하고 있다.

산업용 효소 중 가장 큰 비율을 점하고 있는 세제용 효소는 alkaline protease가 주종이고, 그 외 cellulase, lipase, α-amylase 등이 있으며, 전분당 관련 효소는 glucose isomerase, glucoamylase, α-amylase, β-amylase 등이 있다. 전분당 관련 효소 이용성의 동향을 보면 1976년도 이후 glucose isomerase의 고정화 및 연속반 응에 의한 과당 생산이 이루어지면서 관련 효소인 내열성 α-amylase, glucoamylase, immobilized glucose isomerasem 등 효소 사용량이 증가되어 왔으나, 최근에는 효소 제품가격 경쟁 등으로 효소 제품 생산량은 증가하나 생산금액의 증가는 근소한 것으로 보인다. 그 외로 전분당 수율 및 품질을 향상시키기 위해 isoamylase, pullulanase, 미생물 기원 β-amylase, β-glucanase 등의 생산이 요구되고 있다.

세제용 효소에 있어서는 1971년 이후 alkaline protease가 세제에 사용이 시작됨 으로써 효소 첨가 세제의 생산량이 계속 증가되어 왔다. 최근에는 alkaline cellulase, lipase 등이 첨가되어 이들 효소의 사용량도 증가될 것으로 보인다.

유제품 제조용 효소들에 있어서는 동물 rennet를 대체할 미생물 milk clotting enzyme과 유당 분해 효소인 lactase도 더욱 개발될 것으로 보인다. 그 외 유지 제품 가공용 lipase, 생전분 분해 효소용 amylase 등도 생산이 필요시되고 있다.

특히 유전자 재조합기술을 이용한 효소 생산의 전통적 효소 생산시장에의 침투는 매우 빠른 속도로 이루어지고 있다. 예를 들면 치즈 제조용인 Chymosin은 유전자 재조합형이 1991년 Pfizer사에 의해 처음 시장에 나와서 현재 미국시장의 60%를 점유하고 있다. 세제용의 lipase는 전량 유전자 재조합 미생물로 생산되고 있는 상황이다. 유전자 재조합 기술의 가장 큰 장점은 생산 공정을 급격히 단축시킨다는 점으로 단백질 공학에 의한 효소 변이체의 개발을 가능하게 했다.

이 기술로 5~10년이 소요되는 재래식 효소개발이 1~2년으로 단축될 수 있다. 또한 유전자 재조합 발현 시스템과 결합된 단백질 공학 신효소 변이체를 가능하게 하며 생산 수준에 빨리 도달하도록 해 준다.

세제 효소 시장의 점유 현황을 보면 Novo Nordisk사(덴마크) 50%, Genencor Internatinal사(미국) 30%의 점유를 나타내고 있어 시장 양분이 예상되며 특히 Genencor International사가 최근 Gist Brocades사와 Solvay Enzyme사를 인수하면서 Novo Nordisk사를 빠른 성장세로 추격하고 있다.

(2) 국내현황

국내 효소 시장은 2000년 기준 약 400억 원 규모로, 의약용 효소시장이 200억 원으로 50%의 비중을 보여 가장 큰 시장을 형성하고 있으며, 세제용 효소가 65억 원으로 16%, 섬유가공용 효소가 60억 원으로 15%, 전분당 및 식품용 효소가 40억 원으로 10%, 피혁공업 및 환경용 효소가 35억 원으로 9%의 비중을 나타냈다.

국내 주류, 즉 탁주, 주정, 고량주용 효소를 제외하고는 거의 자유롭게 수입이 되어오고 있으며 수입은 주로 덴마크 Novo Nordisk사, 일본 Daiwa사와 Amano사, 미국 Genencor International사 등으로부터 있다. 2000년도 효소제제들의 수입량 을 보면 약 4,200만 달러로 계속 수입량이 증가되는 추세를 나타내고 있다.

국내 주류공업 중에서 탁주, 고량주는 주로 분곡, 곡자 형태의 효소제를 사용하여 왔고 지금도 분곡, 곡자와 국내 생산제품 glucoamylase를 병용하여 사용하고 있다. 주정 생산에는 1970년대 이전에는 액화과정은 산처리 공정,

당화공정은 분곡 혹은 glucoamylase를 혼합 사용하여 당화시킨 후 알코올 발효가 이루어져왔으나 현재에는 액화 공정에 α-amylase를 사용하고 있다. 이 분야에 사용되는 효소량은 금액으로 환산하면 약 20억 원 정도로 추정된다.

전분당 제조공업에서는 물엿, 포도당, 과당 등의 생산을 목적으로 효소들이 사용되어 왔다. 이런 전분액화 공정에 사용되는 α-amylase에는 70~80℃에 적합한 효소와 95~100℃에 적합한 효소가 있는데 각각 생산공정에 맞게 사용되고 있다. 당화에는 *Aspergillus niger*의 glucoamylase가 사용되고 있고 과당제조에는 immobilized glucose isomerase가 사용되고 있다. 이 공업에는 70~80℃로 사용되는 α-amylase를 제외하고는 전부 외국 효소제품에 의존하고 있다. 이 공업에 사용되는 효소량은 약 20억 원 정도로 추정된다.

세제공업에서는 효소첨가 세제가 1980년대 이후부터 국내 생산됨으로써 세제용 alkaline protease의 사용량이 급격히 증가되었다. 현재에 있어서 alkaline protease 외에 alkaline cellulase, lipase 첨가제품이 증가될 것으로 보인다. 이들 효소들은 전부 외국 효소제품으로 수입되고 있으며 수입량은 약 65억 원 정도로 추정된다.

제빵·제과공업에서 사용되는 amylase와 protease, 어류, 육류 가공에 사용되는 protease는 국내에서 생산된 효소들이 대부분이고, 섬유공업의 α-amylase와 cellulase, 피혁공업의 protease는 국내에서 생산되는 효소제와 외국에서 수입되는 효소제가 경쟁적으로 사용되고 있다. 동물 기원의 rennet는 유제품 가공용으로, pancreatin은 의약원료용으로 모두 외국에서 수입되며 식물기원인 papain은 맥주 공업에서, bromelain은 고기 연육소 혹은 의약 원료로서 사용되며, 외국에서 수입되는 효소들이다. 의약원료인 소염효소제 serratiopeptidase는 전부 국내 생산 제품이며 소화 효소제인 amylase, protease, cellulase, hemicellulase는 국내 혹은 수입제품이 경쟁적으로 사용되고 있다.

2) 산업용 효소의 새로운 응용

(1) 섬유가공

초기 섬유가공에 효소기술을 응용하는 분야는 amylase의 직물용 호발제, protease의 면 정련제로서의 사용이 대부분이었으나, 현재의 cellulase를 사용하여 면직물을 유연하게 변화시켜 고급화시키는 감량가공 처리공정이 보편화되어 섬유가공용 cellulase 수요가 증가하고 있다

섬유가공용 cellulase는 섬유소를 분해시켜 발효성 당으로 전환시켜 주며, 점도의 감소와 식물기원 제품의 추출 수율을 증가시킬 목적으로 이용하고 있는데, 특히 청바지 가공에 있어서 균일한 탈색 및 유연성을 증가시켜 주는 용도로 많이 사용되고 있다.

또한 면섬유는 cellulase를 주성분으로 하는 2차막과 2차막을 싸고 있는 peotopectin을 주성분으로 하는 1차막으로 구성되어 있는데 섬유의 염색성을 높이기 위해서는 1차막을 제거시키는 정련(精練) 공정이 필요하다. 현재는 고 알카리, 고온에서 행하고 있어 작업환경과 폐액처리 등의 문제점이 많은데 최근 일본에서는 효소에 의한 목면(木棉) 정련법이 개발되어 이러한 문제점들을 해결할 수 있는 길이 열렸다. 이 방법은 peotopectinase를 사용, peotopectin으로부터 pectin을 유리시키는 방법이다.

protopectinase는 세균, 효모 등에서 생산되지만, 그중에서도 *Bacillus subtilis*가 생산하는 protopectinase N과 C가 유효한 것으로 알려져 있다.

효소 처리에 의해 면사의 강도가 변하지 않으며 효소정련품이 화학 정련품에 비해 cellulase 처리에 의한 감량속도가 빠르다.

효소정련법은 환경을 오염시키지 않으며, energy 비용이가 낮고 섬유질이 부드러워지며, 섬유의 강도가 저하되지 않는다는 장점을 가지고 있다.

Genencor International사(South San Francisco, CA)의 Kathleen Clarkson 박사에 따르면 Genencor 연구원들은 현재 celluase system 여러 구성 성분들의 최적 이용 조건을 찾아냄으로써 부가적인 장점들을 현실화하고 있다고 얘기한다. 좀더 구체적으로 설명하면 cellualse system은 세 가지 유형의 효소들로 구성되어 있는데, 즉 cellulose polymer에 무작위적으로 작용함으로써 길이가 다양한 multiple chain과 solube oligosaccharide를 생성시키는 endo—glucanase(EGs), chain 말단에 작용하여 cellobiose와 glucose end produc를 생성시키는 exo—cellobiohydrolases(CBHs)와 soluble oligosaccharide에 작용하여 glucose를 생성시키는 β—glucosidases로 구성되어 있다.

이러한 세 가지 유형의 효소들은 미생물 종류에 따라 그 생화학적 특성과 작용 특성이 다양하기 때문에 cellulase system이 최적화되기 위해서는 세 가지

유형의 효소들이 가장 적당한 비율로 구성되어 있어야 한다.

최근 균주개량 기술과 다양한 분리 기술을 이용하여 소비자가 요구하는 특정 응용분야에 알맞게끔 cellulase system 구성 효소들의 비율을 변화시키는 노력이 기울여지고 있다.

(2) 세제 공업

세제 공업분야는 효소가 가장 많이 사용되는 분야이다. 소비자들에게도 또한 다른 어떤 생물 공학제품보다도 가장 친숙하게 접하는 제품인 것이다. protease는 세제에 가장 많이 사용되는 효소이며 혈액, 계란, 땀과 같은 단백질성 얼룩을 제거시킨다. Protease는 단백질을 soluble peptide와 아미노산으로 분해시키며 이 분해물들은 물에 쉽게 제거될 수 있다.

Poctor & Gamble사 biotechnology 부문 총책임자 Donn Rubingh 박사는 세제 성분에도 안정하게 작용할 수 있는 세제용 protease를 단백질 공학 기법을 이용해 개발하였다. 이러한 개발은 두 가지 측면에서 이루어졌다. 첫째는 효소와 surfactant 및 polymer가 존재하는 표면 사이의 상관관계에 대한 매커니즘을 개발하여 효소가 촉매작용을 더 잘하기 위해 덜 흡수되도록 하는 것이며, 둘째로는 calcium—insenstive protease를 개발 응용하는 것이다.

세제 성분인 builder는 calcium chelating 화합물이며 이 성분은 세정력 발휘에는 필수적인 것이다. 그런 성분은 효소 구조를 안정화시키는 효소 구조 내의 calcium ion과 결합함으로써 효소의 활성을 감소시키게 된다. Rubingh 박사는 substilisn BPN에서 calcium binding site의 4개 공유결합을 형성하는 loop를 제거시킴으로써 builder—intensitive protease를 개발하였다.

즉 단백질 공학 기법을 사용해 강력한 chelant가 고농도로 존재하는 용액에서도 안정한 proterase인 calcium—free BPN을 개발해 낸 것이다.

(3) 올리고당 생산

최근 trehalose의 효소적 합성법이 일본 林原과 기린 맥주에 의해 개발되었다. 개발된 효소법은 두 종류의 process로 이루어져 있는데 우선 새로 발견된 transferase에 의한 amylase 환원 말단 glucose 사이의 $\alpha-1$, 4 결합을 α, $\alpha-1$, 1 결합으로 바꾸어 주는 과정과 amylase 말단에 α, $\alpha-1$, 1 결합 glucose 2분자를 결합시켜 생성된 trehalose를 새로운 type의 amylase로 유리시키는 과정으로 이루어져 있다. 林原에서 신규효소인 trehalose 합성 효소를 발견하여 maltose를 trehalose로 전화시키는 기술을 개발하였다. 효소법에 의한 trehalose 제조공정은 제조경비를 절감시킬 수 있다. trehalose는 단백질과 당과의 갈변 반응을 일으키지 않으며, 보습력이 우수하고, 단백질 변성을 억제시켜 주는 기능을 가지고 있어 식품소재, 보습제, 의약용으로 용도 개발이 되고 있다. 또한 cyclodextrin(CD) α-CD(glucose 6개), β-CD(7개), γ-CD(8개) 3종류의 수요가 늘어나고 있는데 단백질 공학 기법을 이용해 cyclodextrin 합성 효소(CGTase)를 변이시켜 α, β, γ-CD를 각각 특이적으로 대량 생산시키는 기술이 개발되고 있다.

(4) 특수용도

Solvay Enzyme사 개발 연구부문 부사장인 Jau K. Shetty 박사는 기능성을 보유하고 있는 효소 생산 관련 생물공학기술과 산업적 응용에의 효소사용이 급속히 신장하고 있다고 하여, 전체 산업 효소의 80% 이상이 가수 분해 효소이고 자연 물질을 분해시키는 데 사용되고 있다고 말한다.

특히, Solvay사에서는 정밀화학 제품들 생산에의 효소 사용을 연구하고 있으며, 이러한 연구들로서는 isomaltooligosaccharide 생산에 사용되는 glucosyl transferase, fructosyl polymer 생산에 사용되는 frucotsyl transferase, gluconic acid 생산에 사용되는 oxidoreductase, L-malic acid 생산에 사용되는 fumerase, L-aspartic acid 생산에 사용되는 aspartase ammonia lyase 등이 있다.

isomaltooligosaccharide(IMO)는 비발효성, 탄수화물(bulking agent), Bifidus growth factor(건강식품), 신선도 유지제(제빵)로 사용된다.

최근 일본 경도대와 Suntory사에서는 사상균 *Arthromyces ramosus*와 *Coprinus cinereus*가 생산하는 proxidase를 개발하였는데, *A, ramosus*와 peroxidase(ARP)는 분자량 41 kDa, 등전점 3.4의 당 단백질로서 1분당 1분자의 protoheme IX를 가지고 있다. peroxidase는 수소공여체로서 고감도 색소전구체를 사용하기 때문에 임상 분석에 널리 사용될 수 있다. ARP는 특히 luminol에 대해 반응성이 높기 때문에 Suntory사에서는 ARP에 의한 luminol 화학 발광을 응용한 분석 방법을 개발하였다. 미생물 기원 peroxidase는 임상 진단용 효소 외에도 공업용 효소로서도 용도 개발이 이루어지고 있는데 최근 주목받고 있는 것은 세척 시 탈색 방지를 목적으로 세제용 효소로 이용되는 것이다. Peroxidase는 의류에 염색된 색소에는 작용하지 않지만, 세척 중에 유리된 색소에는 작용하여 탈색시키는 것이다. 또한 공장

폐수에 함유되어 있는 phenol, chloro화 방향족 화합물, 발암성 방향족 amine류 등의 제거와 phenol 수지 합성 및 pulp 폐약의 탈색에도 사용이 검토되고 있다.

3) 최근 개발되고 있는 효소 생산기술

단백질 공학 기술을 이용해 산업적인 특성 욕구에 알맞은 새로운 효소가 개발되고 있다. 효소가 다양한 산업 분야에서 그동안 사용되었던 화학물질과 대체됨으로써 더 안전하며, 공해가 적으며, 에너지가 적게 들게 되었다.

미국 Novo Nordisk사의 oxidoreductase 개발 책임자인 Joel R. Cherry 박사에 따르면 Novo Nordisk사는 산업적 응용을 목적으로 다음의 세 가지 유형의 연구를 수행하고 있다고 한다. 즉, 자연에서 분리한 효소를 지속적으로 screening 하는 연구 및 효소의 구조를 변형시키는 연구와 돌연변이를 유발시키는 연구 등을 하고 있다고 하며 이를 통해 가장 경제적이며 효과적으로 효소를 생산할 수 있다고 한다.

Cherry 박사에 따르면 Novo Nordisk사는 자연계에서 분리된 세제성분에 불안정한 효소를 고알칼리(pH 8.5~10) 영역에서도 안정하도록 성공적으로 변이시켰다고 하며, 특정 아미노산을 교체시키는 것과 같은 단백질 공학 기술은 Robotic assay system을 도입시킴으로써 더욱 효과적으로 이용될 수 있게 되었다고 한다.

최근에 새롭게 진행되고 있는 효소 생산 기술 두 가지를 소개해 본다.

(1) 사상균 고발현 숙주의 개발

*Aspergillus oryase*는 양조 공업에서 오랫동안 안전하게 사용되어 온 곰팡이로서 효소 분비능이 우수하여 진행 생물 유전자의 고발현 숙주로서 이용되고 있다. 발현 plasmid는 목적 효소의 구조 유전자를 take-amylase의 promotor와 *A. niger* 유래 glucoamylase의 terminator 사이에 삽입시킨 것이다.

한편 *Trichoderma reesei*의 고발현 system도 개발되어 있다.

(2) 발현 cloning법 확립

사상균은 여러 종류의 효소 혹은 isozyme을 분비, 생산하는 경우가 많아 배양액에서 효소를 분리 정제하는 것은 대단히 어려운 일이기 때문에 일반적으로 복합 효소계로 사용된다. 이 문제를 해결하기 위해 개개의 유전자를 분리하여 발현시키는 기술이 개발되었다. 이 기술은 *Saccharomyces cerevisiae* 유전자의 발현 능력과 고감도 효소 활성 측정법을 조합시킨 것으로서 사상균 효소 유전자를 효율적으로 분리시키는 방법이다. 발현 cloning법은 *E. coli*를 이용한 사상균 cDNA library 작성, 효모에 도입시켜 활성 clone을 선택, 사상균 *A. oryzae*를 이용한 대량생산 등 세 가지 process로 이루어져 있다. 종래에는 사상균 효소의 경우 복합계로서 많이 이용되었지만 최근 개발된 방법으로 단일 효소 성분 (mono component)의 생산이 가능해졌다. mono component 효소의 특징으로서는 낮은 비용으로 생산이 가능하고, 필요한 반응에만 촉매 역할을 하도록 활성 조절이 가능하며, 필요한 작용을 조합시켜 사용할 수 있기 때문에 종래의 복합 효소에서 얻지 못하던 효과를 기대할 수 있게 되었다. cellulose 분해계 mono component는 세제 혹은 섬유의 개량을 목적으로 용도 개발이 되고 있다. 현재 pectin 분해계 mono component를 이용한 주스, 잼 등의 새로운 제조법이 검토되고 있다.

5. 식품공업에서의 효소의 이용

1) 서 론

식품산업에서 효소는 전통적으로 원료의 생산, 저장 및 최종제품의 생산에 이르기까지 직접적으로나 간접적으로 큰 역할을 하고 있다. 농산물, 축산물 및 수산물과 같은 식품 원료의 생산에 있어서 육종이나 식물조직배양에 의한 품질개량은 바이오테크놀로지라는 용어가 나오기 전부터 행하여졌지만, 최근 유전공학이나 분자생물학의 발달로 생체 내에서의 효소에 의한 생합성의 기작을 규명하고 조작함으로써 우리가 원하는 물질을 양산할 수 있다는 것을 알게 되었고 실제로 이와 같은 시도를 하고 있다.

식품의 저장 중 식품 내에 존재하는 효소에 의하여 품질의 저하를 일으키는 예는 표 4 - 8에서 보는 바와 같으며 이와 같이 어떤 식품에서 품질의 저하를 일으키는 효소가 다른 식품에서는 오히려 품질향상(표 4 - 9)에 관여함에 따라 이 효소들을 식품가공에 이용하려는 연구가 이루어지고 있다. 예를 들면, 우유 내의 리파제는 산패취(rancidity)를 유발하기 때문에 우유 가공 시 가능한 한

표 4-8 Undesirable activities of endogenous enzymes in foods

Enzyme	Sources	Effects
Alliinase	Onion	Bitter flavor
Carbon－sulfur lyase	Yeast	Excess hydrogen sulfide in beer and wine
Lipase	Milk	Rancidity
Lipoxygenase	Legumes, cereals	Off－color, off－flavor
Polyphenol oxidase	Fruits, vegetables	Off－color, off－flavor
Proteases, lipases	Fish tissue	Autolysis
Trimethylamin demethylase	Fish tissue	Toughens tissue
Trimethyl－N－oxide reductase	Fish tissue	Overly fishy
Xanthine oxidase	Milk	Oxidative rancidity

표 4-9 Desirable activities of enzymes in foods

Enzyme	Sources	Effects
Alliinase	Garlic, onion	Characteristic odor
Collagenase	Beef	Tenderizer
Myrosinase	Mustard, cabbage, cress	Pungent taste
Lipoxygenase + Aldehyde lyase + Alcohol dehydrogenase + Aldehyde oxidase + Esterases	Fruits, vegetables	Volatile flavor Compounds: Acids, alcohols, Aldehydes, Ketones, esters
Polyphenol oxidase	Cocoa, coffee, tea	Desirable color and aroma

불활성화를 하여야 하나, 치즈 제조 시에는 이 효소를 첨가함으로써 오히려 치즈의 향미를 향상시키므로 좋은 영향을 미칠 수 있다. 이와 같이 이중역할을 하는 효소는 많으며 이들 중 몇 개의 예를 들면 표 4-10과 같다. 또한 식품의 내재적인 효소는 아니지만 가공 시 그 식품에 우발적으로 오염된 미생물의 효소에 의하여 품질이 저하되는 경우와 김치나 치즈의 경우와 같이 선택적으로 나타나는 특정균의 효소에 의한 변화는 그 반응의 특성이 완전히 파악되어 있지 못하며, 동시에 반응을 인위적으로 조절할 수 없다는 점에서 여러 가지

표 4-10 Dual role of enzymes in food and use of exogenous enzymes to eliminate undesirable enzymatic products in foods

Undesirable effects	Enzyme type	Traditional/conventional food enzymes
Baking defects, unstable starches	Carbohydrase	Starch conversion to glucose, fructose, maltose etc., Conversion of cereals to fermentation substrate, Modification of flours
Considered to cause rancidity	Lipase	Modification of fat systems, Induction of flavor
Defects in flavor and texture of processed fruit and vegetables	Pectinase	Increased yields in wine and juice processing, Increased color in red wine
Loss of functionality, generation of bitter peptides	Proteinase	Hydrolysis of proteins for modification of functional properties and solubility, Possible production of hydrolyzates with specific flavors from fish, meat, yeast etc. Accelerated ripening and production of cheese, Bitterness removal from high protein
	Aldehyde oxidase	Removal of soybean off—flavors
	Caffeinase	Decaffeination of coffee
	Diacetyl reductase	Off—flavor reduction of beer
	Limoninase	Bitterness elimination from citrus juice
	Ribonuclease	Reduction of fish odor
	Sulfhydryl oxidase	Off—flavor reduction from UHT milk
	Urease	Removal of bitterness from shark meat

어려운 점이 있기는 하나, 품질저하의 원인이 되는 효소의 이용이나 억제라는 측면에서 앞으로 계속해서 연구를 하여야만 할 것으로 생각한다.

한편, 식품공업에서의 효소의 이용에 있어서 야기되고 있는 문제점은 표 4 - 11에서 보는 바와 같다.

표 4-11 Problems facing the use of enzymes by the food industy

Control of endogenous enzyme activity

Identification of new enzymes for processing or diagnostics

Production of sufficient quantities of enzyme at reasonable cost

Requirements for enhanced thermostability or thermolability

Requirements for modified substrate or effector specificity

2) 식품공업 관련 효소의 이용 현황과 시장성

현재까지 알려진 효소의 종류는 2,100여 종이 되지만, 실제로 공업적으로 생산이 가능한 것으로 알려진 효소는 20~30종에 불과하며(표 4 - 12), 주로 곰팡이, 세균 및 효모 등의 미생물과 식물로부터 추출한 효소이다.

연간 매출액이 미화로 50만 달러 이상 되는 16개의 중요한 효소의 연간 매출액은 1980년에 3억 달러이었고, 1986년에는 22개의 효소의 경우 4억 달러로서, 이 분야 전문가들은 원래 예측하였던 매출액보다 훨씬 낮은 것으로 결론을 내렸다. 그들에 의하면 그 이유로서 근래에 대두된 바이오테크놀로지 붐에 의하여 여러 회사들이 효소제조분야에 참여하였으며, 이로 인한 심한 판매경쟁 때문에 그 판매가격이 5년 사이에 거의 반으로 하락이 되었기 때문이라고 주장하고 있다. 즉 1980~1981년 사이에 내열성 아밀라제, 글루코 아밀라제, 글루코 이소머라제 등의 효소를 이용하여 고과당시럽(HFCS) 제조 시 톤당 12달러이던 것이 1986년에는 6~7달러 정도밖에 되지 않으므로 효소의 소비량은 증가하였으나 실제 판매액은 예상보다 증가하지 않았다는 것이다. 또한, 미국의 시장조사 연구 회사인 Frost & Sullivan에 의하면 식품관련 효소의 판매액은 미국 내 17개의 식품관련 효소의 연간 매출액이 1988년에 2.161억 달러이던 것이 1993년에는 2.860억 달러가 될 것으로 예상하였으며 이 중에서 탄수화물 분해효소(carbohydrase)가 주종을 이루며(53.4%), 1998년에 1.16억 달러어치가 판매되었고 2003년에는 1.45억 달러 어치가 판매될 것으로 예측하였다.

공업용 효소의 세계적 생산량을 보면 1985년에 75,000톤이었고 이 생산량의 60%는 단백질 분해효소이고, 30%는 탄수화물 분해효소이며, 3%가 지방질

표 4-12 공업적 생산 가공한 효소

α-amylase	β-amylase	Amyloglucosidase
β-glucanase	Pentosanase	Cellulase
Hemicellulase	Pectinases	Lactase
Glucose isomerase	Alkaline proteinases	Neutral and acid proteinases
Microbial rennets	Invertase	Glucose oxidase
Lipase		

표 4-13 효소의 분야별 이용도

	Commodity	Specialty
Food applications including starch, sweetners, cheese, brewing, fruit, vegetables, baking and confectionary	40%	15%
Industrial applications including laundry detergents, paper, leather	35%	5%
Animal feed/agriculture	3%	2%

표 4-14 효소생산 회사

	Market Share (%)
Novo Industi (Denmark)	35~40%
Gist-Brocades (Netherlands)	15~20%
Miles Laboratories (U.S.)	5~10%
Hansen (Denmark)	5%
Sanofi (France)	5%
Finnish Sugar (Finland)	5%
All others	15%

분해효소로 93%가 가수분해효소라고 볼 수 있다. 나머지 7% 정도가 제약용과 분석용 특수 효소로 이용되고 있는 실정이다. 또한 이들 효소의 분야별 이용도를 보면 표 4 - 13과 같다. 이 표에서 보는 바와 같이, 식품공업에서는 전체 효소 생산량의 55%를 이용하고 있으며 동물사료나 농업분야까지 합치면 60%의 효소를 이용하는 것으로 알려져 있어 식품공업에서의 효소이용 비중이 큼을 알 수 있다. 한편, 이들 효소의 생산을 회사 및 나라별로 보면 표 4 - 14와 같다.

즉 Novo(덴마크), Gist Brocades (네덜란드), Miles Lab.(USA) 등 3회사가 전 세계 시장의 50~70%를, Hansen (덴마크), Sanofi (프랑스), Finnish Sugar (핀란드) 등이 15%, 나머지 15% 정도는 40여 개의 미국, 일본, 서독, 스위스, 영국 등 세계 각국의 군소회사들이 접하고 있는 실정이다. 국내에서도 바이오랜드 등 몇 개 회사가 규모는 작지만 효소 생산을 하고 있다. 한편 생산량이나 판매액으로 봐서 중요한 효소로는 아래에서 보는 바와 같이 4개로 분류할 수 있다.

① 주로 세탁 시 얼룩을 제거하기 위하여 합성세제에 넣어 이용하는 단백질 분해효소로, 전 시장의 25%를 점유한다.
② 시럽 제조나 알코올 제조에 이용하는 당화효소로, 전 시장의 20%를 점유한다.
③ 우유가공이나 치즈제조 등 낙농공업에서 이용하는 레닌으로, 전 시장의 10~15 %를 점유한다.
④ 이외에 포도주나 과일 쥬스 등의 청정을 위한 펙티나제(pectinase), 지방질 분해 효소, 맥주의 혼탁을 방지하는 파파인과 제과용 자당 전화효소 (invertase) 등이 그 나머지의 시장을 점하고 있다. 미국의 경우, 1988년에 2.161억 달러 어치의 식품관련 효소를 생산판매하였다는 것은 전술한 바와 같거니와, 이 중 탄수화물 분해효소(carbohydrase)는 판매액 기준으로 53.4%, 단백질 분해효소(protease)는 41.5%, 지방질 분해효소(lipase)는 3.7%, 산화환원 효소(oxidoreductase)는 1.4%이었다.

3) 효소이용 공정

현재 상업적으로 판매가 되고 있는 효소의 종류는 표 4 - 12에서 이미 설명하였거니와, 이들 효소를 이용하는 전형적인 식품가공 분야는 표 4 - 15에서

보는 바와 같다. 식품공정에서 효소를 이용하는 목적은 표 4 - 16에서 보는
바와 같이 식품의 조직감, 모양, 영양가, 맛, 냄새 등을 조절하거나 제조 공정
중 점도의 강하, 추출의 용이성, 생 전환 및 합성, 기능성의 변화를 부여하기
위하여 식품가공 공정을 거치는 동안 첨가하게 된다.

물론 최종제품의 품질은 효소에만 의존하는 것이 아니고 다른 가공 조건도
고려하여야 하며, 대부분의 식품은 그 구성 성분이 매우 복잡하기 때문에
소비자가 원하는 식품을 만들기 위하여서는 오랜 경험과 과학적인 지식이
필수적이다. 효소를 이용한 공정의 대표적인 예들을 간단히 기술하고자
한다.

표 4-15 효소를 이용하는 식품산업분야

Starch processing	Whey utilization
Flour treatment	Egg concentrate
Sugar syrups	Flavors and colors
Beer, spirits, vinegar	Protein modification
Cheese making	Hydrolyzed vegetable protein
Confectionary	Dietary and convalescence foods
Baking	Soft drinks
Fruit and juice	

(1) 제빵 및 제과

제빵 및 제과 공정에서는 아밀라제나 단백질 분해효소를 이용하여 밀가루내
의 전분과 단백질인 글루텐을 가공하게 되는데, 밀가루 내의 아밀라제나 외부로
부터 첨가한 아밀라제에 의하여 부분적으로 가수분해된 전분을 60~65℃에서
젤라틴화(gelatination)하는 과정에서 효소를 불활성화시키는 동시에 빵의 부피
를 증가시키고 크러스트(crust)의 색깔 및 크럼(crumb)을 형성시키며 노화방지
(antistaling) 특성을 증가시키게 된다.

ascorbate, potassium bromate, emulsifying fat, baker's yeast, 콩가루(soy flour)
등을 강화시킴으로써 가스 생성, 반죽(dough) 내의 가스 유지, whitening이나
browning 등을 증가시킨다.

표 4-16 식품공정에서 사용하는 효소

Enzyme	Class[1]	Source[2]	Substrate	Function
aminoacylase	H	B	D,L—amino acids	L—amino acid production
α—amylase	H	B, F, P	starch	liquefaction to dextrins, brewing, proper volume in baked goods, confectionery
β—amylase	H	P	starch	maltose production brewing, proper volume of baked goods
anthocyanase	H	F	anthocyanine glycoside	decolorization of juice/wine
catalase	OR	F, M	hydrogen	milk sterilization, cheese making
cellobiase	H	F	cellubiose	ethanol production, juice clarification, extraction processes
cellulase	H	F	cellulose	ethanol production juice clarification, extraction processes
cysteine	H	B	β—chloro—L—alanine + sodium sulfide	L—cysteine synthesis
glucoamylase	H	F	dextran	degradation to glucose
D—glucose isomerase	I	B	D—glucose	high fructose corn syrup
D—glucose oxidase (catalase)	OR	F	D—glucose, oxygen	flavor and color, preservation in eggs and juices
hemicellulase	H	B, F	hemicellulose	clarification of plant extracts
hesperidinase	H	F	hesperidin glycoside	juice clarification
hydantoinase	H	B	hydantoins of D—amino acids	D—amino acid production

			in D, L mixture	
invertase	H	Y	sucrose	production of invert sugar, chocolate manufacture
lactose	H	F, Y	lactose	glucose production from cheese whey, improve milk digestibility
lipase	H	B, F, M	lipid	cheese ripening, chocolate manufacture, modify milk fat for sausage curing
lipoxidase	OR	P, F	carotene	bleaching agent in baking
melibiase	H	F	raffinose	improve sucrose, production from sugar beets
naringinase	H	F	naringin glycoside	juice debittering
pectinase	H	F	pectin	wine/fruit juice clarification, viscosity reduction in fruit processing, coffee and tea processing
protease	H	F, M, P B, F, M B P M B B	protein protein casein protein protein protein protein protein amylopectin	meat tenderizer, condensed fish solids, cheese making dough, conditioner sausage curing beer haze removal peptone manufacture soy sauce manufacture beer production, beer haze removal, improve glucose and maltose production
L—tryptophanase	H	B	indole + serine, pyruvic acid + NH_4^+	L—tryptophan or indole production

1) H : Hydrolase, OR : oxidoreductase NH_4^+
2) B : bacteria, F : fungi, M : mold, P : plant, T : yeast

또한 일본 연구자들은 밀가루 내에 있는 인지방질을 포스포리파제에 의하여 개질을 함으로써 제빵에 응용하는 기술을 3가지 개발하였다. 즉 첫 번째 approach 는 밀 중에 있는 인산지방질을 포스포리파제 A_2에 의하여 활성화함으로써 제빵용 밀가루의 반죽 적성과 비용적, 구조 및 굳기 등에서 빵의 품질을 향상시켰고, 두 번째 approach는 대두 레시틴(lecithin)을 포스포리파제 D와 A_2로 연속적으로 처리하여 얻은 lysophosphatidic acid를 밀가루에 0.2% 첨가함으로써 빵 생지 물성의 품질 개선은 물론 빵의 품질을 개선하였고, 세 번째 approach로는 밀가루 중의 글루텐과 포스포리파제 A_2 와 D에 의하여 개질된 레시틴을 결합시킨 결합체(활성화 글루텐)를 밀가루에 첨가함으로써 반죽의 혼합시간을 단축하고 빵 생지의 안정성을 높이고 빵 생지의 취급과 기계 적성을 용이하게 하였으며 빵의 부피와 유연성을 향상시키는 등 괄목할 만한 품질 개선을 할 수 있다고 보고하고 있다. 이 활성화 글루텐은 건강상의 이유(고섬유질 식품)로 정제된 밀가루보다는 밀 전체를 빵의 원료로 이용하는 경우 보통의 글루텐을 첨가 보충하는 대신 활성화 글루텐을 첨가함으로써 빵의 품질을 크게 개선할 수 있다.

비스켓이나 크래커 등을 제조하는 제과 공정에서는, 글루텐에 의한 영향이 나타나지 않도록 하기 위하여, 글루텐 함량이 적거나 L-cysteine hydrochloride 등에 의한 변형 글루텐(modified gluten), 단백질 분해효소를 사용한다. 기타 필요에 따라 발효성 당(fermentable sugar)의 양을 증가시키기 위하여 아밀로글루코시다제(amylo-glucosidase), 노화방지를 증가시키기 위하여 내열성 α-아밀라제, 그리고 셀룰라제, 헤미셀룰라제, 글루카나제, 펜토사나제 등이 사용될 수 있으나, 아직 이들의 이용에 관한 연구는 초기단계이며 다른 품질에 악영향을 줄 가능성도 있으므로 세심한 주의가 필요하다.

(2) 양조공업

양조공업에서 이용되는 효소는 곰팡이나 세균으로부터 얻은 여러 종류의 아밀라제, 아밀로글루코시다제, 글루카나제, 단백질 분해효소를 이용하며, 풀루라나제(pullulanase), 펜토사나제(pentosanase) 등은 밀, 수수 등을 보조원료로 사용할 경우 이용한다. 양조공업은 오랜 전통을 가진 공업이지만 새로운 원료 등을 이용하는 경우에 여과를 원활하게 하고, 몰트의 개량과 저칼로리 맥주 등의 제조를 위하여 위와 같은 여러 종류의 효소를 이용한다.

(3) 낙 농

우유를 가공하는 낙농공정은 치즈 생산과 발효 낙농제품 생산(발효유 및 유산균 음료, 고형 요거트)으로 구분되며, 효소를 이용하는 공정으로는 치즈 생산과 감미료 제조를 위한 공정, 그리고 살균제인 H_2O_2를 제거하는 공정을 들 수 있다.

① 치즈제조 공정(레닌)

치즈제조 공정을 사용하는 효소는 송아지의 제4위(abomasum)에서 추출한 레닌, *Mucor miehei*, *M. pusillus* 및 *Endothia parasitica* 등에서 얻은 미생물 레닌(rennet)과 Genencor사, Genencor사, Genex사, Dairyland Food Lab. 등에서 유전공학적으로 개발한 chymosin 유도체와 Cell Tech사에서 송아지 chymosin을 효모, 대장균에 클론하여 생산한 효소들이 있으며 6초에서 15초간의 pasteurization 처리 후에도 활성을 나타내는 효소들을 개발하고 있다. 또한 앞에서 언급한 바와 같이, 소량의 리파제를 첨가하여 치즈의 맛을 향상시키기도 한다.

② 감미료 제조공정(유당분해 효소)

치즈공정의 부산물인 유당을 유당분해효소[lactase(β—galactosidase)]로 분해하여 감미료로 이용하려는 연구가 1970년대 중반의 설탕가격 파동 때 시도되었으나, 그 후 설탕 가격의 하락으로 주춤한 상태이지만, 아직도 whey의 이용, 아이스크림이나 농축 밀크의 장기 저장 시 볼 수 있는 유당의 결정화 방지, 맛 성분을 첨가한 음료수의 제조 등에서 활발한 연구가 진행되고 있다. 유당분해 효소 생산 균주는 효모인 *Kluyveromyces fragilis*, *K. lactis*, 곰팡이인 *Aspergillus niger* 및 *A. oryzae* 등이며, 생물반응기로는 회분식과 유리 담체에 고정화한 효소를 이용한 연속식 반응기와 cellulose acetate fiber membrane에 의한 연속식 반응기에 관한 연구가 있다.

③ H_2O_2 제거 공정(catalase)

우유의 살균 시 H_2O_2를 첨가하는데 살균이 끝난 후 이를 제거하기 위하여 *A. niger*에서 얻은 catalase를 이용한다. 이 효소는 pH 6.5~7.5 와 5~45 ℃에서 H_2O_2를 물과 산소로 분해하지만, 치즈생산에서 아미노산의 산화와 단백질의 생물값(biological value)을 감소시킬 우려가 있기 때문에 주의를 요한다.

(4) 단백질 가수분해물(hydrolysate) 가공 공정

오늘날 이용되고 있는 여러 종류의 미생물 유래의 단백질 분해효소의 특성은 표 4-17에서 보는 바와 같다. 단백질 식품가공 공정에 있어서 단백질 분해효소의 선택은, 공정에 맞는 pH나 온도뿐만 아니라 그 효소의 기질 특이성도 고려하여야 한다. 보통 단백질의 변형을 위하여 효소를 이용하는 이유는 그 단백질의 기능성을 바꾸거나, 부산물의 이용, 혹은 단백질 값(protein value)을 높이는 데 있다.

거품형성능, 유화성, 용해도 등의 기능성은 조건을 잘 조정하면 효소를 이용하여 향상시킬 수 있다.

이때 중요한 것은 기능성은 peptide의 사슬 길이에 따라 변한다는 것이고 이때 발생하는 문제점은 단백질 분해와 함께 그 분해물질에 쓴맛이 생성된다는 것이다. 이 쓴맛은 사슬이 짧은 소수성 peptide 때문에 생성되는 것으로 알려져 있다. 이를 제거하기 위하여 plastein을 만들 수도 있으나, 이는 공업적으로는 아직 불가능하고 다음과 같은 3가지 방법을 이용한다.

① soft drink 강화 목적으로 첨가한 수용성 가수분해물 내의 단백질 분해효소를 불활성화시키기 위하여 유기산을 첨가하거나, 회복기에 있는 환자나 소화장애 환자를 위한 카제인 가수분해물 식품에 인산을 첨가함으로써, 쓴맛을 masking하는 방법이다.
② 크리마토그래피나 용매추출을 통해 쓴맛을 제거할 수 있으나 공정이 비싸다.
③ 쓴맛과 가수분해도(degree of hydrolysis)의 관계는 쓴맛이 많이 나기 전에 가수분해 반응을 종식시키거나, 특수한 분해효소를 이용하여 쓴맛의 생성을 미리 방지하는 방법들이다.

단백질 가수분해물을 가공하는 공정에 이용되는 원료 단백질은 여러 가지가 있으나 그중 몇가지 예를 보면, 쇠고기나 쇠고기 부산물, 콩과 같은 식물성 단백질, 도살장에서 나오는 소의 피(blood)와 같은 부산물의 이용 등이며, 두유제조 시 단백질 분해효소를 이용하면 더 많은 단백질을 추출할 수 있고 고형물도 증가하는 것으로 알려져 있다. 이 공정에서 효소분해 시간이 너무 길면 쓴맛이 나므로 주의해야 한다. 일본 식품산업 바이오리액터 시스템 기술 연구조합의 프로젝트의 하나로 수행한 연구에서는 우유단백질을 단백질 가수분해 효소로 분해하여 용해성, 유화성, 기포성이나 소화 흡수성과 같은 기능 특성이 있는 새로운 식품을 만들었으며, 효소분해에 의하여 생성되는 아미노산이나 peptide의 정량을 위하여 바이오센서를 개발하였는 바, 측정 감도가 높고 재현성이 우수하였다.

표 4-17 미생물유래 단백질분해효소 특성

Enzyme	Source	pH Optimum	Temp(℃) Optimum	No. of bonds cleaved
Fungal (acid)	*Aspergillus saitoi*	2.4~4.0	45	9
Fungal (alkaline)	*Aspergillus oryzae*	4.5~7.0	45	9
Fungal (alkaline)	*Aspergillus oryzae*	8~9	45	5
Fungal (milk coagulant)	*Mucor miehei*	—	55	2
Bacterial (neutral)	*Bacillus subtilis*	5~7.5	50	6
Bacterial (alkaline)	*Bacillus licheniformis*	8~9	55	7

(5) 시럽(syrup) 제조 공정

시럽은 전분을 산이나 효소를 이용하여 가수분해하여 제조하는데, 주로 효소를 이용하여 제조하고 있다. 그 이유로는 효소를 이용하면 높은 특이성(specificity), 부산물 생선의 감소, 높은 수율, 가공조건의 온화함 등으로 제조 원가를 최소화할 수 있기 때문이다.

제과 및 제빵, 양조, 알코올 생산에도 널리 사용되지만 당뇨병 등의 환자를 위한 대체 감미료로 사용되는 시럽은 그 자체로도 산업성이 있다. 표 4 - 18의 응용 예에서 보는 바와 같이 시럽은 포도당, 과당, 말토스 등의 혼합물이며, 식품공업의 특정한 요구에 따라서 그 목적에 맞게 임의로 여러 종류의 시럽을 제조할 수 있다.

전분의 당화공정은 크게 나누어서 액화(liquefaction), 당화(saccharification), 이성화(isomerization) 등이 있다. 각 공정에 이용되는 효소의 종류는 표 4 - 19에서 보는 바와 같다.

표 4-18 전분당제조에 사용되는 효소와 식품산업분야

Confectionary	High conversion syrup	High sucrose replacement level possible Less hygroscopic products Better viscosity profile
	High maltose syrup	Moisture and texture control in soft confectionary
Soft drinks	High fructose syrup	Sweetness value similar to sucrose Stabilization of the flavor profile during shelf—life
Canning	Maltodextrins and low conversion syrup	Viscosity profile of canned sauces or similar products (bodying)
	High fructose conversion syrup	Bodying and sweetness in fruit canning
	High fructose syrup	Sweetness balance
Baking	High maltose and high conversion syrups	Moisture retention and color control in finalproduct
	Total sugar and crystalline glucose (dextrose)	Dough properties and crust caramelization
	High fructose syrup	Frosting, filling snacks
Jam and jellies	High conversion syrup	Viscosity and osmotic high fructose syrups profiles Sweetness and color balance
Brewing, cider wine making	High conversion syrup	Control of fermentation via balance fermentable sugar spectrum
	High glucose (dextrose) syrup	High percentage of fermentable sugars (97+)
Ice cream	High maltose and high conversion syrups	Control of softness and freezing characteristies
	High fructose syrup	Sweetness control
Baby food— dietetic food	Maltodextrin	Low fermentability, but high in digestible carbohydraste
	Crystalline glucose (dextrose)	Instant energy source

Note : Besides in the food industry, syrups and crystalline glucose(dextrose) have applications also in the pharmaceutical and chemical industries.

표 4-19 전분당화에 이용되는 효소

공 정	생성물	효 소
액화	Malto dextrin	α-아밀라제(*B. amyloliquifaciens*와 *B. lichenformis*)
당화	Maltose (비환원말단의 α-1,4-glucosidic bond의 가수분해)	β-아밀라제 *A. oryzae*의 α-아밀라제
	Glucose (비환원말단의 α-1,4-glucosidic bond의 가수분해)	*A. niger*의 글루코 아밀라제
	α-1,6-glycosidic bond의 가수분해	*B. acidopullulyticus*의 *pullulanase*
이성화	glucose → fructose	*B. coagulans*의 glucose isomerase

(6) 포도주와 주스의 제조 공정

과실에는 pectin이 헤미셀룰로스와 함께 과실 세포를 결합케 하여 과실의 조직을 형성하고 있는데, 포도주나 주스의 제조공정 중에 높은 점도 때문에 가공 중에 거치는 여과에 문제가 있고, 높은 혼탁도 때문에 품질에도 영향을 미친다. 이들 문제를 해결하기 위하여 pectinase를 이용하는데, 이 효소는 galacturonic acid의 카르복실기와 메틸 그룹 사이의 에스테르 결합을 절단하는 pectin 에스티라제와 galacturonic acid 사이의 α-(1-4) 결합을 가수분해하는 가수분해효소(hydrolase)와, 결합물을 첨가하지 않고 절단하는 transeliminase 등의 복합효소이다. 완전히 익지 않은 과실에는 약간의 전분이 존재하는데 이를 제거하지 않으면 pectin의 경우와 마찬가지로 공정 중 여과 문제가 생기고 최종 제품을 탁하게 만든다. 따라서 전분을 제거해야 하는데 이때 글루코아밀라제를 이용하면 pectinase 중의 한 성분으로 존재하는 β-글루카나제도 여과문제와 포도주나 주스의 현탁도를 줄이는 데 기여한다.

(7) 폐수처리 공정

반응의 특이성 때문에 부산물의 생성이 비교적 적은 효소 반응에서는 폐기물이 적으나 일반적인 식품공업에서는 다량의 폐기물이 발생하며, 이들의 처리를 위하여 lactase, protease, polysaccharidase 등이 이용된다. 즉 치즈, 카페인, cottage cheese, whey protein 제조공정에서 발생하는 whey를 처리하기 위하여 lactase를,

생선이나 육류가공 공장에서 발생하는 폐기물을 처리하기 위하여 단백질 분해 효소를, 그리고 과일, 채소, 어패류 등의 처리과정에서는 polysaccharidase를 이용한다. polysaccharidase를 이용하는 경우에는 처리 대상 물질에 따라 다음과 같은 효소를 이용한다.

표 4-20 폐기물 종류에 따른 적용 효소

효 소	응 용
Pectinase	과일, 채소
Amylase	곡물, 쌀
Cellulase	곡물, 과일, 채소
Mannanase	커피
Hemicellulase	커피, 곡물, 과일, 채소
Chitinase	새우 등 어패류

4) 식품첨가제 생산에서의 효소의 이용

위에서 보듯이 식품가공 공정에 효소를 이용하는 것 외에도 malic acid, succinic acid, tartaric acid 등과 같은 유기산의 제조, 5´-IMP나 5´-GMP와 같은 핵산계 조미료의 제조, 아스파탐, stevia의 쓴맛 제거 등 새로운 감미료의 제조, 아스파탐의 원료가 되는 페닐알라닌, 트립토판 등의 아미노산의 제조와 flavor와 fragrance 의 제조에 효소를 이용한다.

5) 전 망

식품공업에서의 효소이용 기술은 갑자기 대두된 것이 아니고 오래전부터 서서히 식품공업의 중요한 하나의 부분으로 발전해 왔다. 1940년 전만 하더라도 주로 품질에 나쁜 영향을 주는 식품내재 효소들(endogenous enzymes)의 불활성화 에 연구의 초점이 맞추어졌으며, 실제로 식품원의 생산이나 식품가공에 본격적 으로 외래 효소(exogenous enzymes)를 이용하기 위한 연구는 1940~1970년에 이루어졌다. 이러하던 것이 1970년대에 들어와서 고정화 효소반응기가 개발되

표 4-21 효소 및 식품첨가물에 대한 유전공학기술연구

Category	Example	Reference[1]
FOOD PROCESSING ENZYMES		
Starch processing	α−Amylase β−Amylase Glucoamylase Glucose isomerase Pullulanase	Palva (1982) Friedberg and Rhodes (1986) Innes et al. (1985) Worcha et al. (1983) Takizawa and Murooka (1985) Michaelis and et al. (1985) Chapon and Raibaud (1985)
Dairy products	Rennin lipase Lactase	Nishimori et al. (1981) Sreekrishna and Dickson (1985) Hirata et al. (1985)
Brewing	Amylases	Palva (1982) Erratt and Nasim (1986)
	Protenases	Vasantha et al. (1984), Jacobs et al. (1985), Nagami and Tanaka (1986)
Wine/fruit/ vegetable processing	Pectinases	Lei et al. (1985)
Fuel alcohol	Amylase	Palva (1982), Friedberg and Rhodes (1986)
	Glucoamylase	Innis et al. (1985) Erratt and Nasim (1986)
FOOD ADDITIVES		
Low−calorie products	Aspartame Thaumatin	Doel et al. (1980) Edens et al. (1982, 1984)
Flavor Enhancers	Glutamic acid 5'−ribonucleotides	Yoshibama et al. (1985) Miyagawa et al. (1986)
Human and animal diet supplement	Amino acids	Hamilton et al. (1985) Smith et al. (1986)
	Vitamins	Pramik (1986)
Stabilizing agents	Xanthan gum	Harding et al. (1986)
Preservatives	Cecropin	Hofsten et al. (1985)

1) Reference of the article by Yun−Long Lin in Food Technology, 40(10), 104~112(1986).

표 4-22 유전자 공학에 의한 효소특성변화

Enzyme	Application	Useful Improvement
α-Amylase	starch liquefaction, saccharification	acid-tolerant and thermostable
Amyloglucosidase	high fructose cornsyrup	immobilized with higher productivity
Esterses, lipases, proteases, etc.	flavor development	more specificity
Glucose isomerase	high fructose corn syrup	increased thermo-stability, lower pH optimum
Limoninase	fruit juice debittering	more complete limonin degradation
Protease	beer chill proofing	more specific
Pullulanase	high fructose corn syrup	thermostable

면서 식품공업에서, 특히 당분산업이나 낙농 산업에서의 효소이용 기술은 괄목할 정도로 발전하였다. 전자를 제1세대 효소이용 기술이라고 볼 수 있고, 후자를 제2세대 효소이용 기술이라고 볼 수 있는데, 1980년대 이후에는 새로운 바이오테놀로지의 대두로 식품공업에서도 효소를 이용한 새로운 공정 개발, 기존 공정의 개선, 새로운 제품 개발에 박차를 가하고 있어 이를 제3세대 효소이용 기술이라고 볼 수 있다. 즉 지난 10~15년간 빠른 속도로 발전을 하고 있는 유전자 재조합 기술과 80년대 중반부터 각광을 받기 시작한 단백질공학기술 등을 이용한 효소의 경제적 생산과 안정성 향상을 도모함으로써 생산원가를 절감하고, 최종 제품의 역가를 높이며 새로운 제품 및 공정을 창출하려는 시도가 이루어지고 있다. 그 예로서 표 4-21과 4-22에서 보는 바와 같이, 이미 식품공업에서 이용하고 있는 대부분의 효소 및 식품첨가제의 생산에 유전자 재조합기술을 도입하여 연구를 진행 중이다.

또한 표 4-23에서 보는 바와 같이 단백질공학을 이용하여 기존 효소의 내열성, 내용매성, 기질 특이성 등을 향상시키는 것 외에도, 자연계에 존재하지 않는 인공효소(xenozyme)의 개발, 알칼리나 고온 등의 특수 환경에서 분리되는 미생물에서 얻을 수 있는 신규효소의 탐색 및 이용, 조효소 보충을 위한 조효소

표 4-23 효소 개량을 위한유전공학 도입

Enzyme	Modification	New Property
Subtilisin	methionine^{222}→alanine	greater bleach stability
	glycine^{166}→aspartic, glutamic acid	altered substrate specifility
T4 lysozyme	isoleucine^{3}→cysteine, then chemical cross—linking	increased thermo—stability
Trypsin	glycine^{226}→alanine	altered substrate specificity
Tyrosyl—tRNA	cysteine^{35}→serine	Km for ATP lowered increased enzyme activity
Amidase	serine → phenylalanine and others	change in substrate range
Xanthine dehydroge—nase or purine hydroxylase	alteration in relative position of catalytic and orienting sites	change in substrate range

고정화 시스템의 개발, 효소이용 바이오센서, 효소의 active site만을 이용하는 synzyme, 항체를 이용하는 abzyme 등 새로운 효소의 개발 및 이용분야 확대에 대한 연구가 활발하게 진행하게 진행되고 있다.

제1세대 효소이용의 경우에는 이용하는 효소가 식품내재 효소이거나 외부로부터 첨가하는 효소이거나 간에 모두 천연 효소이며, 이들은 자연 발생적으로 진화한 생체 촉매로서, 이들 효소와 이들의 전통적인 이용 조건은 이들의 공업적인 이용 조건과 같다고는 볼 수 없다. 소비자들의 요구에 의하여 식품가공업이 점점 발전함에 따라서, 천연효소의 이용만으로는 소비자들을 만족시킬 수 없게 되었고, 효소의 이용 양상도 제품의 특성과 효소의 공업적 기능을 최적화하기 위하여 위에 열거한 인공효소(xenozyme), synzyme, abzyme 등을 이용하는 것은 당연한 추세이며, 효소의 구조와 활성도의 관계가 밝혀짐에 따라 앞으로 이 방면의 연구도 다른 분야에서와 같이 식품공업에서도 활발하게 진행될 것으로 예측된다. 이와 같은 새로운 기술들이 앞으로 완전히 상업화될지는 두고 봐야겠지만 지금까지의 발전양상으로 보아서는 상당히 낙관적이다. 즉 지금까지 효소 이용에서 문제가 있을 때마다 여러 연구를 거쳐서 해결을 한 경우가 역사적으로 증명이 되었다. 예를 들면 효소기술을 이용하기 시작한 초창기에 문제가 된 것 중의 하나인 동결 야채의 저장 중에 야기되는 품질의 저하를 blanching에 의하여 야채 내의 효소를 파괴함으로써 해결을 할 수 있었다.

물론 이 경우에 off-flavor의 요인이 되는 강하나 내열성을 가진 리폭시게나제를 완전히 파괴하지 못하므로 저장기간을 끝없이 연장할 수는 없었고, 아직도 이 방면에 대한 연구를 계속하고 있다. 다른 예로서는 지금은 기정사실이 되었지만 HFCS를 제조하기 위하여 글루코스이소메라제를 고정화함으로써 생산원가를 절감함으로써 이 공정을 성공적으로 상업화한 바 있다. 이 공정에서는 아직도 개선할 점이 많으며, 그 예로는 전분을 직접 HFCS로 만들기 위하여 산성에서 활성을 나타내는 글루코아밀라제와 알칼리성에서 활성을 갖는 글루코이소메라제가 동시에 기능을 갖는 *Saccharomyces* 균을 개발함으로써 HFCS 생산원가를 더욱 절감하려는 연구를 들 수 있다.

물론 이와 같은 효소들을 자연에서 스크리닝(screening)에 의하여 얻을 수 있으며, 일본 학자들이 "우리들이 상상할 수 있는 어떤 화학반응도 미생물이 분비하는 효소들에 의하여 가능하다"는 대명제하에 연구를 하고 있는 것에 주목해야 할 것이다.

유전공학이나 단백질공학, 분자생물학 등 첨단분야의 기술을 이용하여 효소기술을 발전시킬 수 있는 여건이 성숙함에 따라 공업적으로 이용할 수 있는 효소가 많이 출현하고 있고 그 가능성도 무한하다는 것은 분명하지만 여기에 못지 않게 중요한 것은 자연으로부터 새로운 효소를 얻기 위하여 미생물이나 식품의 스크리닝도 매우 중요하다. 표 4 - 24에서 보듯이 최근에도 자연으로부터 내열성과 적정 pH 범위가 넓은 보다 나은 효소들이 스크리닝 방법에 의하여 개발됨을 볼 수 있다. 또한 자연으로부터 스크리닝을 하다 보면 지금까지 알려지지 않은 새로운 효소를 발견할 수 있는 행운을 얻을 수도 있다. 물론 새로운 항생제의 탐색을 위한 균주의 스크리닝에서와 같이 많은 돈과 인력이 필요하지만 반대 급부도 그만큼 크다는 것을 간과해서는 안 될 것이다.

이와 같은 기존의 방법과 동시에 새롭게 대두되는 기술을 이용하여 새로운 효소를 얻음으로써 한 차원 높은 효소기술을 개발할 수 있을 것이며, 이를 위하여 현재 세계 각국에서 활발한 연구가 진행되고 있다.

표 4-24 열안정성 효소

Enzyme	Source	pH range[a]	Temperature optimum[b] (℃)	Stability(℃)
Protease	*Desulfurococcus mucosus*	5~10	85	95
	Bacillus thermoruber	5~11	45	70
	Bacillus stearothermophilus	5~9	70	<70
	Thermomonospora fusca YX	8~11	80	75(pH 4.5)
				70(pH > 8)
α-Amylase	Thermoanaerobacter finnii	3~7	90	80
	Clostridium thermosulphurogenes	3-7		
			75	70($-Ca^{2+}$)
		3~8		80($+Ca^{2+}$)
Glucoamylase	Clostridium thermohydrosulphuricum	4~6.5	80	85(+starch)
	Thermus aquaticus YT-1			
Pullulanase	Clostridium thermohydrosulphuricum	5~7	>70	95
		4~6.5	85	80($-$starch)
				85(+starch)
Exo-(1-6) glucosidase	Thermoanaerobacter finnii	5~7	90	80
	Bacillus sp. KP 1228	4.3~7.8	85	75
Xylanase	Bacillus	5~9	78	74
	stearothermophilus sp.	4.6~6.5	75	70
	Thermoascus aurantiacus			

a) pH range over which approximately 50% of maximal activity is observed

b) Temperature of maximal activity under normal conditions

c) Approximate highest temperature at which enzyme can be heated for 30 min with 90% activity retention

표 4-25 효소이용기술

Established areas

　　　Purification and characterization

　　　Mutagenesis and selection

　　　Immobilized and chemical modification

Rapidly evolving areas

　　　Protein engineering and three-dimensional structure determination

　　　Enzymology in non-aqueous systems

　　　Enzyme mimic and antibody-mediated catalysis

　　　Use in organic synthesis

　　표 4-25는 효소기술에 이용되고 있는 기존의 방법과 요즘 새롭게 대두되고 있는 방법으로 우리나라에서도 이 분야에 더 한층 관심을 가지고 연구를 하여야

만 하겠다.

위에서 기술한 바와 같이 새로운 기술에 의하여 얻은 효소의 기능과 안정성을 높이는 데 많은 노력이 필요할 뿐만 아니라 새로 개발되는 효소의 assay 방법의 확립과 효소를 생산하는 균주독성이나 우리가 원하는 효소의 유전자를 삽입한 host cell의 독성에 대한 법적 규제에 대하여도 관심을 가져야 되리라고 본다.

6. 극한 효소(極限 酵素)의 개발 및 이용현황

1) 천연 극한효소(natural extremozymes)

대부분의 미생물들은 상대적으로 부드러운 환경에서 생육하거나 생존하고 있다. 그러나 드물게는 화산이나 혹은 북극해 같은 극한 환경에서 생육을 더 잘하는 미생물인 extremophiles가 있다. 이들 미생물들은 extremozymes를 만들어내고 polyhydroxy alkanoate 및 oligosaccharide 같은 분자량이 작은 2차 대사물질을 축적함으로써 열악한 조건에 적응해 생존하게 되는 것이다.

근래 산업적으로 이용되는 몇몇 효소 중온성 세균이나 곰팡이로부터 생산된 것이라 할지라도 고온에서 매우 안정하다. 사실상 호열성균 기원 protease의 열 안정성이 그 균의 생육온도와는 깊은 연관성이 있다고 보고되어 있다.

세제공업에서는 protease가 단백질성 오염물질을 제거시키기 위해 사용되고 있으나 protease는 활성을 유지하기 높은 pH에서도 내성을 가지고 있어야 한다. 이러한 관점으로 볼 때 알카리성 환경에서 생육하는 미생물(alkalophiles)로부터 생산된 protease가 매우 바람직할 것이다. 실제 *Bacillus*균으로부터 생산된 alkaline protease가 세제 분말에 광범위하게 사용되고 있다.

alkaline protease 외에도 세제 공업분야에서는 다른 extremzyme이 개발하여 사용되고 있다. 그 예로 1997년 5월 Genencor Interntional사는 새로운 세제 첨가제인 Puradax HA를 개발하였는데, 이 Puradax HA는 cellulase 103으로 pH 10 이상에서 세척력을 가진 extremozyme이다. 또한, 1995년 Novo Nordisk사는 Pulpzyme HC라는 extremozyme을 펄프 및 제지 가공용 효소로 개발하였는데, 이 효소는 펄프를 분해하여 갈색색소를 제거시켜 줌으로써 표백에 필요한 염소량을 줄여 주고 환경공해를 감소시킨다.

extremophile 기원 효소는 세제공업에 도입되기 이전부터 이미 사용되고 있었다. 그 예로 Thomas O. Brock 박사 그룹이 1960년대 후반에 분리 동정한 70℃ 이상 온도에서 생육하는 호열성균인 *Thermus quatious* 기원 DNA polymerase(Taq Pol I)가 있다. 이 효소는 1980년대 중반 Kary B. Mullis 박사가 DNA fragments를 대량으로 만들어 내는, 개발한 Polymerase chain reaction(PCR)에 매우 성공적으로 사용되고 있다. Taq Pol I 효소의 열안정성은 고온의 DNA 변성단계와 PCR 과정의 여러 단계에서 폭넓은 온도변화에도 활성을 잃지 않게끔 해 준다.

즉, PCR 과정 시작단계에서만 Taq pol I를 첨가해 주면 각 단계 말에 재보충해 주지 않아도 된다는 것을 의미한다. 더군다나 polymerization reaction을 방해하는 부적절한 template—primer hybrids의 수를 감소시켜 줌으로써 특이성 및 수율을 증가시켜 준다. 최근에는 이것보다 더 내열성이 있는 고호열성(Hyperthermophilic)균인 *Pyrocous furious* 기원 Pfu polymerase로 대치하여 100℃에서 PCR 과정을 완벽하게 진행시킬 수 있게 되었다. 모든 extremophiles 중에 호열성균 기원의 효소가 가장 폭넓게 산업적으로 이용되고 있다. 현재까지 50종류 이상의 고호열성균들이 분리되었으며, 대부분 독일 Regensburg 대학교의 Karl O. Stetter 박사 그룹에 의해 분리되었다. 가장 내열성이 있는 균은 *Pyrdchus fumuni*로서 105℃에서 생육을 가장 잘하고, 113℃에서도 증식이 가능하다. 그러나 90℃ 이하에서는 생육이 불가능하다.

비록 extremophoiles 기원효소가 기존 조건보다는 더 폭넓은 조건하에서 공정 진행을 이루게 한다고 할지라도 보통 온도에서의 설비디자인, 느린 생육속도, 낮은 세포 수율, 높은 shear sensitivity, 낮은 활성과 같은 문제점들을 해결하기 위해서는 생물공정의 개발이 요구 된다.

extremophoiles은 극한 조건에서 생육을 잘하지만, 때로는 보통 조건에서는 사멸하게 된다. 그러므로 배양, sampling 및 조제에 대한 새로운 접근의 개발이 필요하게 되었다. 예로서 낮은 세포밀도(cell density) 문제를 극복하기 위해 일부 연구원들은 중온성(mesophilic) 숙주에 호열성 효소유전자를 발현시켜 문제를 해결하였다. 보통 온도에서 호열성 효소의 활성이 낮거나 혹은 활성이 없어지는 것은 기질이나 생산물이 고온에서 불안정할 경우에는 문제가 될 수 있다.

대부분의 정밀화학제품이나 의약품을 합성할 때 극한 온도에서 효소의 안정성이 반드시 필요한 것은 아니다. 실질적으로 필요한 것은 유기용매 내에서 보통 온도일 때 높은 안정성과 활성을 모두 보유하는 촉매인 것이다. 그러므로 보통 조건하에서도 생육을 할 수 있는 극한 내성(extermotolerant)균이 extremophiles 보다는 더 바람직한 것이다. 이러한 문제를 해결하기 위해 여러 연구자들이 여러 가지 다른 종류의 불활성 조건에 대해 효소를 안정화시키기 위해 미생물들의 유전물질을 단백질공학기술을 이용하여 변형시킴으로써 mesophilic균에 내성을 도입시키려고 노력하고 있다. 그 예로 Diver사는 클로닝된 효소를 Clone Zyme이라고 명명하고 aminotransferases, cellulases/hemicellulases, esterases/lipases, glycosidases/phosphatases로 구성된 Clone Zyme kit를 판매하고 있다.

또한, Diversa사는 화학 생산공정을 변형시킨 효소적 생산공정을 개발하기 위해 Dow Chemical사와 전략적 기술제휴를 맺고 있다. Pfizer Central Research에서는 신약 개발을 목표로 extremophoiles을 South Caroline에 있는 Savannah강에서 계속 스크리닝하고 있다.

2) 인공 극한효소(man-made eztremozymes)

(1) 고정화(Immobilization)

유전공학기술이 출현되기까지 고정화기술은 효소의 안정성을 개선시키기 위해 일반적으로 사용되어 오던 기술이다. 고정화는 효소를 agarose, alginte 혹은 polacrylamide와 같은 support에 공유결합, 흡착 혹은 encapsulation을 통해 고정시키는 것을 뜻한다.

고정화의 가장 주된 장점은 1효소 단위당 생산수율을 증가시켜 준다는 점, 효소촉매와 반응산물을 손쉽게 분리해 낼 수 있다는 점과 취급하기가 용이하다는 점이다. protease의 경우 고정화시킴으로써 autolysis가 방지되어 효소안정성이 상당히 증가된다. 그러나, 고정화기술의 단점은 낮은 volume productivity로서 실제로 무게비로 고정화된 효소 5% 미만만이 촉매로 작용하게 된다는 점이다. 이런 단점을 의약품과 같은 비특이합성기질의 경우와 반응개시가 늦은 유기용매에서의 반응 등에서 특히 문제가 된다. 또한, 적절한 고정화방법을 채택하기 전에 효소 불활성화에 대한 원인과 기작의 이해가 필요하다. 비록 고정화기술이

성공적인 기술이라고 할지라도 경제적이며, 대규모 촉매로서 효소를 폭넓게 사용하고 여러 가지 제약을 극복하려면 더욱 개선된 고정화기술이 개발되어야 할 것이다.

(2) 단백질공학(portein enginering)

Mesophilic균과 extremophilic균에서 각기 생산된 비슷한 기능효소의 아미노산 조성이 차이가 있다는 것은 극한 물리적 조건에 대한 단백질의 안정성을 반영해 준다고 가정할 수 있다. 이들 두 균 효소의 아미노산 배열을 비교했을 때 aspartic acid와 glutamic acid수가 급격히 증가되어 호염성(halophilic)균의 안정성이 높아진다는 보고가 있다.

그러나 이러한 실험결과를 mesophile과 halophile *Halobacterium volcanii* 기원의 dihydrofolate reductase 효소에 적용했을 때는 음전하의 증가가 다른 아미노산 교환보다도 덜 나타난다. 비슷한 상황이 단백질의 열안정성에서도 나타난다. 그러므로 비록 아미노산 배열 비교가 통계적 정보를 제공한다고 하더라도 단백질의 전체 안정성에 기여하는 각 아미노산의 역할을 이해하는 것은 어려운 일이다. 이런 불확실성에도 불구하고 아미노산 배열 homology는 여러 단백질에 안정성을 가지게 하는 게 성공적으로 이용되어 오고 있다.

단백질의 안정성을 증가시키기 위해 제안된 여러 가지 생각들을 시험하는데 에는 subtilisin과 다른 protease들이 지속적으로 사용되고 있다. Genencoe사의 David Extell 박사와 DuPont—Merck사의 Michael Pantoliano 박사는 산화, 알카리 및 온도를 상승시킨 환경에서 subtilisin BPN의 안정성을 증가시키기 위해 단백 질공학기술을 사용하였다. 또 다른 subtilisin에 사용했던 성공적인 예는 reandom mutagenesis, disulfide bridges 도입과 Ca^{2+} 부위에 electrostatic interaction을 가지게 하는 것 등을 들 수 있다. 그러나 돌연변이를 시켜 아미노산을 선택하는 일반적 인 방법은 아직까지는 완벽하게 성공되지 못하고 있다.

Extermophiles에 의해 나타나는 안정화 기작은 각 단백질 구조에 따라 교묘하 고도 독특한 것이다. 안정성을 증가시키는 돌연변이에 대한 체계적인 가이드의 개발은 이들 단백질에서 구조와 안정성 간의 관계에 대한 우리들의 지식을 더욱 풍성하게 해 줄 것이다. 유기용매에서 효소를 사용하는 주된 잇점은 가수분해보다 합성쪽으로 열역학적 평형을 이루게 해 준다는 점이다.

예로서 hydrolases와 protease는 각각 esterification/transeserification 반응과 peptide

합성반응에서 아주 쉽게 촉매역할을 한다. 또한 건조된 촉매에 탄수화물, polymer와 유기 완충액을 섞어 주거나 KCl과 같은 비완충염 존재 하에서 촉매를 동결 건조시켜 촉매능력을 개선시킬 수 있다. 유기용매에서 효소활성과 안정성에 영향을 주는 주된 요인은 이들 용매에서 효소활성 대비 수분함량의 양이다. 너무 적은 수분함량은 활성손실을 야기시키며, 너무 많은 양은 빠르고 비가역적인 불활성화를 야기시킨다. 그 예로 1~2.5% 수분첨가는 chymotrypsin의 경우 촉매역할을 하는 데는 충분하다. 극성 유기용매는 단백질 수화와 구조적 안정성에 필수적인 물을 더욱 효과적으로 제거시키기 때문에 효소에게는 해롭게 된다.

CalTech의 Frances Arnold 박사는 돌연변이를 사용한 단백질 공학기술을 이용해 유기용매에서 효소활성을 증가시키는 연구를 해오고 있다. Arnold 박사의 전략 중 한 가지는 단백질−용매상계에서 전하를 가지고 있는 아미노산을 소수성 아미노산으로 대치시키는 것이다. 이러한 전략 배경에는 전하를 가지고 있는 아미노산이 물에 용해되는 것을 도와주어 비용성용매에서 안정성을 상실하게 하는 효과를 초래하게 된다는 점을 생각한 것이다. 그러므로 이들을 소수성 아미노산으로 대치시켜 주면 안정성 상실을 방지할 수 있는 것이다. Arnold 박사는 2회의 돌연변이로 비수용성 용매에서 subtilisin의 안정성을 27배 상승시켰다고 보고하였다. 또한 10개의 아미노산을 대치시킨 변이주가 60% dimethyl formamide(DMF)에서 wild−type 효소보다 256배 더 효율적이라는 것도 보고하였다.

3) crosslinked enzyme crystals

최근에 Altus Biologics사의 Nancy St. Clair 박사와 Vertex Pharmaceuticals사의 Manuel Navia 박사는 용액상태에서 효소를 미세 결정화시켜 glutaraldehyde와 같은 bifunctional reagent로 crosslink시키는 방법이 기존의 고정화 효소보다 고온·무수유기용매와 비극성−극성 혼합 용매에서 보다 높은 안정성을 나타낸다는 사실을 보고하였다.

화학산업분야에서 crosslinked enzyme crystals(CLECs)는 매우 응용가치가 있을 것으로 보인다. 첫째로 이 기술이 단백질의 크기·조성 등에 관계없이 적용될 수 있으며, 둘째로 단백질 공학과는 달리 열·유기용매 등에 안정성을 지닌 촉매를 만들어 낼 수 있다는 점이다. CLECs의 안정성은 물질을 결정화하는 것과 효소분자들 간을 crosslink 시켜 줌으로써 얻어진다.

Thermolysin CELCs는 55℃ ethyl acetate에서 안정성 있게 작용하며, 인공감미료인 aspartame의 합성에 성공적으로 사용될 수 있음이 보고되어 있다. 또한, *Candida regosa* 기원 lipase CLEC는 의약품인 ketoprofen, ibuprofen과 fluorbiprofen의 광학적 순수도(optical purity)를 10배 증가시켜 줌이 보고되어 있다. CLECs는 물이나 유기용매에 불용성이고, 높은 활성과 안정성을 지니고 있기 때문에 20회 이상 재사용이 가능하여 생산비용 절감에도 기여할 것으로 보인다. 그러나, 단백질이나 전분 같은 거대 기질에서 발생되는 분산문제와 60~70℃ 이상의 고온에서도 문제 없이 작용할 수 있을지도 아직 과제로 남아 있다.

제5장 감미료의 분류

1. 감미료의 분류

감미료는 천연감미료와 인공감미료로 나뉘는데 그의 분류는 다음과 같다

천연감미료로는 당질 감미료 중 당류인 설탕, 포도당, 물엿, 과당, 이성화당, 맥아당, 꿀, 젖당, 크실로오스, 프럭토올리고당 등과 당알코올인 소르비톨, 말티톨 등이 있다.

비당질 감미료로는 배당체인 글리씨리진, 스테비오사이드와 단백질인 도오마틴(thaumatin)이 있다.

합성감미료로는 아스파탐, 사카린, 알리탐, 아세설팜(acesulfame), L−설탕 등이 있다.

감미료는 태어나면서부터 단맛을 좋아하는 인간의 본능적 욕구 때문에 문명의 발달과 함께 꿀의 사용, 엿이나 시럽의 제조, 설탕의 공업적 생산 등 제조가공 기술도 함께 발전되어 왔다. 그러나, 최근 문화적, 경제적 수준이 향상되면서 가공식품, 인스턴트식품의 소비량이 증가하여 설탕의 과량섭취에 따른 건강상의 문제점이 크게 대두되고 있는 실정이다. 또한 비만, 당뇨병, 동맥경화, 충치혹은 심장질환으로 어려움을 겪고 있는 사람들에게 설탕, 포도당 등과 같은 칼로리를 가지는 영양성 감미료를 대체할 수 있는 감미 목적만의 비영양성 감미료가 필연적으로 요구되고 있다. 특히, 우리나라와 같이 설탕의 원료인

원당의 대부분을 외국에서 수입하는 국가에서는 국내에서 저렴하게 제조할 수 있는 대체 감미료의 경제적 가치는 매우 크다.

이러한 상황에서 합성감미료의 개발을 시도하였으나 발암성 때문에 사용이 금지 또는 제한된 것이 많은 실정이다.

이러한 이유로 개발된 사카린, 아스파탐, 아세설팜칼륨과 사이클라메이트 등의 인공감미료는 값이 싸고 열량원이 되지 않으며, 갈변되지 않고 미생물에 의해서 발효될 염려가 없어서 운반, 보관, 취급 등이 용이할 뿐 아니라 설탕보다 감미도가 훨씬 높아 매우 소량을 사용할 수 있다.

따라서 칼로리 섭취를 꺼리는 사람들에게 저칼로리 건강식품으로, 비만인 사람들에게는 다이어트 식품으로 공급되어 이용되어 오고 있으나 발암성 등의 인체 유해 여부로 인해 안전성에 대한 많은 논란이 되고 있다.

1) 설탕의 특징

천연감미료는 영양적 감미료라고도 하며 감미기능과 영양적 가치를 동시에 가지고 있는 당류를 말한다. 단맛을 가지고 있는 당류는 대부분 수산기를 가지고 있으며 이 수산기 때문에 단맛이 난다. 영양적 감미료인 설탕은 백색－ 엷은 갈색 알갱이 형태의 감미료인데 찻숟가락 한 개 분은 16 kcal의 에너지를 생산하는 에너지원이다.

설탕은 단맛의 기준이 되는데 그 이유는 유리상태의 카르보닐기가 없는 비환원당이므로 변성광을 일으키지 않고 물에 녹이거나 가열해도 단맛의 변화가 적기 때문이다. 설탕의 단맛의 정도를 100으로 했을 때 감미료의 단맛은 상대적 감미도로 나타낼 수 있다.

(1) 설탕 이야기

설탕이 비만의 원인 물질이 된다는 주장이 있다. 비만은 피하나 내장기관의 주위에 있는 지방세포에 지방이 충만됨으로써 시작된다.

지방세포의 수는 유전과 유아기로부터 성장기에 이르는 식생활 형식에 의하여 결정되며 한 번 증식된 지방세포의 수는 감소하는 일이 없다. 사람이 공복을 느낄 때는 당에 의한 에너지가 소진된 상태이고 지방에 의한 에너지 충당이 시작되는 것으로 알려지고 있다. 따라서 당의 흡수에 의한 비만이 아니라 지방의 흡수에 의하여 비만이 형성되며, 당은 체내에 흡수된 지방산의 지방 재합성에 필요한 지방의 기간이 되는 인산화글리세린의 공급원으로 이용될 뿐이다. 즉 설탕의 섭취가 비만으로 이어지는 것이 아니라 소화과정에서 분해되었던 지방산과 당의 대사에 의하여 생성된 인산화글리세린이 결합하여 중성지방을 만들어 주는 동반자 역할을 할뿐이다.

(2) 설탕이 충치의 원인물질이라는 주장이 있다

충치는 치아의 조성물인 칼슘의 용출에 의한 것이며 보호하고 있는 에나멜 층이 침해됨으로써 시작되는 것이다. 설탕은 구강 내에서 머무를 정도의 비수용성물질이 아니며, 강력한 수용성을 가지고 있기 때문에 치아에 부착될 수 없으며, 설탕은 산도 4~4.5에서 30분 이상 머무르는 조건에서 구강 내 세균들에 의하여 유기산으로 전환되는 것이다.

실제 구강 내의 산도는 6.8 정도의 약산을 나타내고 있고, 30분 이상 머물러 발효를 일으킬 수 있는 시간도 없어 구강 내에서 설탕에 의한 유기산의 생성이 불가능하기 때문에 치아의 손상은 생각할 수 없는 것이다.

(3) 설탕의 가공특성

① 양질의 감미가 있다. 설탕은 입에 들어가는 즉시 감미를 나타내고 고순도의 설탕은 담백하고 산뜻하다.

② 물에 잘 용해된다. 다른 식품 원재료와의 혼합이 용이하다.

③ 성분변화, 물성변화가 규칙적이다. 결정성이 높은 당으로 과자류에 이용된다.

④ 조형성이 있다. 설탕 용액을 끓이면 온도에 따라 조형성이 달라진다.

⑤ 흡습성이 있다. 설탕의 평균상대습도는 77.4로 이 이상의 상대습도에서는 흡습한다.

⑥ 산의 영향을 받는다. 이당류 중에서 설탕은 산에 의하여 가장 간단하게 가수분해된다.

⑦ 알칼리의 영향을 받는다. 설탕의 알칼리성 용액을 가열하면 캐러멜을 생성한다.

⑧ 갈색변화가 일어난다. 140℃ 이상 가열하면 전화되어 캐러멜화가 시작된다.

⑨ 부식성이 있다. 농도가 희박하면 미생물의 영양원이 되어 발육이 촉진되고

농도가 높으면 삼투압을 나타내어 미생물에 대한 방부성을 나타낸다.

⑩ 노화방지 기능이 있다. 설탕은 물에 쉽게 용해되며 보수성을 높인다.

⑪ 젤화된다. 설탕용액에 산과 펙틴을 가하면 젤리가 된다.

2) 자일로오스(D-xylose)의 특징

무색, 백색의 결정성 분말로 무취이고 감미를 가지고 있다. 결정은 바늘모양이고 천연의 당류나 일반적으로 효모에는 발효되지 않으며 대다수의 동물에 거의 흡수되지 않는다. D-xylose는 목당(wood sugar)이라 하는데 천연의 5탄당으로 식물 중에 많이 존재하는 다당류(xylan)의 구성성분이고 목재, 옥수수, 면실의 껍질을 가수분해하면 얻어진다.

① 장내에서 거의 흡수되지 않기 때문에 당뇨병환자의 감미료로 적합하다.

② 감미도가 설탕의 약 40%로 체중 조절용으로 적합하다.

③ 아민, 아미노산, 펩티드, 단백질 등과 아미노 카르복실반응이 용이하여 식품에 첨가 시 향의 개선, 착색, 숙성 촉진 등의 역할을 한다.

된장, 간장의 착색, 훈제품의 훈연시간 단축, 비스킷, 쿠키, 빵의 구운 색 등에 사용된다.

3) D-소르비톨(D-sorbitol)의 특징

백색의 분말, 과립 또는 결정성 분말로 물에 쉽게 용해되고 6탄당 알코올로 감미료에 널리 사용된다. 감미도가 설탕의 60% 정도로 온화하고 상쾌한 감미가 있으며 입 안에서 청량감을 준다. 청량감은 소르비톨의 용해열이 $-26.5℃$로 흡열작용을 일으키기 때문이다. 또 보습성이 있어 식품의 습윤조절 작용이 필요할 때 이 효과를 식품가공에 이용한다. 소르비톨 용액의 수분교환율, 흡습속도가 글리세린보다 빠르고 보습효과가 우수하므로 유연제로서 신선도를 보유하고 건조, 중량감소, 균열 등의 방지, 전분의 노화방지에 사용한다.

① 과자용 재료 : 당결정의 석출방지, 보습 및 색깔 향상

② 연제품 : 당의 결정석출방지, 조림제품 : 보습효과와 감칠맛

③ 청주, 식초, 청량음료수 : 감칠맛

④ 과일 통조림에 3.5~5% 첨가하면 비타민 C 등의 안정성이 우수, 맛, 향, 색도 개량

⑤. 연육제품 원료의 변질방지

⑥ 담배의 감미보습제로 최근에 사용 급증

⑦ 약 70% 이상의 소르비톨 수용액에 침지하면 발효가 일어나지 않는 안정성

※ 소르비톨 섭취에 따른 영향

① 비타민 B_{12}의 장흡수 저해

② 혈중농도, 소변과 대변으로의 배설량 촉진

③ 쥐 실험에서 철, 스트론튬, 칼슘의 흡수 증가

4) 글리시리진산 제2나트륨(sodium glycyrrhizinate)의 특징

백색－약한 황색의 분말로 독특한 감미를 가지고 있으며 입 안에서 감미를 느끼는 데 약간의 시간이 걸린다. 설탕과 다른 감미를 가지고 있으면서 설탕의 약 200배의 지속성을 가지고 있다. 감초뿌리에 함유되어 있으며 농도에 의하여 거의 감미도가 변하지 않는다.

① 간장과 된장 이외의 식품에 사용하는 것은 제한되어 있다.
   (간장에는 100 ℓ 당 1.5~ 5g, 된장에는 100 kg당 1.5~ 7g 정도)

② 인공감미료와의 병용(감미료의 나쁜 맛 제거), 다류와의 병용(감미 증강), 향과의 병용(복잡한 향미의 발현) 등의 목적으로 이용

③ 미국은 담배, 의약, 빵류, 초콜릿, 크림, 쿠키, 디저트, 음료, 어육 연제품 등에 첨가 허가

5) 사카린(saccharin)의 특징

무색－백색의 결정 또는 백색의 결정성 분말이며 사카린나트륨은 일반적으로 두 분자의 결정수를 가진 사방정계 판상결정이며 공기 중에서 서서히 풍화하여 결정수의 약 반 정도를 잃어 백색분말로 된다. 맛은 극히 감미로우며

열, 산, 알칼리에 약하고 용액은 산에 특히 약하며 분해되어 감미를 잃고 쓴맛이 생긴다. 감미도는 설탕의 125~500배인데 농도에 따라 다르다. 사카린 나트륨의 감미에는 쓴맛이 동반하는데 이 쓴맛은 해리되지 않는 사카린 분자에 유래하는 것으로 농도에 비례하고 수용액에서는 0.021%로 정상인의 20%가 쓴맛을 느낀다. 이 때문에 사카린나트륨은 식품에 0.02% 이상 사용하면 좋지 않다.

사카린의 체내 대사는 투여량의 80~95%는 오줌으로 배설되고 나머지는 변으로 배설되는 것으로 알려져 있는데 만성 독성 실험에서도 축적이 많지 않다. 그러나 발암물질이라는 것이 확정적으로 밝혀진 후 규제를 가하고 있지만 현재까지 사카린을 대체할 만한 감미료가 없으므로 당분간 조건부로 사용하고 있다. 현재 허용되는 것은 시중에 유통되는 단무지 정도이다.

① 식빵, 이유식, 백설탕, 포도당, 물엿, 벌꿀 및 알사탕에 사용하여서는 안 된다.
② 츄잉껌에 0.01~0.05% 정도 사용
③ 수용성으로 청량음료수와 연제품, 조림, 야채절임 등에 사용

6) 스테비아(stevia)의 특징

스테비올 배당체로 칼로리가 없는 천연감미료이다. 남미 파라과이 주변이 원산지로 알려졌으며 원주민은 400년 이상 사용하여 온 것으로 알려졌다. 감미는 설탕의 150~300배이고 다른 감미료나 식염, 아미노산 등과 병용하면 그 감미도가 크게 상승한다.

① 맛의 질과 기능성 및 천연이미지를 목적으로 우유음료, 냉과, 식초음료, 요구르트 등에 사용
② 특히 저칼로리, 비부식성 등 건강의 이미지와 관계있는 식품에 사용

7) 아스파탐(aspartam)의 특징

설탕의 200배가 되는 감미도를 가지고 있고 아미노산을 원료로 만들었기 때문에 영양적이라고 주장되는 뒷맛이 없는 인공감미료로 설탕과 맛이 비슷하

다. 고온에서 안정한 것이 특징이다. 건조상태에서 안정성이 아주 좋아 장기보존 하더라도 변질될 염려가 없으며 일반적으로 온도가 낮고 pH 3~5의 산성측에서 안정성이 높다.

① 저칼로리 음료에 사용하는데 아스파탐은 단백질로서 1 g이 4 cal의 에너지를 발생하게 되므로 사용량을 설탕의 1/200 첨가하면 당도는 같으나 에너지 생성은 실제적으로 극소하다.
② 산미와 조화가 잘 이루어지므로 산성음료에 감미질이 양호한 감미료로 이용
③ 풍미 증강효과가 있다.
④ 과일음료에서 향미의 증강효과가 있다.
⑤ 착색음료에서 보존 안정성이 양호하다.

8) 아세설팜-K(Acesulfame-K)의 특징

낮은 농도에서 보다 강력한 감미를 나타내고 높은 농도에서 뒷맛이 느껴지는데, 중간 정도에서는 뒷맛과 불쾌한 맛이 느껴지지 않는다. 설탕, 소르비톨, 포도당, 과당 등과 혼합하면 감미에 상승효과가 일어나고 고체입자 상태로는 안정하며 저온에서 건조한 것은 노출상태에서 수년 동안 방치하더라도 분해되지 않는다.

① 음료 : 오렌지, 레몬, 콜라, 토닉, 젖산발효에 의한 유산음료
② 과일제품 : 잼, 마멀레이드, 설탕 사용량을 감소시키기 위한 과일, 야채, 어육조림
③ 제빵 : 소르비톨, 폴리덱스트린, 껌 등에 적당히 혼합하여 사용
④ 간장, 소스, 식초, 된장, 아이스크림, 무가당 츄잉껌, 감미연제품, 해초가공

9) 도오마틴(thaumatin : talin protein)의 특징

서아프리카에서 생육하는 식물 *Thaumatococus Danielli*의 과일에 함유된 단백질로 감미도가 설탕의 2,000~2,500배로 감미료와 향증진제로 이용되고 있으며

영국에서는 의약품, 식품, 동물사료로 사용이 허가되었고 미국에서는 츄잉껌의 향으로 사용하고 있다. 200개 전후의 아미노산 사슬로 이루어진 분자량이 약 22,000의 단백질이며 냄새와 쓴맛이 없는 청량한 감미를 가졌고 내산성이 우수하다. 기본향에 효과가 있으며 불쾌한 쓴맛, 떫은맛, 알칼리 맛, 냄새를 완화시키는 효과가 있고 물과 알코올에 용해된다.

① 커피, 홍차의 풍미 향상
② 쓴맛, 신맛, 떫은맛을 마스킹한다.
③ 비타민, 무기질의 불쾌한 맛을 마스킹한다.
④ 비린 맛을 마스킹한다.

10) 락투로오스(lacturose)의 특징

락토오스를 알칼리로 이성화한 당류로써 비피더스 인자로 이용한다. 비피더스균의 증식감미료로 락토오스, 과당, 갈락토오스, 포도당의 혼합물이다. 위장과 소장에서 소화, 흡수되지 않고 변화되지 않은 상태로 대장의 입구까지 도달된다. 따라서 흡수되지 않고 배설되므로 비에너지 감미료로 볼 수 있다.

11) 환원성팔라티노오스(reduced palatinose)

무색−백색의 결정으로 감미도는 10% 설탕용액을 기준으로 하여 40~50%정도인데 농도가 커지면 감미도도 커진다. 내열성, 내산, 내알칼리성은 다른 당알코올과 같이 우수하며 비교적 내열성이 약한 팔라티노오스의 성질을 보충한 것이다.

타액효소에 의하여 분해되지 않아 충치의 염려가 없으며 위장, 소장에서도 소화되지 않는다. 따라서 낮은 부식성과 감미도의 감소효과를 목적으로 하는 초콜렛, 캔디, 츄잉껌 및 많은 과자류에 이용된다.

12) 이소말토올리고당(Isomaltoligosaccharide)

비피더스균 증식인자, 항부식성의 당으로 새롭게 주목되고 있는 품목으로,

향미성이 추가된 특성을 가지고 있는 당이다.

13) 자이리톨(xlitol)

충치를 예방한다는 '자일리톨 껌'이 인기다. 하지만 실제 자일리톨이 무엇이며 어떻게 충치 예방에 관여하는지는 모르는 사람이 대부분으로 세부내용을 살펴보면 다음과 같다.

(1) 자일리톨이란?

자일리톨은 설탕과 비슷한 단맛을 내는 천연소재 감미료로 성분명이다. 주로 자작나무나 떡갈나무 등에서 추출한다. 핀란드의 자이로핀사가 세계 최초로 대량 생산하기 시작했으며 1975년에 자일리톨 츄잉검이 처음으로 핀란드에서 발매됐다.

(2) 충치 예방은 어떻게?

자일리톨은 구강 내 충치균인 뮤탄스균의 활성을 저지하고 그 숫자를 감소시키는 효능이 있다. 또 자일리톨은 침의 분비를 촉진해 다른 음식물 발효로 생기는 산을 중화하고 타액에 함유돼 있는 칼슘이 치아를 복원하는 작용을 촉진한다.

(3) 자일리톨은 껌만 있나?

현재 자일리톨을 이용한 제품에는 크게 껌, 사탕, 초콜릿 등의 제과류와 단맛이 나는 어린이 시럽, 당의정, 치약, 구강 세정제, 환자용 영양제, 식이 · 당뇨환자식 등이 있다. 발효되지 않는 특성을 이용해 일본 수출용 김치의 감미료로 이용되기도 한다.

(4) 언제 씹는 게 효과적?

자일리톨은 침의 분비를 촉진하고 식사 후 발효과정에서 산화된 구강 내 pH를 중화시켜 치아 부식을 방지하므로 식사 후 바로 씹는 것이 좋다. 그러나 양치질 후 자일리톨을 씹으면 구강 내 충치균이 설탕으로 착각해 열심히 먹고 뱉는 등 무익한 에너지 소모를 하게 된다. 따라서 양치질 후 잠자기 전 자일리톨을 씹으면 충치균을 8시간 동안 고문하는 효과가 있다.

2. 허용 감미료 및 그 사용기준

사카린 나트륨 (sccharin sodium)	식빵, 이유식, 설탕, 포도당, 물엿, 벌꿀 및 알사탕류에서는 사용하지 못한다.
글리실리진산 2 나트륨 글리실리진산 3 나트륨	된장 및 간장 이외의 식품에 사용하여서는 안 된다.
D−소르비톨(D−sorbitol) 아스파탐(aspartame)	가열조리를 요하지 않는 식사 대용 곡류 가공품(이유식 제외), 청량음료, 다류(분말 청량음료 포함), 식탁용 감미료, 아이스크림, 빙과(셔벗 포함), 잼, 주류, 껌, 발효유, 분말 수프 이외의 식품에 사용하여서는 안 된다.

3. 인공감미료는 왜 필요한가?

인공감미료의 필요성 가운데 중요한 몇 가지는 다음과 같다.

첫째로, 건강상으로 인공감미료는 체중 조절의 효과가 있어 비만으로 고민하고 있는 사람들에게 좋은 설탕 대체제이다.

인공감미료를 사용하면 당분의 사용량을 줄여 칼로리 섭취량이 감소되므로 특히 비만증의 경우는 칼로리가 많은 설탕 대신 칼로리가 적거나 거의 없는 인공감미료를 소량만 섭취함으로써 체중을 줄이는 효과적인 방법이 될 수 있다.

둘째로, 당뇨병 환자의 경우 단맛을 주면서 칼로리 섭취를 제한함으로써 혈당량을 유지시켜 주는 효과를 가지고 있다. 대부분의 성인 당뇨병은 비만에 의하여 촉진되기 때문에 정상체중을 유지하기 위한 식이요법이 가장 중요하다. 비만에 따른 당뇨병에 있어서 설탕 대신 인공감미료를 섭취하고 전분질의 섭취를 증가시키면 체중이 감소되고 혈당량도 조절된다고 알려져 있다. 따라서 인공감미료는 당뇨병 환자에게는 꼭 필요한 감미료라 할 수 있다.

셋째로, 충치예방에 간접적 효과가 있어 청량음료 등의 식품에 설탕 대신 인공감미료를 사용하면 구강 내 미생물 작용이 저하되어 충치발생이 감소하게 된다.

넷째로, 심리적인 면에서 볼 때 단맛을 좋아하는 것은 사람의 본능적인 욕구이므로 당분 섭취를 피하고자 하는 사람들에게 인공감미료를 제공함으로써 건강을 유지하면서 욕구를 충족시킬 수 있도록 하는 점은 매우 중요하다.

다섯째로, 경제적인 측면에서 인공감미료를 사용하는 현재의 건강식품, 다이어트 음료산업에서 인공감미료 대신 천연감미료와 같은 다른 감미료를 사용하게 되면 이에 따른 생산 원가의 증가가 초래되고 결과적으로 소비자의 부담으로 돌아가게 되므로 식품산업에서 인공감미료가 미치는 영향은 매우 크다.

그러나 실제 식품에 사용하는 경우 인공감미료는 설탕과 같은 흡습성이 없고 밀가루에 사용 시 탄력성이 적은 제품을 얻게 되는 결점도 있으므로, 단독으로 사용하기보다는 설탕, 포도당, 유당, 물엿, 조미료 및 다른 인공감미료와 혼합하여 사용하는 것이 일반적이다. 이렇게 하여 일부 인공감미료가 가지고 있는 자체의 쓴맛, 역한 맛을 감소시키고 때로는 상승작용에 의해서 감미의 향상을 도모할 수도 있다.

4. 인공감미료는 안전한가?

최근 많은 인공감미료들이 급성독성뿐만 아니라 발암성, 유전자에 미치는 영향 등이 문제가 되어 실제 사용되고 있는 품목은 매우 적어 식품첨가물로 허용되고 있는 것은 극히 소수이다. 이 중에서도 일부 인공감미료는 아직도 유해성에 대해 많은 논란이 있어 이에 대한 이해득실은 신중히 판단하여야 한다. 지금까지 유해성 논쟁에 대한 대표적인 사례는 다음과 같다.

1) 유해성 논쟁사례

(1) 사카린

1879년 미국 존스 홉킨스대학에서 유기합성 실험 중 우연한 기회에 발견된 사카린은 1884년부터 시판되었으며, 1899년 독일에서 처음 공업화되어 생산되기 시작하였고 인류역사에 있어 가장 널리 사용되어 온 인공감미료의 하나이다.

사카린은 설탕의 약 300배에 가까운 단맛을 가지고 있지만, 인체에 큰 부작용을 나타내지 않는 식품첨가물로서 가장 경제적이고 효과적인 다이어트 재료로 100년 이상을 설탕의 대체품으로 사용되어 왔다.

우리나라에서는 해방 전부터 사카린을 사용하여 오고 있고 지금도 청량음료 등 일부 식품에 사용되고 있으나, 고농도에서 쥐에 방광암을 일으킨다는 실험결과가 발표되면서 안전성에 대한 많은 논란으로 인해 그 사용이 세계적으로 많은 우여곡절을 겪고 있는 식품첨가물이다. 사카린의 발암성은 여러 가지 동물에서 2세대에 걸친 시험을 포함하여 폭넓은 실험이 수행되었고 그 결과의 평가도 엄격하게 이루어졌으며 사람에 대한 광범위한 역학조사도 실시되었으나 사카린의 소비가 남녀에 방광암의 발생률을 증가시킨다는 명확한 결론을 내리지는 못하고 있으며 대부분의 연구는 오히려 사카린이 사람에게서는 발암성과 관련이 없는 것으로 암시하고 있다.

또한 동물실험의 결과로부터 인간에 대한 발암가능성을 추정하기 위한 정량적 위해 평가를 시도한 바 있으나 불확실한 부분이 너무 많았으며 실험방법이 지나치게 과량을 투여한 비현실적인 조건이었고 사카린이 인체에 흡수되지 않고 16~24시간 이내에 배설되기 때문에 유해성이 매우 낮다는 점 등 이상의 모든 실험결과로부터 내려진 결론은 사람의 방광은 쥐의 방광보다 사카린에 대한 감수성이 매우 낮고 한계값(threshold)이 매우 높기 때문에 사람이 섭취하는 수준에서는 사카린에 의한 발암가능성은 실질적으로 거의 없다는 것이었다.

미국 FDA에서는 사카린의 발암성 논쟁이 일어나면서 1972년 사카린을 GRAS(generally recognized as safe) 목록에서 제외하게 되었으며 집중적인 연구와 그 평가에 대한 작업이 전 세계적으로 이루어지고 있으나 아직 명확한 결론을 내리지는 못하고 있다. 다만, 1991년 미국연방관보는 1977년 FDA에서 입안, 국회에 상정한 사카린 사용제한에 대한 법안을 철회한다고 발표하였고, 1993년 FAO/WHO 합동식품첨가물 전문가위원회(JECFA)에서는 1인당 사카린의 하루 섭취량을 체중 1 kg당 2.5 mg에서 5 mg으로 환원한다고 발표하여 사카린의 안전성에 대한 세계적인 논란은 일단 긍정적으로 평가된 상태이다. 현재 우리나라 식품첨가물공전의 사용기준에서는 절임식품류(김치류 제외), 어육가공품, 청량음료(유산균음료 제외) 및 특수영양식품(이유식류 제외) 이외의 식품에 사용하지 못하도록 하고 있으며 허용된 식품에서도 안전한 섭취를 위해 사용량을 설정하고 있다.

(2) 아스파탐

1969년 미국의 G.D. Searle사에서 궤양 치료제의 탐색 중 중간산물로서 발견된 아스파탐은 천연아미노산인 aspartic acid와 phenylalanine으로 구성된 디펩타이드이며 설탕의 약 200배의 감미를 가진 물질이다. 1974년 미국에서 최초로 사용이 승인되었다가 1975년 금지 이후 1981년부터 다시 사용되기 시작하였으며 이러한 과정은 아스파탐이 일상적인 소비량에서는 건강상의 위험이 없을 것이라는 자료에 근거한다.

다만, phenylalanine 대사를 하지 못하는 유전질환인 페닐케톤뇨증(phenyl-ketonuria) 환자에게는 phenylalanine의 과잉섭취에 따른 정신장애를 가져올 수 있으므로 주의하여야 한다. 현재 미국, 유럽과 우리나라 등 세계 50여 국가에서 사용을 허가하고 있으며 사용 대상 식품으로 우리나라 식품첨가물공전에서 빵류, 건과류 및 이의 제조용 믹스에 0.5% 이상 사용하지 못하도록 하고 있어 대부분의 식품에 사용이 허용된 상태이다.

(3) 사이클라메이트

1937년 미국의 대학실험실에서 해열제를 찾으려는 연구 중 우연히 담배에서 발견된 사이클라메이트는 설탕의 30~60배의 감미가 있으며 처음에는 급성독성이 낮고, 만성독성도 없다고 하여 1958년에 GRAS 목록에 포함되고 나서 세계적으로 널리 식품에 사용되기도 하였으나 1969년 미국 사탕무의 주 재배지인 위스콘신주 대학 연구소에서 쥐에 투여한 실험결과 발암성 물질이라고 FDA에 보고함으로써 1970년에 그 사용이 금지되고 그 함유식품의 모든 재고품을 폐기처분하기에 이르렀다.

1981년에는 미국의 NAS(national academy of science)는 사이클라메이트의 비발암성을 발표하기도 하였으나 유해성에 대한 논란은 아직도 지속되고 있으며 최근에는 발암물질이 아닌 것으로 받아들여지고 있으나 독성에 따른 논란으로 사용이 허가되고 있지는 않고 있으며 국내에서도 역시 허용되지 않은 식품첨가물이다.

이상으로 인공감미료가 사람에게 주는 이점과 안전성에 관한 논란 사례를 정리해 보았다. 최근 우리나라 경제성장에 따라 국민소득이 높아져 가공식품을 많이 소비하게 되었고 또한 큰 부담 없이 설탕 등의 영양성 감미료를 섭취할 수 있게 되어 당류의 소비량이 급격히 증가되고 있는 추세이므로 비만, 당뇨병, 충치 및 심장질환 등 건강측면에서 소비자들이 어느 때보다 높은 관심을 갖고 있다. 또한 설탕의 대부분의 원료를 수입하는 상황이므로 설탕을 포함한 영양성 감미료 대신 비교적 경제적인 인공감미료를 사용하는 것은 소비자들의 우려를 제거할 수 있을 뿐만 아니라 수입 대체 효과로 인해 국가경제에 직접적인 도움이 될 수 있다.

그러나 일부 인공감미료에 대한 안전성 논쟁도 지속되고 있는 상황을 고려할 때 인공감미료를 사용할 때에는 그 사용목적과 섭취 시 이점 등 이해 득실을 신중히 생각하여야 하고 인공감미료의 안전성에 대하여는 과학적 자료에 근거한 올바른 인식을 갖도록 노력하여야 할 것이다.

5. 최근 개발되고 있는 타가토스(tagatose)

1) 개 요

설탕 대신 사용되는 대체 감미료에는 설탕보다 단맛이 훨씬 강한 아스파탐 등의 '고감미 감미료'와 단맛은 설탕보다 낮으나 단맛 이외의 생리적 기능을 가지고 있는 당알코올, 올리고당 등의 '당질 감미료'로 크게 구분할 수 있다. 이와 같이 여러 설탕 대체 감미료가 개발, 판매되고 있으나 실제 어떤 대체 감미료를 사용하더라도 설탕과 같은 효과를 얻기 어렵기 때문에 설탕을 대체한다는 것은 쉬운 일이 아니다. 소비자들은 설탕과 같은 단맛과 특성을 가지면서 칼로리가 낮고 건강에 좋은 이상적인 감미료를 원하고 있다. 타가토스가 바로 소비자들의 이와 같은 욕구를 충족시킬 수 있는 가장 이상적인 기능성 감미료이다.

타가토스는 설탕과 거의 구별할 수 없는 천연의 단맛(설탕의 90%)을 가지고 있으며, 물리적 성질도 설탕과 비슷하다. 그러나 섭취한 타가토스는 소장에서 잘 흡수되지 않아 혈당치에 영향을 주지 않으며 칼로리는 설탕의 약 30%인 저칼로리 감미료이다. 또한 타가토스는 장내 미생물에 의해 발효되어 유익한 유산균의 장내 증식을 촉진시키는 prebiotic 제품 등의 기능성 식품 원료로 사용이 기대된다. 또한 타가토스는 물리적 성질이 설탕과 거의 비슷하므로 아스파탐 등의 고감미료와 혼합하여 식탁용 저칼로리 감미료로 사용될 수 있으며 항노화 기능도 안정되고 있다. 이상과 같은 기능성 이외에 타가토스는 당의정, 감기시럽, 치약, 구강세정제 등에 저칼로리 bulking agent, 화장품의 첨가제, 광학활성 화합물의 합성을 위한 중간원료 등 다양한 용도로 사용될 수 있어 세계 시장은 약 70조 원에 달할 것으로 추정된다.

타가토스는 2003년부터 Aral Foods 사에 의하여 D-galatose로부터 Ca(OH)$_2$를 촉매로 한 화학적 이성화법으로 생산되어 'Gaio tagatose'란 상품명으로 시장을 개척하고 있다. 그러나 화학이성화법은 수율 면에서 우수하나 회수, 정제가 어렵고 공정이 복잡하며 환경오염이 상대적으로 심할 뿐 아니라 소비자들은 화학공정보다는 안심하고 먹을 수 있는 안전한 생물공정에 의해 생산된 기능성 식품소재를 요구하므로, 전 공정을 청정 효소전환 공정으로 대체한 새로운 타가토스 생산 기술을 개발할 필요가 있다.

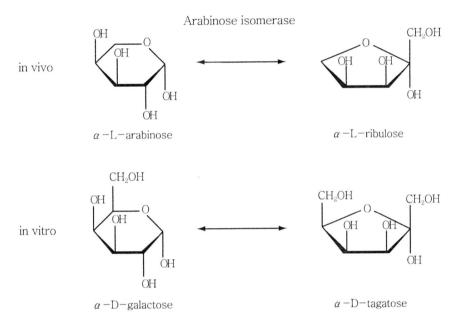

그림 5-1 In vivo and in vitro reaction catalyzed by arabinose isomerase

L-Arabinose isomerase(EC 5.3.1.5)는 그림 5-1에 나타난 것과 같이 in vivo에서 L-arabinose를 L-ribulose로 전환시키는 효소이나 in vitro에서 구조적으로 유사한 기질인 D-galactose를 D-tagatose로 전환한다. 따라서 고활성의 내열성 L-arabinose isomerase를 이용할 경우 저렴한 원료인 lactose로부터 고부가가치 기능성 감미료인 타가토스를 효소 이성화법으로 경제적으로 생산할 수 있다.

유가공부산물인 lactose를 출발 원료로 하여 생물전환공정에 의한 타가토스의 생산 방법은 기본적으로 이단계 반응(lactose → galactose → tagatose)으로 수행되어야 한다. 이러한 총괄 공정의 핵심은 ① lactose 또는 lactose를 함유한 원료의

β—galactosidase에 의한 galactose와 glucose로의 가수분해 ② galactose의 L—arabinose isomerase를 이용한 D—tagatose로의 이성화 반응 ③ 공정 중에 전환되지 않는 당류의 크로마토그래피에 의한 분리 및 재순환으로 구성된다. 이러한 이단계 반응 공정은 기존의 갈락토스를 이용하여 타가토스를 생산하는 일단계 반응과는 달리 연속 생산을 위한 반응 최적화가 필수이다.

2) 국내외 기술 현황

미국의 Biospheric사는 1994년 칼슘을 촉매로 하여 D—galactose를 D—tagatose로 전환하는 화학적 이성화법을 개발하였다(그림 5‐2). 즉 galactose를 20~25℃의 저온에서 금속수산화물인 tagatose·Ca(OH)₂ 침전을 형성시킨 후 침전을 여과하여 회수하고 CO_2를 취입하여 중화시킨다. 침전은 알칼리 조건에서는 안정하나 산성조건에서는 불안정하므로 pH 7 이하가 되면 타가토스가 수용액 중으로

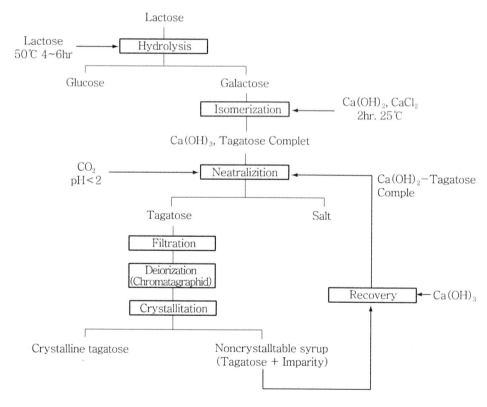

그림 5‐2 Aral Foods Process for manufacturing of tagatose by chemical isomerization

을 제품화 한다. Aral Foods사에서는 5백만 달러의 로열티를 지불하고 미국 유리되고 CaCO₃ 침전이 생긴다. 이후 여과, 탈이온 과정을 거쳐 정제한 것 Biospheric사로부터 이와 같은 화학이성화법에 의한 타가토스 특허 기술을 이전 받았다. Biospheric사는 계속적인 기술지원대가와 타가토스의 판매액에 대한 running royalty로서 계약기간 동안 약 5억 달러 이상의 수익이 예상되는 것으로 보도되고 있다. 독일의 Nordzucker는 Aral Foods와 joint venture를 설립하고 연간 생산 1,250 M/T의 타가토스 생산 공장을 Hanover에 건설하여 2003년부터 Gaio tagatose란 상품명으로 생산하고 있다.

Kraft Foods사는 유청로부터 효소법에 의한 타가토스 생산 공정을 보고하였다. 유청을 UF, RO의 막분리에 의해 단백질과 염을 제거한 다음 고정화 β-galactosidase를 이용하여 lactose를 galactose와 glucose로 가수분해 시켰다. 이 가수분해액을 알코올 발효하여 glucose를 알코올로 전환시킨 후 알코올을 증발 제거하여 galactose 용액을 얻고 이를 고정화 L-arabinose isomerase(AI)를 이용하여 타가토스로 전환하였다. 덴마크의 Bioneer사는 2004년 혐기성 내열성 세균 *Thermoanaerobacter mathranii* 유래 L-AI를 *E. coli*에서 발현시키고, 이 재조합 효소를 고정화하여 65℃에서 galactose를 타가토스로 42% 전환시켰다고 보고하였다.

타가토스는 2001년 미국 FDA로부터 GRAS로 인정받아 미국에서 식품첨가물로 사용하는 데 문제가 없으며 2003년 8월 Aral Foods사에서는 우리나라에서도 타가토스가 승인된 것으로 발표하였다.

국내에서는 일부 연구 그룹에서 L-arabinose isomerase(L-AI)를 이용한 효소 이성화법을 개발하였다. 한 그룹에서는 *E. coli* 유래 L-AI 유전자를 *E. coli*에서 대량 발현하였다. 이 조합 L-AI는 30℃에서 24시간 동안 반응시켰을 때 galactose로부터 타가토스의 전환율이 25%로 낮았다.

한편 한 연구팀은 *Geobacillus searothermophilus* 유래 L-AI를 고정화하여 galactose 의 타가토스로의 고온 이성화 공정을 개발하였다. 또 한 교수 그룹은 *Thermotoga neapolitana*로부터 기존에 보고되지 않은 L-AI 유전자를 cloning하여 *E. coli*에서 대량 발현하였고, 이를 이용한 타가토스의 생산 기술을 개발하였다. *T. neapolitana* 유래 내열성 L-AI는 최적 활성온도가 85℃이며 70℃에서 400시간까지 80% 이상의 활성을 유지하고 이성화 수율도 45% 이상으로 지금까지 보고된 L-AI 중에서 가장 우수한 것으로 확인되었다.

제6장   바이오 화장품

1. 서 론

바이오(bio) 화장품이란 독특한 소재 개발 및 실용화와 생산 제조 경비 절감을
목적으로 바이오 기술(식물 조직 배양, 미생물 발효 생산 기술)을 이용하여
개발된 화장품 소재가 배합된 것을 의미한다.

1980년대 바이오테크놀러지(biotechnology) 분야의 급속한 발전과 더불어
세포 배양으로 생산된 shikonin(5,8−Dihydroxy−2−(1−hydroxy−4−methyl−3
−pentenyl)−1,4−naphtoquione, $C_{16}H_{16}O_5$: 288.3)을 배합시킨 립스틱과 발효생
산된 hyaluronic acid를 배합시킨 피부 보습제가 등장한 이래로 화장품 업계에도
생물공학 기술 응용이 활성화된 지 10년이 경과되었다.

그동안 바이오 화장품 개념이 정착되어 종래의 천연물을 배합시킨 화장품만
사용하던 소비자가 생물공학 기술을 이용하여 그 유효성을 한층 더 높인 바이오
화장품이 등장하게 됨에 따라 호감을 갖기 시작했다(표 6−1).

화장품 원료는 1,700여 종이 있으며 천연물에서부터 합성품까지 그 종류는
다양하다. 화장품에 배합되는 바이오 원료는 표 6−2와 같다. 유분(油分), 계면
활성제, 수용성 고분자 등 여러 가지가 있다. hyaluronic acid의 경우 인체 피부의
보습성분과 마찬가지로 동절기 건조된 환경에서도 보수성(保守性)을 유지시켜

주는 이상적인 보습제로 알려져 있다. 그러나 종래는 닭의 볏에서 추출하였기 때문에 원료 확보와 추출의 난이함 등으로 상당한 고가이었다. 그러나 유산균을 이용 발효 생산하면서 그 가격이 1/5~1/6 수준으로 낮아지게 되었다.

Hyaluronic acid의 발효 생산 성공은 경제적 효과뿐만 아니라 발효 생산 기술의 축적 또한 가져오게 되었다. 그 결과 화장품에서뿐만 아니라 의약용으로도 백내장 치료에 사용되고 있으며, 그 용도는 더욱 확대될 것으로 기대되고 있다.

최근 개발되고 있는 화장품용 바이오원료 몇 가지를 소개해 본다.

표 6-1 상품화된 주요 화장품

	회 사 명	상 품 명	개 발 시 기	제 품 설 명
미백화장품	한국 (주)태평양(현 아모레 퍼시픽)	닥나무추출성분을 배합한 「화이텐스 에센스 EX」	발매(94년)	미백효과를 가진 화장품으로 닥나무에서 추출된 카지놀 F 성분을 배합
	일본 鍾紡	비타민 C, E 배합 미백 미용액 「ブランシ-ル. ホワイトニングポッ ツN」	개선제품신발매 (94년 1월)	수용성 비타민 C의 멜라닌 색소 억제 효과를 첨가한 제품, 보습성분인 「サイトプロン」도 배합
	일본 コ-セ-	Kojic acid 배합미백 화장품 「ホワイトング xx cream」	개선제품신발매 (94년 1월)	멜라닌의 생성을 억제시키는 kojic acid와 멜라닌 색소를 없애주는 비타민 C 유도체를 배합시킨 크림과 로션제품
	일본 자생당	Arbutin 배합 미백 화장품 「ホワイ트 テ スエッセンス」	발매(90년 1월)	arbutin을 배합시킨 유액상 미용액 arbutin은 tyrosinase 활성을 저해하는 작용을 함
	일본 삼성제약(개발, 제조판매) クオレ화장품(제조, 판매)	Kojic acid가 들어간 화장 cream	발매(88년 6월)	미백효과를 가진 화장품으로서 kojic acid는 tyrosinase 활성을 저해 멜라닌 합성을 억제시켜주는 것으로 알려져 있음
피부노화방지화장품	일본 コ-セ-(발매) キュ-ヒ(공동개발)	AG 「コントロル」	발매(93년 10월)	계란 껍질 내측에서 추출한 단백 성분과 collagen을 배합
	일본 자생당	비타민 A 배합 미용액 「リバイタル・リンクルリフト・エッセンス」	발매(93년 9월)	비타민 A를 처음으로 배합시킨 화장품
	일본 鍾紡	「ダダ」シリ-ズ	발매(82년) 개량신발매 (94년 11월)	노화대책 화장품 노화방지 효과가 높은 약제 DADA를 배합

	한국 (주)태평양	Biotide 배합 화장품 「라네즈」	발매(95년)	*Lactobacillus* sp.를 발효시켜 활성산소 소거효과, 보습효과 면역부활 효과를 가진 Biotide(peptide, nucleic acid polysaccharide가 주성분)를 배합
	한국 (주)태평양	Soypol 배합 화장품 「O₂ 바이탈」	발매(96년)	soybean을 원료로 *Bacillus* sp.를 발효시켜 생산된 biopolymer인 Soypol을 배합시킨 화장품으로서 보습력이 뛰어나며 윤활성이 우수하여 피부 유연성 및 습윤성 유지에 탁월한 효과가 있음
	한국 (주)태평양	Hyaluronic acid 배합 화장품「마몽드」	발매(92년)	*Streptococcus* sp.를 발효시켜 생산된 hyaluronic acid를 배합시킨 화장품으로서 보습효과가 뛰어남
기 타	일본 花王	Ceramide 액정화	발매(94년 10월)	자생당이 자체 개발한「SP Cera-mide」를 액정 cell화 하는 데 성공하여 미용액에 배합「花王ソフィ-ナ·ろイケアヅェル」를 발매
	일본 花王	세포외다당(TPS) 배합 기초화장품 「モイスチュアベ-ル」	신발매 (93년 10월)	月下春 *Polianthes tuberosa* L.의 화병에서 유도된 callus를 tank 배양하여 생산한 세포의 다당(TPS)를「花王 ソフィ·ナ·シリ·ズ」의 기초화장품「モイスチュア」
	일본 コ-セ-(발매) 森永乳業(공동개발)	ラクトカイン 배합 기초 화품「グランデヌ」	신발매 (94년 10월)	산화방지기능을 지닌 ラクトフェリン과 비타민류, 식물엑기스를 배합시킨「ラクトカイン」을 보습제로 배합시킴
	일본 Pola 화장품(발매), 기린맥주, 일본식품가공(Trehalose공급)	Trehalose 배합 화장품「デイ,アソデトイブラッサ」	신발매(94년 9월)	보습 성분으로서 trehalose 유도체「trehalose S」를 배합
	일본 협화발효, シュウウエムラ 화장품	フ-ヌシリ-ズ	발매 (90년 8월)	협화발효가 개발한 세포융합 표도주 효모부터 추출한 엑기스를 배합시킨 기초화장품
	일본 シュウウエムラ 화장품(판매) 협화발효(제조)	「ビオグラム」シリ-ズ」	발매 중	「바이오 히아우론산」을 중심으로 collagen, squalene, lecthin, erastin 등을 배합
향 수	일본 자생당(상품화) 일본 식품 화공(CD공급)	HP−β−CD배합 향수「ビベ-チェ」	발매 (93년 5월)	향이 기존제품보다 5~6배 오래 지속됨
	일본광업	「Lisanze」	발매 (89년)	발효+화학합성에 의해 생산된 cyclopentadecane을 조합시킨 향수를 상품화

	일본 Pola 화장품	「アラフェスタ」	발매 중	胚珠 배양에서 육종시킨 nioiceranium에서 추출된 향료 「bioceranium」을 배합
화장품용기능성소재	일본 협화발효	방선균 Biomelanin	94년	자외선 방지 효과가 있는 멜라닌 색소를 방선균(Streptomyces속)을 배양하여 대량 생산하는 기술을 개발
	일본 명치유업	보습제 「유청minneral MWS」	94년 개발	
	일본 Ajinomoto	Trehalose	대량생산기술개발 (94년)	glutamic acid생산균 Brevibacterium의 변이주를 이용 원료 당밀부터 40g/L 이상의 고농도로 생산가능 기술개발
	일본 협화발효	Uricase	93년	염묘제 용도의 uricase 생산

표 6-2 각종 바이오 원료

분류	원료명	제조법 및 특징
유분(油分)	r−Linolenic acid	곰팡이 Mortierella isaberina의 배양균제로부터 추출한 r−linolenic acid 함유 유지
	Olein extract	유지를 효소 분해하여 얻은 oleic acid. 열분해 oleic acid보다 산 안전성이 우수함
계면활성제	Spiculisporic acid	곰팡이 Penicillium spiculisporum의 발효생산물 다염기산형 활성제의 원료
수용성 고분자	히알우론산	세균 Streptococcus zooepidemicus의 발효생산물 닭 벼슬에서 추출한 것보다 고분자이며 낮은 가격임
	Chitin	게, 새우 껍질에서 추출, 각종 유도체로서도 사용
	다당(TPS)	月下春(Polianthes tubero)의 화병(花瓶)에서 유도된 callus를 tank 배양하여 생산한 세포 외 다당 각질층 보호성분
향료	Nioiceranium	不定胚 를 배양시켜 精油를 추출시킨것
	합성 Musk	효모 Candida tropicalis를 이용하여 대 환상 musk를 합성
색소	Shikonin	약용식물 자초(紫草, Lithospermum L. subsp, erythrorjizon) callus 배양으로 얻어진 약효성분 자색을 나타냄
	Karusamin	홍화(紅花, Carthamus tinctorius) 적색색소 효소를 작용시켜 karusamin의 생성량을 증가시킴

기 타	SK-II	효모의 발효 대사 성분
	SE	유산균의 발효 대사 성분
	2HP-β-Cyclodextrin	전분을 효소(CGTase) 처리하여 만들어진 cyclodextrin에 hydroxysporly기를 부착시켜 포접기능을 증가시킨것

*Source : Bio Industry Vol. 11.No.4 (1994)

2. γ-Linolenic acid 함유 유지

γ-Linolenic acid는 필수 지방산 중 하나로서 말초혈관을 이완시켜 혈압을 낮추어 주는 작용을 하는 것으로 알려져 있다. 기능성 식품 소재로서도 주목받고 있다. 화장품 원료로서 각광받고 있는 γ-Linolenic acid 함유 유지는 종래에는 월견초 종자에서 추출한 유지로서 주로 영국에서 공급되고 있었지만 달맞이꽃은 1년초이어서 수확량이 적고 가격이 비쌌다. 일본과 영국에서는 미생물을 이용해 γ-Linolenic acid 함유 유지 생산을 검토하기 시작하여 1986년부터 영국에서 상업적으로 생산하기 시작했다. 일본에서는 공업기술원 화학기술연구소(현재 생명공학공업기술연구소)가 1976년부터 사상균으로부터의 유지 생산을 연구하기 시작하여 접합균인 *Mortienella* 속 중에 γ-Linolenic acid를 다량 함유한 균을 스크리닝해 내어 고밀도 배양법을 사용, γ-Linolenic acid 함유 유지 제조법을 확립하였다. 사상균에 의해 생산된 유지와 월견초 종자에서 추출된 유지를 비교한 것이 표 6-3에 나타나 있다.

사상균에 의한 유지 제조 방법은 식물 유지와 비교하여 안정된 품질의 유지를 얻을 수 있으며 발효조에 필요한 만큼의 생산이 가능하고, 공존하는 linoleic acid 함량이 적기 때문에 r-Linolenic acid의 분리 정제가 용이하다는 장점이 있다.

일본 자생당은 1986년 9월 발효 생산 γ-Linolenic acid 함유 유지를 이용한 화장품을 발매하였다. γ-Linolenic acid 함유 유지를 피부에 직접 도포한 경우 피부 내부의 수분 휘산을 방지하여 피부 보습성을 높여 주는 효과가 있다. 도포된 γ-Linolenic acid 함유 유지는 피부에 상재(常在)해 있는 균이 생산하는 lipase에 의해 지방산과 glycerine으로 분해되어 생성된 gycerine이 피부 수분

보지력(保持力)을 나타낸다.

또한 지방산은 경피 흡수된 후 표피 세포막의 유동성과 기능에 영향을 미치는 것으로 알려져 있다. 일반적으로 불포화 지방산을 과산화 반응 일으켜 그 결과 피부에 염증을 발생시키는 것으로 알려져 있지만 γ-Linolenic acid 함유 유지는 피부자극성이 없어 피부 개선 효과에도 좋은 화장품 원료이다.

표 6-3 γ-Linolenic acid 함유 유지 제조법 비교

	달맞이 꽃 종자	사 상 균
생산성(유지)	종자중 약 25%	균체 약 80 g/L(배지) 균체 중 약 45%
생산방법	재배(1년초)	Tank 배양
생산시기	종자채취 시	항상
유지중 r-Linolenic acid 함량	6~10%	6~10%
가격(유지 1kg)	40만 원/kg	8,000원/kg 이하
기타 지방산	Linolenic acid 70% 이상	Linolenic acid 12% Oleic acid 45% Palmitic acid 30%
r-Linolenic acid 농축	불가능	가능

*Source : Bio Industry Vol. 11.No.4 (1994)

3. arbutin(hydroquinone-β-D-glucopyranoside)

Arbutin은 그림 6-1에 나타나 있는 화학 구조식을 가지고 있다. 월귤나무, 배, 서양배, 일약초(一藥草) 등 많은 식물에 함유되어 있다.

일본 자생당에서는 기미, 주근깨를 방지하는 물질에 대해 연구한 결과 arbutin이 기미, 주근깨의 원인이 되는 멜라닌(melanin) 생성세포(melanoside)에 대해 멜라닌 생성 억제 작용을 강하게 한다는 것을 밝혀냈다. 기미, 주근깨는 자외선에 의해 melaniside의 활동이 활성화되고 그 결과 멜라닌을 생성하는 효소로서 tyrosinase의 활성이 높아져 멜라닌을 다량 만들어 내 부분적으로 검어지게 되는 상태가 된다. 그러나 arbutin은 이러한 부위에서 높아진 tyrosinase 활성을

저해하여 멜라닌 생성 작용을 억제시켜 기미, 주근깨를 개선시킨다. 이 회사는 현재 arbutin을 배합한 화장품을 판매하고 있다.

Arbutin은 화학적 합성법으로 만들어지는 것으로서 합성품 중 비교적 고가 물질이다. arbutin 배당체를 생산하기 위해서는 ① glucose의 acetyl화 ② hydroquinone과의 축합 ③ alkali 가수분해의 세 공정이 필요하다. 이 결과 정제가 복잡하게 되어 가격이 높아지는 단점이 있다.

한편, 식물 배양 세포에 phenol성 물질을 첨가하여 효율을 높여 주는 방법도 개발되어 있으며, 일본 자생당에서는 arbutin 생산능력이 높은 일일초(日日草) 배양 세포를 입수하여 arbutin 생산에 관여하는 각종 요인들의 영향을 검토하였다. arbutin 생산능력은 일일초가 어릴수록 높으나 세포 밀도는 낮은 단점이 있었다. 이러한 단점을 보완하기 위해 배양 도중 신선한 배지를 보충하여 고밀도에서도 세포분열 활성을 유지시켜 고밀도 세포에서도 arbutin 함량이 높아지는 것을 확인하게 되었다. arbutin 생산을 촉진시키는 물질을 검토한 결과, sucrose는 6%까지 첨가 농도가 증가할수록 arbutin 생산을 촉진시켰다.

Arbutin ; Hydroquinone$-\beta-$D$-$glucopyranoside

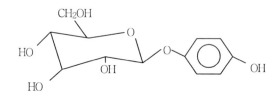

$C_{12}H_{16}O_7$ 　　　　　　　　　　　　 분자량 : 272, 26

그림 6-1 Arbutin 화학구조식

표 6-4 세포농도 변화에 따른 Arbutin 생산성 변화

배양상태	mg arbutin	g arbutin
	g 세포 중량	L
130 g/L(Jar fermentor)	13	1.8
342 g/L(Jar fermentor, 배지보충)	12	4.1
293 g/L(Flask, 배지 미보충)	3.4	1.0

*Hydroquinone 첨가개시 시의 세포 중량

표 6-5 각종 당류의 Arbutin 생산에 미치는 영향

	arbutin 생산량 (mg/g 세포중량)	배지 중의 잔존당량			
		sucrose	glucose	fructose	합 계
당 무첨가	4.7 ± 0.1	0.00%	0.12%	0.36%	0.48%
sucrose 5.9%	13.7 ± 1.8	0.90%	2.50%	3.44%	6.84%
glucose 5.9%	14.1 ± 1.6	0.00%	2.62%	0.51%	6.13%
sorbitol 5.9%	13.8 ± 1.3	—	—	—	—

*Hydroquinone 첨가개시 시의 세포 중량

4. 2-hydroxypropyl-β-cyclodextrin (2HP-β-CD)

Cyclodextrin(CD)은 glucose가 6개 이상 α-1,4 결합된 환상 올리고(oligo)당으로서 glucose 6분자, 7분자, 8분자 결합된 것을 각각 α-, β-, γ-cclodextrin이라고 한다. CD의 포접 복합체는 피포접 물질의 생리활성들의 성질을 변화시켜 줄 뿐만 아니라 용해성 및 생체로의 흡수성을 향상시켜 준다.

CD의 제조법으로는 여러 가지가 있지만 일본 이화학연구소에서는 고알카리성 배지에서 생육하는 호알카리 미생물 중에서 β-CD를 전분에서 우선적으로 생성하는 특성을 지닌 cyclodextrin glucosyltransferase(CGTase) 생산균을 분리하였다. 일본 식품화공(주)에서는 이 기술을 발전시켜 무용매법으로, 결정 α-, β-, γ-CD의 공업적 제법을 확립시켰다.

그러나 CD는 물에 녹는 용해도가 낮기 때문에 각종 제품개발에 어려움이 있어 일본 자생당과 식품화공이 공동 연구하여 물성과 경제성이 우수한 2HP-β-CD를 개발하였다.

이것은 β-CD 알카리 수용액에 propyleneoxide를 서서히 첨가하여 2HP-β-CD를 생성시켜 이온 교환 수지에서 탈염, 농축하고 난 다음 활성탄으로 탈색시킨다. 얻어진 2HP-β-CD는 β-CD보다 용해성이 50~100배 우수하며 포접될 수 있는 향료량이 증가되며 향의 지속효과도 뛰어나다.

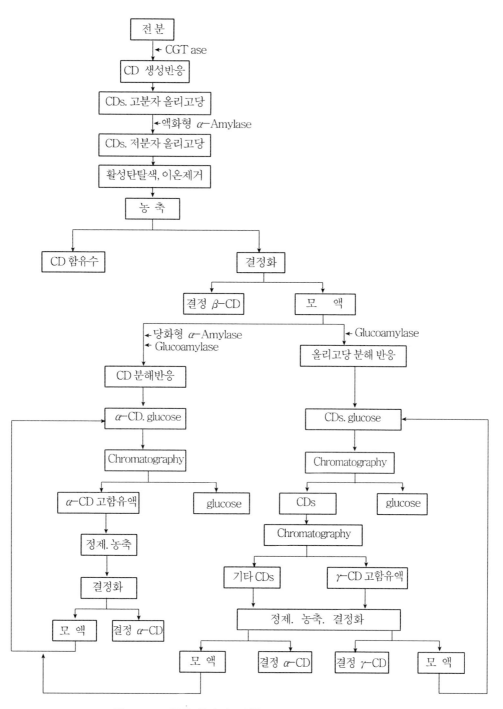

그림 6-2 무용매법의 의한 Cyclodextrin 제조공정

5. 향후 전망

천연성분의 유용한 물질을 저렴한 가격으로 생산하기 위해 바이오테크놀러지 기술을 이용하는 것과, 원료 공급이 불안정한 식품 및 귀중한 식물의 유효 성분을 자원 보호, 환경보전 측면에서 식물세포 배양으로 생산하는 것은 향후에도 지속될 것이다. 피부 노화의 원인으로서는 유전 프로그램설, 유전 Error설, 호르몬설, DNA 손상설, 면역계 능력저하설, free radical설 등이 있지만, 최근 표피와 진피까지를 포함한 피부와 활성산소의 관계에 대하여 지방질 과산화 반응에 관여하는 glutathion peroxidase 등의 효소와 단백질 유도체를 종합적인 피부산화억제 시스템 논의도 행해지고 있다. 이러한 연구에는 분자 생물학적 수법이 사용되지만 표피와 진피의 구성성분에 관여하는 유전자 연구와 자외선, 활성산소에 의해 생성되는 stress protein 등의 해석도 진행되고 있고 free radical에 의한 피부노화 방지 가능성도 검토되고 있다.

또한 미백관련에 대해서도 tyrosinase 구조 유전자를 제어하는 유전자의 해석을 시도해 tyrosinase의 세포 내 이동 제어 기구 등에 대한 연구가 진행되고 있으며 tyrosinase 저해 물질을 배합하는 것과 같은 대응 요법적인 것부터 멜라닌 생성과 색소 침착 매커니즘에 기초를 둔 미백제가 등장하기 시작했다.

한편 육모제의 개발은 모근에서의 대사 활성화, 혈관 확장제, 혈류 촉진제, 부작용이 없는 남성 호르몬 길항제 등의 연구가 현재 진행되고 있고, 육모제 분야에서도 분자 생물학적 접근이 행해지고 있어 각종 탈모증의 발생 기구 해명이 진행되고 있다. 이러한 연구가 기반이 되어 효과적인 육모제의 출현이 꿈이 아닌 현실화될 수 있을 것이다.

제7장 미용식품

1. 개 요

1) 미용식품에 대한 이해

인간은 건강하게 살고자 하는 본능적인 욕구 이외에도 아름다움을 가지고 젊음을 추구하는 욕구를 가지고 산다. 아름다움이란 개념은 민족 또는 인종에 따라서 시대적으로 그 개념이 다르기 때문에 일반적 기준을 어디에 두느냐에 따라서 차이가 날 수 있는데, 대체로 내면의 아름다움을 제외한다면 피부의 미용이나 체형의 미를 얘기할 수 있으며, 이들 모두는 육체의 건강과 직접적인 관련을 가지고 있다.

건강한 올바른 생활습관, 건전한 정신상태 및 위생적인 의식주에 의해 일상생활에서 획득되는데, 이 중 식생활이 건강에 가장 큰 영향을 주고 있다. 따라서 최근의 미용관련 연구에서도 영양학적 관점에서의 연구가 확대되고 있다.

최근 들어 미용과 건강에 대한 여성들의 관심이 높아지면서 먹을수록 피부가 고와진다는 이른바 미용식품(nutricosmetics)이 화장품업계의 화두로 떠오르고 있다. 단순한 건강기능성 식품의 차원을 넘어 특별히 피부 미용과 효과를 배가시켜 준다는 제품으로서 다양한 제형과 효능을 포함하고 있다.

활력을 높이는 일반 비타민류부터 멜라닌 색소의 생성을 억제해 주는 효능소재를 활용한 제품군과 피부 주요 성분인 콜라겐의 체내 흡수율을 높이기 위해 캡슐화, 드링크화, 분말화시킨 제형적 관점의 제품 등 기존 화장품 범주를 확대시켜 주는 제품들이 출시되고 있다.

이들 미용식품은 건강기능성 식품이나 의약품으로 분류돼 엄격한 면에서 화장품은 아니지만 최근 이너뷰티(inner beauty) 신드롬의 영향으로 넓은 범주의 화장품으로 인식되기도 한다. 특히, 건강과 아름다움이 직결된다는 평범한 진리가 일반인들 사이에 재인식되면서 건강 미용시장에서 이너뷰티의 개념이 더욱 주목받고 있다.

2) 미용식품 시장동향

Euromonitor(2002년) 조사에 의하면 미용식품의 전 세계 시장규모는 4조 5억 원인데, 국가별로는 프랑스 3,900억 원, 독일 2,800억 원, 미국 9,000억 원, 일본 1조2천억 원으로 형성되어 있으며, 2007년도의 전 세계 시장은 5조 8천억 원을 예상하고 있다.

일본의 미용식품은 카테고리가 정식으로 나뉘어 있지 않으나 피부 건강에 대한 기능표시를 할 수 있다는 법적인 상황을 고려하여 이미 비타민 A, 비타민 C, 비타민 E 등의 비타민, 콜라겐, 알로에 베라, 로얄제리, 핵산, 콘드로이친 등 다수의 소재를 이용해 다양한 제형으로 영양보조식품, 식품에 이용되어 하나의 시장을 형성하고 있다.

시장은 2004년도 일본 후지경제 조사기준으로 신체의 내부로부터의 미용이라는 의식이 고조되면서 비타민 C, 콜라겐 등의 호조로 1,181억 엔(전년비 10% 증가)의 시장형성이 되어 있다.

유럽의 경우 네덜란드 Ferrosan에서 제조한 Imideen은 미용식품영역에서 주도적인 제품 중의 하나로 현재 전 세계 48 개국에서 약국 경로나 미용전문점에서 판매되고 있다. 화장품회사인 로레알과 식품회사인 네슬레가 50/50으로 투자하여 만든 전문미용식품회사인 Inneov에서는 피부, 모발, 손톱 개선 건강보조식품을 개발하여 nutri–cosmetic을 표방하면서 특정성분의 섭취에 의한 피부 미용효과를 객관적으로 증명하여 시장에 지대한 파급효과를 불러왔으며, 현재 유럽 9개국에 약국경로에서 판매되고 있다.

최근 미국의 화장품 회사들은 중년 여성에게 있어 피부 노화를 예방해 줄수 있는 기능의 중요성을 인식하여 제품 라인에 cosmeceutical을 출시하는 예가 많아지고 있으며, 피부과 전문의에 의해 통합적 영양 프로그램을 활용한 노화방지 제품이 개발되고 있다.

마켓조사에서 항노화관련 제품(화장품, 미용식품, 소재포함) 시장은 2007년까지 연 12% 성장을 예상하고 있다(그림 7 - 1).

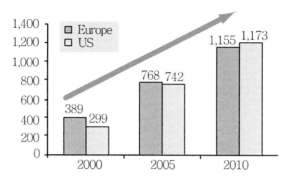

그림 7-1 Value of oral beauty supplements(백만 달러, 2000년~2010년)

2. 전통적 미용기능 천연소재

식이 및 영양 보충제는 신체의 모든 기관이 이용할 수 있는 영양소를 공급하는데, 피부 또한 하나의 기관이므로 식이 및 영양 보충제가 공급해 주는 영양소들로부터 이익을 얻을 수 있다. 영양 결핍과 직결되어 있는 피부질환들을 떠올리면 피부 건강에 있어 영양소가 차지하는 역할을 가늠할 수 있으며, 비타민, 미네랄, 필수 지방산과 같은 영양소의 결핍과 관련된 영양소를 보충해 주는 것이며, 이를 통해 피부의 상태가 개선된다.

영양학에서는 음식 섭취와 건강 사이의 관련성에 관한 연구를 활발하게 추진하고 있으며, 식이나 영양 보충제가 피부 건강에 미치는 영향에 대해서도 연구를 진행 중이다.

태양광에 의한 피부 주름과 식이 섭취의 관계를 연구한 논문에서는 채소, 콩류, 올리브 오일의 섭취가 태양광에 의한 화학적 손상으로부터 피부를 보호하는 것으로 나타났으며, 피부 상태, 혈청 및 식이의 영양소 수준 간의 관계를 연구한 cross-sectional study에서는 혈청 내 비타민 A 수준이 높을수록 피부의 피지량이 작고, 표면 pH가 낮다는 사실을 보고하였다.

이처럼 식이나 영양 보충제를 통해서 피부에 유용한 영양소를 섭취하는 것은 피부 건강을 유지하기 위한 또 하나의 방법이라고 할 수 있다. 건강하고 아름다운 피부에 대한 사람들의 욕구와 관심이 증대됨에 따라 피부 노화방지 및 미용을 위한 영양 보충제 등의 건강식품 소비도 함께 증가하고 있다. 탄수화물이나 단백질, 지방과는 달리 비록 소량이지만 신체의 건강을 유지하는 데 있어 중요한 역할을 하는 비타민과 미네랄은 피부의 정상적인 상태를 유지하는 데 있어서 필수적인 요소이며, 최근에는 피부노화 방지와 피부 미용의 측면에서도 주목을 받고 있는 영양소이다. 피부 건강이나 피부 미용을 언급할 때에는 피부만을 포함하는 것으로 생각하기 쉽지만 모발과 손톱까지 이에 포함시킨 개념으로 비타민과 미네랄은 모발과 손톱의 건강한 상태를 유지하기 위해서도 필수적인 영양소이다(표 7 - 1).

표 7-1 전통적 미용식품 기능성 소재

원료명	작용	특징
콜라겐 펩타이드	피부구성 성분보충	피부에 보습과 탄력, 관절의 유연성
콘드로이친		피부 근육, 장기 등의 생체 내 각 조직 중에 수분과 영양분을 축척하는 역활
엘라스틴		피부에 탄력을 주는 단백질
클루코사민		히아론산의 구성당
핵산		피부구성 단백질 합성, 자외선 흡수에 대한 피부노화 방지
세라마이드		각질층 세포 간 지질의 약 49%를 차지하는 성분, 피부에 보습과 탄력을 주는 효과
베타 카로틴	피부손상 치료 및 예방	체내 활성산소 제거, 피부활성, 피부노화방지
비타민 A		콜라겐의 합성을 촉진 및 분해 억제
비타민 B_1, B_2		신체조직의 유지, 건강한 피부, 모발, 손발톱 유지
비타민 E		항산화 작용을 통한 피부 지질세포의 보호 및 유지
스쿠알렌		표피·성장인자 활성화, 유해산소 제거, 피부세포 재생
비타민 C	미백효과 (색소 침착방지, 신체의 활성화)	생체 내의 산화·환원작용 조절
클루타치온		생체 내에서 생성되는 항산화 물질, 피부의 광산화 방지효과
프로폴리스		세포를 활성화하고 노화방지, 피부재생 촉진

3. 신규 미용기능 천연소재

1) 아스타크산틴

카로티노이드계 색소들의 항산화 활성은 생체 내의 자유 라디칼과 산화적 스트레스를 줄여 주어 건강한 상태를 유지하는 데 도움을 준다. 그중에서도 특히 아스타크산틴(astaxanthin)은 일중항산소(singlet oxygen)를 제거하는 능력이 탁월하여 산화반응으로부터 세포를 보호 해 준다.

아스타크산틴을 hydroxyl기와 keto기에 의해 강력한 항산화 활성을 보여 생체에 유해한 일중항산소 제거나 지질 및 자유 라디칼의 과산화 연쇄반응을 차단하는 기능을 한다. 아스타크산틴이 보여주는 일중항산소 소거 활성은 알파 토코페롤(비타민 E)과 비교하여 550배에 이른다. 비타민 E는 생체의 지용성 항산화제 중에 중요한 자리를 차지하고 있는데, 아스타크산틴은 비타민 E가 결핍된 쥐에서 지질 과산화로 인한 손상으로부터 생체를 보호하고 결점을 복구하는 데 도움을 주었다. 쥐의 미토콘드리아에서 지질 과산화를 억제하는 활성을 실험한 결과, 아스타크산틴은 비타민 E보다 100배 가량 큰 활성을 나타내었다.

항산화 활성을 측정하는 여러 가지 방법에서 루테인, 제아잔틴, 칸사잔틴, 베타 카로틴과 같은 카로티노이드계 색소들과 활성을 비교했을 때 아스타크산틴이 10배 이상 큰 활성을 보였다.

아스타크산틴이 산화적 손상으로부터 피부를 보호한다는 많은 연구들이 수행되었는데, in vitro 실험에서 사람의 피부 세포주에서 아스타크산틴을 넣어 준 경우, 세포 내의 superoxide dismutase 활성과 glutathione 함량이 자외선에 의해 변화하는 것을 막아 주고 자외선에 의한 DNA 손상에 대해 보호 작용이 나타났다(그림 7 - 2). 자외선에 의한 광산화는 피부에서 홍반, 광노화, 광과민성 질환, 피부암 등의 원인이 되므로 자외선의 유해한 영향으로부터 피부를 보호하는 것이 피부의 건강에 있어서 매우 중요하다. 무모 암컷 생쥐(hairless, nude mouse)에서 β-카로틴, 아스타크산틴, 레티놀이 들어 있는 식이를 4개월간 섭취시킨 후 자외선을 조사시켰을 때, 대조군의 표피에서는 폴리아민의 한 종류인 putrescine이 4.1배 증가한 반면 아스타크산틴 단독 섭취 또는 레티놀과 함께 섭취시킨 군에서는 1.5배만 증가하여 자외선에 의해 putrescine이 생체에 축적되는 것을 막아 주었다.

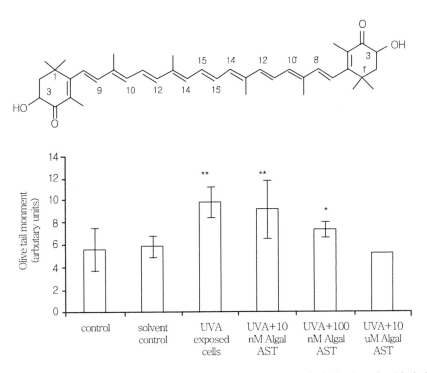

그림 7-2 Human skin fibroblast cell(1BR-3 cells)에서 아스타크산틴의
자외선에 대한 보호 효과

2) 라이코펜

카로티노이드류의 항산화 작용은 질병이나 환경에 의한 손상을 방지해 주는
중요한 역할을 한다고 알려져 왔다. 카로티노이드류 중 라이코펜(lycopene)의
높은 항산화력은 여러 연구에서 보고되어 왔다. singlet oxygen이란 생체 내에서
형성된 고도로 활성화되고 짧은 생명력을 가진 산소 형태로, 세포막의 불포화
지방산 등과 반응하여 세포 내 손상을 가져 올 수 있다. in vitro 실험 결과, 다른
카로티노이드류 및 비타민 E와 같은 항산화 물질과 비교하였을 때, singlet oxygen
소거 작용에 있어서 라이코펜이 좀더 높은 효과를 나타냈다고 보고 되었다.

라이코펜의 *in vitro*상에서의 높은 항산화 능력뿐만 아니라, 라이코펜의 생체
내 높은 이용률에 대해서 사람을 대상으로 한 실험 결과가 보고되었다. 건강한
여성 16명을 대상으로 한 실험 결과, 하루 3차례 UV 조사 시 UV에 노출된
피부 조직 내의 라이코펜이 31~46% 감소하였다. 이는 β-카로틴이 같은
실험에서 거의 감소하지 않은 것과 대조된다. 즉 라이코펜이 피부 조직 내에서

UV에 의해 야기될 수 있는 각종 유해 작용들을 방어하는 데 보다 중요한 역할을 한다는 것을 나타내는 것이다. 이것은 라이코펜의 구조 내에 공역 이중 결합이 β-카로틴보다 더 많기 때문인 것으로 생각된다. 피부의 노화는 주로 세포 내 산화작용으로 일어난다. UV, 스트레스, 질병 등에 의해 생성된 자유 라디칼이 세포를 손상시키게 되고, 손상된 세포 내에서는 염증작용이 일어나 염증작용의 부산물들이 피부노화를 지속시킨다. 이러한 관점에서 라이코펜의 강한 항산화 작용 및 피부세포 내에서의 높은 이용률에 대한 연구보고는 라이코펜의 효과적 섭취로 피부노화방지 등의 미용효과를 기대할 수 있게 한다. 실제로 표 7-2에서와 같이 많은 연구에서 라이코펜 단독 또는 다른 항산화 물질과 혼합 섭취 시 UV에 대한 보호 효과 및 피부 미용 효과를 입증하고 있다.

표 7-2 항산화 물질 혼합 섭취시 UV에 대한 피부 보호 효과

연구자	복용형태	대상자	결과
Kiokas S., Gordon M.H.	카로티노이드 혼합 캡슐 (라이코펜 4.5 mg 함유)/3주간 복용	32명 비흡연자	산화적 스트레스 지표감소
Stahl W., Sies H.	토마토 페이스트 (라이코펜 16 mg)/10주간 복용	9명	UV에 의한 피부 홍반 현상 감소
Postarie E., Tronnier H.	항산화 물질 혼합 캡슐 (라이코펜 3 mg 함유)/8주간 복용	20명	UV에 의한 피부 색소 침착 저해
Ulrike Heinrich	카로티노이드 혼합 캡슐 (라이코펜 8 mg 함유)/12주간 복용	12명	UV에 의한 피부 홍반 현상 감소
J. P. Cesarini Adhoute M. Bejot	항산화 물질 혼합 캡슐 (라이코펜 3 mg 함유)/7주간 복용	25명	UV에 의한 손상 지표 감소

3) 이소플라본

이소플라본(isoflavone)은 자연계의 식물에서 발견되는 4,000여 가지의 이소플라본 중 하나의 군으로서 식물에서 유래되어 여성호르몬의 활성을 나타내는 물질로 genistein, daidzein과 glycitein을 포함하며 대두와 같은 콩과식물과 석류 등에 다량 함유되어 있다.

에스트로젠과 유사한 구조로 에스트로젠의 피부작용과 유사한 효능이 기대되고 있다. 이소플라본은 hairless mouse를 이용한 동물실험에서 UV 광선에 노출되었을 때 이소플라본을 경구 투여한 군이 일반식을 투여한 군과 비교하여 피부의 항주름효과가 월등히 높았음이 확인되었다(그림 7‐3). 이것은 이소플라본을 투여한 실험군과 피부조직에 콜라겐과 엘라스틴의 함량이 일반식을 투여한 군의 피부 조직에 비하여 월등히 높았기 때문으로 사료되며 *in vitro*, *in vivo* 실험을 통하여 이소플라본이 효과적으로 콜라겐을 분해시키는 MMP‐1의 분해효소의 작용을 억제하는 것으로 확인되었다(그림 7‐4).

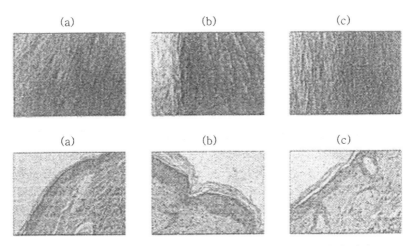

(a) 정상피부 (b) UV-조사 피부 (c) UV-이소플라본 처리 피부

그림 7‐3   이소플라본 항주름 효과

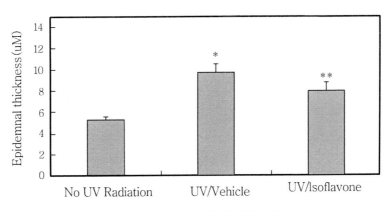

그림 7‐4   이소플라본의 피부보호효과

4) 알파 리포익산(α-lipoic acid)

치옥트산으로도 잘 알려진 알파 리포익산(Lipoic Acid : LA)은 식물과 사람을 포함한 동물에서 자연적으로 합성이 되는 화합물이다. 알파 리포익산은 산화형 또는 환원형으로 전환될 수 있는 2개의 황 분자들을 함유하고 있다. 이러한 특징 때문에 알파 리포익산은 유력한 항산화제로서의 기능뿐만 아니라 몇몇 중요한 효소의 보조인자로서의 기능을 하고 있다(그림 7-5). 알파 리포익산은 또한 항산화제로서의 기능을 할 수 있다. α-dihydrol-lipoic acid(DHLA)는 알파 리포익산의 환원형이고 직접적으로 항산화제로서의 기능을 할 수 있는 유일한 형태이다. 자유 알파 리포익산은 세포에 빠르게 들어가서 DHLA로 환원된다.

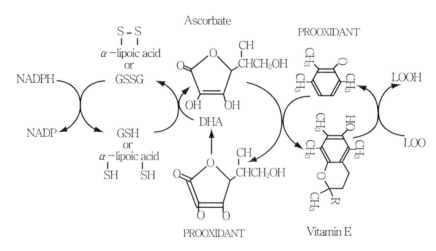

그림 7-5 다른 항산화 시스템의 재활용에서의 α-lipoic acid의 역할

DHLA는 또 빠르게 세포에서 제거되기 때문에 항산화제로서의 효능 범위는 확실하지 않을 수 있다. 하지만 DHLA만이 항산화제로 직접적으로 작용을 한다 할지라도, 알파 리포익산은 간접적으로 항산화제로서의 역할을 할 수 있다. 알파 리포익산의 항산화 능력은 비타민 C와 E 복합체보다 약 400배나 강하다고 알려져 있다. 더군다나 이 물질은 수용액뿐만 아니라 지방에도 잘 용해되는 성질이 있어 세포막을 잘 통과하여 생리효과를 효율적으로 나타낼 수 있는 장점이 있다. 알파 리포익산은 염증 인자인 NF-κB의 활동을 억제하며, 피부에서는 부드러운 피부를 유지하게 하는 콜라겐 섬유의 파괴를 억제하고,

콜라겐 섬유에 당분자들이 결합하는 glycation 작용 역시 억제하는 효과를 갖는다. 또한, 피부노화에 중요하게 관여하는 전사인자인 AP-1 단백질을 활성화시켜 피부노화를 억제하는 효능 또한 매우 크다.

5) 코엔자임 Q10

코엔자임 Q_{10}(coenzyme Q_{10})은 ubiquinone이라고도 하며, 피부를 포함한 모든 세포에서 관찰되는 지용성 비타민 또는 비타민 유사물질이다. 특히, 분자 구조의 불포화 탄소사슬의 구조는 비타민 F와 유사하다. Tyrosine으로부터 코엔자임 Q_{10}의 생합성은 적어도 8개의 비타민과 몇 개의 미량원소를 요구하는 여러 단계과정이다.

코엔자임 Q_{10}은 다른 세포에 있는 효소뿐만 아니라 적어도 3가지 미토콘드리아 효소에 대한 조효소이며, 전자전달에 관여하는 퀴논링(quinone ring)은 세포에서 에너지를 생성하기 위한 매우 중요한 기능을 가지고 있다(그림 7-6).

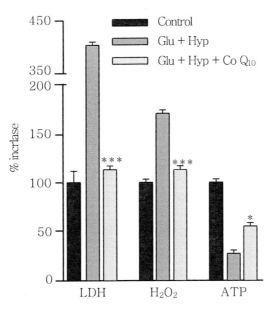

그림 7-6 신경세포에서 대조군, 흥분독성상태, 흥분독성상태 + Coenzyme Q_{10}
처리 LDH 방출량, 과산화수소 증가량, 고에너지 분자인 ATP 생성량.
(Biofactors, 2003 ; 18 : 289~97)

코엔자임 Q_{10}은 피부에서는 항산화제로 연구되어 오고 있으며, 최근 내·외용제로서 노화억제와 주름개선 작용에 대해 보고된 바 있다. 이런 보고들은 Co Q_{10}이 항산화제로서 산화·환원작용을 통해 피부의 방어기능에 중요한 역할을 한다는 점을 시사하며, 일반적으로 산화·환원작용은 피부에서 흑화 과정의 조절에도 많은 영향을 미친다(표 7 - 3).

표 7-3 Co Q_{10} contents in various organs in hairless mice orally supplmented with Co Q_{10}

pa (mg/kg)	serum (ng/mℓ)	epidermis (ng/mg tissue)	dermis (ng/mg tissue)	kidney (ng/mg tissue)	heart (ng/mg tissue)	muscle (ng/mg tissue)	liver (ng/mg tissue)	brain (ng/mg tissue)	crystallinelens (ng/mg tissue)
control	28.9 ± 13.4	1.57 ± 0.34	10.0 ± 1.84	64.0 ± 8.7	39.3 ± 2.9	5.90 ± 0.45	1.16 ± 0.25	5.34 ± 0.73	N.D.
1	32.4 ± 1.71	1.75 ± 0.30	8.8 ± 1.56	55.2 ± 12.4	40.1 ± 7.0	5.02 ± 0.74	1.14 ± 0.23	5.19 ± 0.99	N.D.
100	51.3 ± 21.2*	0.36 ± 0.91**	10.7 ± 3.14	51.8 ± 9.0	38.7 ± 5.8	4.74 ± 1.26	1.47 ± 0.29	5.99 ± 1.18	N.D.

Co Q_{10} administered daily for 2 weeks. Data are expressd as means±SD(n=6−7) *P(0.01), **P(0.001), P values were calculated by ANOVA and Fisher's protected least significant differense(Fisher's PLSD) as post hoc test. N.D., not detacted

자료 : Biofactors, 25(2005) 175~178

(1) 피크노제놀

피크노제놀(pycnogenol)은 프랑스 남서부 지방에 분포하는 특정 종인 해양 소나무(*Pinus maritime* 또는 *Pinus pinaster*)의 껍질로부터 추출된 수용성 항산화 물질의 집합체이다. 피크노제놀은 비교적 큰 분자인 카테킨, 에피카테킨, 유기산 등을 포함하고 있다. 다양한 크기의 항산화제가 분포하기 때문에 세포 내뿐만 아니라 혈액 내 순환하면서 세포 밖에서도 항산화 역할을 하게 된다.

미국 캘리포니아 대학교(U.C. Berkeley)의 Lester Packer 박사에 의하면 피크노제놀은 비타민 C나 비타민 E보다 강력한 항산화력을 지닐 뿐만 아니라, 산화된 비타민 C를 생체활성적인 형태로 되돌리고, 비타민 E를 산화로부터 보호하는 작용을 한다고 한다.

피크노제놀의 화장품으로서의 역할은 다음의 세 가지 측면에서 기인한다. 첫째, 피크노제놀은 특정 단백질, 특히 아미노산 hydroxy−proline이 풍부한 단백질에 대해 높은 친화성을 보여준다. 이것은 피부의 안정성과 견고함을 책임지는 콜라겐과 엘라스틴 섬유질을 분해효소로부터 안전하게 보호해 주는 것으로 나타났다(그림 7 - 7).

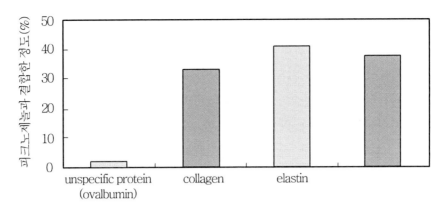

그림 7-7 피크노제놀과 콜라겐, 엘라스틴의 선택적 결합 친화성

둘째, 피크노제놀은 말초혈액순환을 돕는다. 셋째, 피크노제놀의 항염증 효과이다. 피부의 염증작용은 그 부분의 홍조, 부종, 발열 등의 부작용을 동반한다. UV-조사에 의한 반응으로 일어난 염증의 경우 활성화된 면역 세포들은 자유 라디칼들을 방출함으로써 피부 세포의 손상을 증가시키는데, 산화적 스트레스와 손상된 세포들은 이러한 염증작용을 더욱 가속화함으로써 악순환이 반복된다.

이러한 피크노제놀의 피부미용효과는 인체실험을 통해서도 증명되었는데, 21명의 건강한 참여자를 대상으로 UV-조사로 유도되는 피부 손상에 대한 방어 효과를 검증하였다.

우선 피부의 홍반을 처음으로 감지할 수 있는 정도의 UV 조사량, minimal erytheme dose(MED)를 baseline으로써 각 대상자별로 측정하였다. 이후 대상자들은 4주 동안 체중 1 kg당 1.1 mg의 피크노제놀을 복용한 후에 MED를 재측정하였을 때, MED값은 21.52 mJ/cm²에서 34.62 mJ/cm²까지 증가하였다. 이후 4주 동안은 피크노제놀의 함량을 체중 kg당 1.6 mg으로 증가하여 복용하였고, 다시 MED값을 측정하였을 때 처음 baseline의 값과 비교하였을 때 평균 2배 정도의 MED값이 증가하였다. 즉, UV의 조사로 인한 피부 손상을 피크노제놀을 섭취하는 농도에 비례하여 방어할 수 있다는 것이다. 이것은 피크노제놀이 자유라디칼을 중화하고 자외선으로 인한 화상을 방지할 수 있도록 섭취된 후 피부까지 도달한다는 것을 보여준다.

(2) 히아론산

히아론산(hyaluronic acid)은 고분자의 점액성의 뮤코 다당류로 생체 내의 조직에 널리 분포하여 있으며, 생체방어에 관여하는 면역계와 전해질 균형이 조절관여 물질로 피부의 진피기질을 구성하는 주요 성분이다. 히아론산은 피부 탄력구조를 유지하는 데 중요한 역할을 하는데, 히아론산의 1차적인 기능은 진피를 이루고 있는 세포들 사이의 공간을 유지하는 것이다.

진피의 구조를 살펴보면, 교원섬유(collagen)가 입체 구조를 이루고, 그 사이에 신축성이 강한 탄력섬유(elastin)가 스프링처럼 작용하여 피부의 탄력을 유지해 준다. 그리고 그 사이 공간을 히아론산이 채우면서 세포 외 공간을 유지해 주고 있다. 그러나 나이가 들어감에 따라 진피층의 교원섬유가 파괴되고 탄력섬유도 체내에서 생성되는 말론 디알데하이드(MDA)에 의해 분자사슬 사이의 가교결합이 형성되어 신축성이 떨어지게 되고 더불어 히아론산도 감소되어 피부는 수분을 잃고 탄력이 감소하여 주름이 잡히게 된다. 또한, 히아론산은 세포 외 공간을 채우는 동시에 상층 세포로의 영양분의 분산을 촉진시키며, 상층 세포로부터 배출된 노폐물을 제거해 준다. 이 과정을 통해 히아론산은 각질 세포의 수명을 조절해 일정한 피부 구조를 유지하는 데 기여할 것으로 예상된다(그림 7-8).

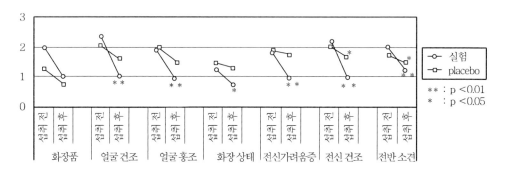

그림 7-8 고순도 히아론산 섭취 전후의 피부과학 진찰결과

히아론산은 피부 수분 보유능을 결정하는 주요 인자이다. 뮤코 다당류 히아론 산은 자기 무게의 100~1,000배의 수분을 흡수할 수 있을 정도로 보습력이 매우 뛰어나다. 히아론산에 흡착된 수분은 수소 결합에 의해 붙잡혀 있어 보통의 물보다 고온에서 쉽게 증발되지 않고 저온에서도 쉽사리 얼지 않는 결합수로 높은 보습 효과를 보이게 된다(그림 7 - 9). 진피의 콜라겐과 엘라스틴이 충분히 존재하여도 히아론산이 부족하면 피부는 수분부족 상태에 직면하게 된다. 그러므로 나이가 듦에 따라 히아론산이 감소하여 피부가 건조해지며, 피부 내부의 활동은 약해지고, 주름이 생기게 된다.

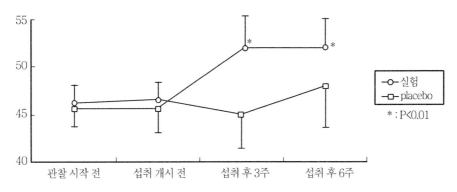

그림 7-9　고순도 히아론산 섭취 전후의 피부 수분량 변화

(3) green tea catechin

녹차 속에 들어있는 폴리페놀의 구성은 신선한 차 잎에 들어 있는 것과 거의 비슷하다. 여기에는 플라보놀, 플라보노이드, 페놀산이 있다. 녹차에 들어 있는 대부분의 폴리페놀은 흔히 카테킨(cathechin)이라고 알려진 플라보놀이다.

녹차에 함유된 주요 카테킨은 (－)-에피갈로카테킨(EGC), (－)-에피갈로카테킨갈레이트(EGCG)이다. 이러한 폴리페놀들은 천연의 항산화제로 여러 생물학적 시스템에서 소염작용과 항암작용을 한다고 알려졌다. 카테킨 중에서 EGCG는 들어 있는 양이 가장 많고 피부에서 염증과 암 발생을 예방하는 데 가장 효과가 크다고 알려졌다.

쥐의 피부에 녹차 폴리페놀(GTP)을 바른 후에 자외선(72 mJ/㎠)을 쪼이면, 자외선에 의해 일어나는 피부의 이상증식, myeloperioxidase의 활성, 염증 유발 백혈구의 침윤과 같은 현상들이 감소되었고 자외선에 의한 접촉성 과민반응의 억제가 감소되었다.

녹차 폴리페놀(GTP)에 대한 광범위한 *in vitro, in vivo*의 연구 데이터와 자외선이 사람의 피부에 미치는 여러 영향에 대한 상관성은 아직 확실하지는 않다. 그러나 정상인 지원자의 등에 녹차 추출물을 바르고 30분 후에 자외선을 쪼여

주면, 자외선만 쪼인 대조군에 비해 홍반의 수가 현저하게 줄어들었다(그림 7 - 11).

(−)−Epicatechin

(−)−Epicatechin−3−gallate

(−)−Epigallocatechin

(−)−Epigallocatechin−3−gallate

그림 7−10 녹차에 들어 있는 주요 폴리페놀 성분의 화학구조

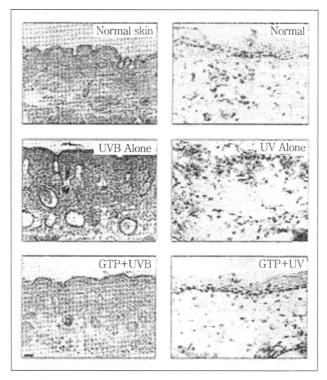

그림 7−11 녹차 폴리테놀의 피부손상억제효과

또한, 사람의 피부에 EGCG(3 mg/2.5 ㎠)를 바르고 나서 홍반을 발생시키는 최저량의 4배의 UV-B를 조사하여 본 실험에서도 EGCG가 UV-B에 의한 홍반, myeloperoxidase 활성, 백혈구 침윤 같은 현상을 감소시켰다. EGCG가 UV-B에 의한 프로스타글란딘 대사물질의 증가를 억제하였다. 프로스타글란딘 대사물질은 염증성 질병과 증식성 피부질환을 일으키는 데 중요한 작용을 한다. 이러한 관찰로 녹차의 소염(항염증)작용에 대한 메커니즘을 설명할 수 있다.

제8장 발효양조산업

1. 공업미생물의 종류와 특징

산업적 측면에서 미생물을 대별하면 발효미생물(fermentative microorganism), 부패미생물(putrifactive microorganism), 및 병원미생물(pathogenic microorganism)로 나눌 수 있다. 이 중에서 발효미생물은 산업적으로 유용하게 사용할 수 있는 미생물을 총칭하는 것으로 식품산업, 의약품산업, 화학공업, 환경 산업 등에 광범위하게 이용되고 있다. 공업적으로 이용할 수 있는 미생물의 일차적인 구비조건은 다음과 같다.

① 적정배지에서 대량으로 쉽고 빠르게 생장할 것
② 생리적으로 안정하며 원하는 대사활성을 오래 유지할 것
③ 최적 생장을 위한 환경조건이 간단할 것
④ 오염 방지가 용이할 것

공업미생물의 배지로 사용되는 원료는 가격이 저렴하고 용이하게 구할 수 있는 것이어야 한다. 따라서 공업미생물은 당밀이나 옥수수 전분과 같은 값싼 에너지원에 최소한의 필수영양소를 첨가한 배지에서 왕성하게 성장할 수 있어야 한다. 또한 최적 생장을 위한 환경조건이 간단하여 이를 만족시키기 위한 발효장치나 운전비용이 가급적 적게 들어야 한다. 오염방지가 저렴하고 쉽도록 하기 위하여 내염성 미생물을 사용하거나 내열성 세균을 이용한 고온발효 등이 행해지고 있다.

최근 유전공학적인 방법으로 실험실 수준에서 유용한 균주들이 수없이 개발되고 있으나 그들의 생리적 안정성이 결여되어 산업적으로 이용되지 못하는 경우가 허다하다. 이러한 이유로 전통 발효식품에서 분리한 미생물을 산업적으로 이용하는 경우가 많다.

전통적으로 주정발효에는 누룩 또는 곡자, 장류발효에는 메주가 발효 스타터의 용도로 사용되었으며, 전통 발효기술에는 잘 만들어진 이전의 발효제품을 스타터로 사용하는 경우가 많다. 이런 경우에는 유용한 미생물이 스타터의 우점균으로 존재하여 발효를 순조롭게 진행하게 되는데 그 이외의 다른 균들의 영향도 받게 된다. 유용한 미생물을 순수 분리하여 스타터로 사용한 것은 동양에서는 주류 및 장류발효에서 코오지의 사용이, 서양에서는 빵효모의 이용과 치즈 및 요구르트 발효에서 스타터의 사용이 각각 1세기 전부터 시작되었다. 1940년대부터 곰팡이를 이용한 항생물질의 생산이 제약산업의 혁명을 가져왔으며 뒤이어 미생물에 의한 효소생산, 아미노산 생산 등이 이루어졌고 최근에는 비타민이나 호르몬과 같은 생리활성 물질의 생산에까지 미생물의 역할이 확대되고 있다.

공업미생물의 종류는 일반적으로 미생물이 생산하는 산업소재 또는 최종물질의 종류에 따라 구분한다. 여기에서는 편의상 주류생산에 사용되는 효모와 곰팡이, 유기산생산에 이용되는 세균과 곰팡이, 아미노산 생산균, 효소생산균, 항생물질 생산균, 생리활성물질 생산균, 용매발효균, 생물균체 생산균으로 분류하여 균주별 주생산 물질과 특징을 정리하였다.

1) 주류산업

생산물질	균 주 명	주요 발효기질	비 고
약탁주, 청주	*Aspergillus, Rhizopus, Absidia, Mucor*	곡류, 서류	누룩의 미생물
	Aspergillus oryzae	곡류	
	Aspergillus kawachii	곡류	Koji
	Saccharomyces cerevisiae	곡류	
맥주	*Saccharomyces cerevisiae*	보리, hop	상면 효모
	Saccharomyces carlsbergensis	보리, hop	하면 효모
포도주	*Saccharomyces cerevisiae(Sacch. ellipsoideus)*	포도	

2) 장류산업

생 산 물	균 주 명	주요 발효기질	비 고
재래식 간장, 된장, 고추장	*Aspergillus, Bacillus*	콩	메주균
일본식 간장, 된장	*Asp. oryzae*	밀(쌀)＋콩	코오지균
청국장, 일본 낫또	*Bacillus subtillis*	콩	

3) 유기산발효공업

생산물	균주명	주요 발효기질	비고
Lactic acid	*Lactococcus lactis* *Pediococcus lindneri* *Leuconostoc mesenteroides* *Lactobacillus delbrueckii* *Rhizopus oryzae*	당밀, 전분 당화액, glucose, sucrose, lactose	
Citric acid	*Citromyces pfefferianus* *Aspergillus niger, Asp. wentii* *Asp. awamori, Candida lipolytica* *Arthrobacter paraffineus* *Penicillium janthinellum*	당질, sucrose, n-paraffin	
α–Ketoglutaric acid	*Pseudomonas fluorescens* *Candida lipolytica* *Arthrobacter paraffineus*	당밀, glucose, n-paraffin	
Succinic acid	*Brevibacterium flavum* *Candida brumptii*	당밀, glucose, n-paraffin	
Fumaric acid	*Rhizopus delemar* *Rhizopus nigricans* *Candida hydrocarbofumarica*	starch, glucose, n-paraffin	
L-Marlic acid	*Aspergillus flavus* *Rhizopus chinensis* *Pichia membranaefaciens* *Lactobacillus brevis* *Candida hydrocarbofumarica* *Candida brumptii*	glucose, fumalic acid, n-paraffin	
Itaconic acid	*Aspergillus itaconicus* *Asp. terreus*	glucose, sucrose	

4) 아미노산 발효공업

생산물	주요 발효미생물	주요발효기질	비고
Glutamic acid, α-ketoglutaric acid, succinic acid	*Corynebacterium glutamicum* (*Micrococcus glutamicus*) *Brevibacterium lactofermentum* *Brev. flavum* *Brev. divaricatum* *Microbacterium ammoniaphilum*	당밀, glucose, 전분 당 화액, 초산, 탄화 수소, n-paraffin, 폐당밀(고 biotin)	biotin 요구성
Lysine	*Ustilage maydis* *Bacillus megaterium* *Achromobacter delmarvae*	탄화수소, 초산, 감자 당밀, 부원료, 탈지 대 두박 가수분해물	
Glutamine	*Brevibacterium flavum* *Brev. lactofermentum* *Microbacterium flavum var. glutamicum* *Corynebacterium glutamicum*		
Isoleucine	*Corynebacterium amagasakii* *Serratia marcescens*	α-aminobutyric acid, d-threonin 첨가 배지	
Valine	*Aerobacter cloacae* *A. aerogenes* *Corynebacterium glutamicum*	glucose	
Ornithine	*Corynebacterium glutamicum*	glucose (고농도 biotin, 저농도 arginine & citrullin)	
Arginine	*Escherichia coli*		
Homoserine	*Corynebacterium glutamicum*		
Threonin	*E. coli* 다중 요구주 *Corynebacterium Brevibacterium* *Proteus rettgeri*	glucose, fructose	
Alanine	*Pseudomonas*속	glucose	
Tryptophan	*Candida hansenula* *Claviceps purpurea*	anthraninic acid Indole, glucose	
Phenylalanine	*Corynebacterium glutamicum*	Phenylpyruvic acid	
Tyrosine	*E. coli*의 *phenylalanine* 요구변이주 *C. glutamicum*의 변이주		
Aspartic acid	*Bacillus subtilis* *Pseudomonas fluorescens*		
Histidine	*Corynebacterium glutamicum*	폐당밀	

5) 효소생산산업

생산물	주요 생산균주	주요 발효기질	비고
α-Amylase	*Bacillus subtilis* *Aspergillus oryzae*	밀기울, 대두박	
Glucoamylase	*Rhizopus delemar* 등		
Cellulase, Hemicellulase	*Trichoderma viride* *Irpex lacteus* *Asprgillus niger*	cellulose	
Invertase	*Saccharomyces cerevisiae*	sucrose	
Lactase	*Saccharomyces fragilis* *Candida pseudotropicalis*	밀기울, lactose	젖당 발효성 효모
Glucose oxidase	*Penicillium chrysogenum* *Asprgillus niger*	sucrose, glucose	
Glucose isomerase	*Bacillus megaterium* *Streptomyces bobilia*	밀가루, 옥수수대의 속, 껍질, corn steep liquor	
Protease	*Bacillus subtilis* *Streptomyces griseus* *Aspergillus oryzae* *Asp. saitoi*	대두박, 밀기울	
Microbial rennet	*Mucor pussilus*		
Pectinase	*Sclerotinia libertiana* *Asp. oryzae* *Asp. wentil* *Asp. niger*	밀기울, 겨, 대두박, beef cake, apple cake	
Lipase	*Candida cylindracea* *Can. paralipolytica* *Rhizopus oryzae*	밀기울, 전분, 대두분, dextrin, casein	
Naringinase	*Aspergillus niger*		
Hesperidinase	*Aspergillus niger*		
Catalase	*Aspergillus*		
Asparaginase	*Escherichia coli*		
Dextranase	*Aspergillus candidus*		
Tannase	*Aspergillus niger*		
Melibiase	*Mortierella vinacea*		
Aminoacrylase	*Aspergillus oryzae*		

Penicillin acrylase	*Escherichia coli* *Kluyvera citrophila*		
Uricase	*Candida utilis*		
Cholestrol oxiydase	*Brevibacterium sterolicum*		
Penicillinase	*Bacillus cereus, B. subtilis*	penicillin 첨가배지, penicillin chrysogenum 배양배지	
용균 또는 세포벽 용해효소	*Cytophaga dissolven* *Coprinus radians* *Fomitopsis cytisina*		

6) 항생물질 생산산업

생산물	주요 발효미생물	주요 발효기질	비고
Penicillin	*Penicillum notatum* *Pen. chrysogenum Q176*	lactose, 대두유, corn steep liquor	
Cephalosporin	*Emericellopsis, Paecilomyces* *Streptomyces lipmanii* *Str. clavuligerus* *Str. lactamdurans*	methionine 첨가 배지	
Streptomycin	*Streptomyces griseus* *Str. humidus(digydrostreptomycin)* *Str. reticuli* *Str. griseocarneus(hydroxystreptomycin)* *Str. griseus(mannosidostreptomycin)*	glucose, 대두유	
Tetracycline계 Chlorotetracycline Oxytetracycline	*Str. aureofaciens* *Str. rimosus* *Str. viridifaciene*		
Chloramphenicol	*Str. venezuelae*		
Rifamycin	*Nocardia mediterrane*	diethyl barbituric acid 첨가 배지, glycerol	
Kanamycin	*Streptomyces kanamyceticus*	glucose, 대두유	

7) 생리활성물질 생산산업

생산물		주요 발효미생물	주요 발효기질	비고
Vitamin B₂		*Ashbya gossypii* *Eremothecium ashbyii* *Candida* 속, *Pichia* 속 효모 *Clostridium* 속 세균	폐당밀, 어분, glucose, peptone, corn steep liquor	
Vitamin B₁₂		*Propionibacterium freudenreichii* *Propionibacterium shermanii* *Streptomyces olivaceus* *Micromonospora chalcea* *Pseudomonas denitrificans*	Co 함유 배지	
Vitamin C		(sorbose 발효) *Acetobacter suboxydans* *Gluconobacter roseus*(Isovitamin C) *Pseudomonas fluorescens* *Serratia marcescens*	L-sorbitol. corn steep liquor. 대두분	
Ergosterol Carotenoid		*Blakeslea trispora* *Nocardia sp.* *Mycobacterium smegmatis* *Brevibacterium sp.* *Rhodotorula sp.*	대두 propane n-tetradecane n-octadecane glucose	
Hormone	Cortisone	*Rh. nigrican, Asp. ochraceus*	steroid 함유 배지	
	Predonisone Predonislone	*Arthrobacter simplex. Bacillus pulvifaciens, Corynebacterium Mycobacterium, Fusarium Didymella, Ophiobolus*	glucose, peptone, corn steep liquor	
Gibberellin		*Gibberella fujikuroi* (*Fusarium moniliforme*의 완전 세대의 균)	glucose, succinic acid, 무기염	
Dextran		*Leuconostoc mesenteroides* *Acetobacter capsulatum*	sucrose	

8) 용매발효공업

생산물	주요 발효미생물	주요 발효기질	비고
Alcohol	*Saccharomyces cerevisiae* *Shizosaccharomyces pombe*	당밀, 아황산펄프폐액, 고구마, 옥수수, inulin 섬유질	
Glycerol	*Saccharomyces cerevisiae*	알코올 발효액, 아황산	
Acetone, butanol	*Clostridium acetobutylicum* *Cl. saccharoacetobutylicum*	옥수수	
Butanediol	*Aerobacter aerogenes (Enterobacter aerogenes)* *Serratia marcescens* *Bacillus subtilis*	당, 전분	

9) 생물균체 생산산업

생산물	주요 발효미생물	주요 발효기질	비고
아황산 펄프폐액을 이용한 효모	*Candida utilis, Can. utilis var. major Can. tropicalis*	목재 당화액, 펄프 폐액	
석유계 탄화수소를 이용한 균체 단백	*Candida tropicalis, Can lipolytica, Can. intermedia, Nocardia, Pseudomonas, Corynebacterium*	석유계 탄화수소, methanol, propane	
Methane 및 석유화학 2차 제품을 이용한 균체	*Methylomonas methanica, Methylococcus capsulatus, Methylovibrio soengenii, Methanomonas margaritae*	methane	
	*Pseudomonas, Methanomonas, Methylococcus, Methylomonas, Protaminobacter, Pseudomonas, Achromobacter, Bacillus, Methanomonas methylovora*의 세균. *Kloeckera, Pichia, Hansenula, Candida, Saccharomyces, Torulopsis* 속의 효모	methanol	
	Candida, Pichia, Saccharomyces, Picha mogi, Hansenula miso	ethanol	
단세포 녹조류의 균체	*Chlorella elipsoidea, C. pyrenoidosa, C. vulgaris, Spirulina platensis, S. maxima*	CO_2, 태양광선	
빵효모	*Saccharomyces cerevisiae*	감자, 당밀	

2. 세계의 발효양조제품

인류의 식생활에서 발효 양조의 역할은 대단히 컸으며 지역마다 민족에 따라 특유의 발효식품을 가지고 있다. Steinkraus는 세계의 발효식품 및 음료를 크게 구분하여 주류(alcoholic beverages), 젖산발효식품(lactic acid fermented foods and beverages), 발효식빵(leavened breads), 인조육(meat substitutes), 고기맛 소스 및 페이스트(meat flavored sauces/pastes), 단백질 향미 발효식품(protein flavoring agent) 등으로 분류하고 있다. 특이한 것은 한국을 포함한 동양사회에 고기맛을 내기 위한 단백질 발효식품이 특징적으로 많다는 점이다. 이것은 담백한 곡류를 주식으로 하는 동양사회에서는 발효에 의하여 고기의 맛과 향을 내는 조미료의 생산이 필요하기 때문이며 장류발효는 그 대표적인 예가 된다. 반면 서양에서는 우유나 식육의 저장성을 높이는 것이 필요하였으므로 요구르트, 치즈, 발효소시지의 생산이 주를 이루게 되었다.

발효양조제품을 전통적인 제조목적에 따라 분류하면 저장을 위한 발효, 고기맛과 같은 정미성분 생산을 위한 발효, 기호품 생산을 위한 발효로 구분할 수 있다.

1) 저장을 위한 발효제품

저장을 위한 발효제품은 요구르트와 같은 유제품을 제외하면 대부분 염장과 젖산발효를 병행하는 방법을 사용한다. 채소류의 저장을 위한 발효제품으로는 한국의 김치가 대표적인 식품이며 독일의 사우어크라우트, 중국의 홈초이, 일본의 나레쓰케 등을 들 수 있다.

표 8 - 1은 세계의 주요 채소류 젖산발효제품의 종류와 재료, 작용미생물의 종류 및 제품의 용도를 정리한 것이다.

생선이나 육류의 저장에도 염장과 젖산발효를 병행하는 경우가 많다. 이때 젖산발효를 위하여 삶은 곡물을 젖산발효 기질로 혼합하게 되는데 그 대표적인 예는 한국의 생선식해이다.

표 8-1 젖산발효 채소류의 종류와 특징

Product name	Country	Major ingredients	Microorganisms	Usage
Sauerkraut	Germany	cabbage salt	*Leu. mesenteroides* *L. brevis* *L. plantarum*	salad side dish
Kimchi	Korea	Korean cabbage radish various vegetables salt	*Leu. mesenteroides* *L. brevis* *L. plantarum*	salad side dish
Dhamuoi	Vietnam	cabbage various vegetables	*Leu. mesenteroides* *L. plantarum*	salad side dish
Dakguadong	Thailand	mustard leaf salt	*L. plantarum*	salad side dish
Burong mustala	Philippines	mustard	*L. brevis* *P. cerevisiae*	salad side dish

표 8-2는 세계 여러 나라에서 생산되는 젖산발효 수산식품 및 육제품의 예이다. 한국과 동남아 지역에서 생산되는 젓갈과 같은 고염 수산발효품과 북유럽 지역에서 생산되는 식초에 절인 생선피클도 저장을 목적으로 하는 발효식품의 범주에 포함시킬 수 있다.

표 8-2 젖산발효 육류의 종류와 특징

Product name	Country	Major ingredients	Microoraganisms	Usage
Sikhae	Korea	sea water fish cooked millet, salt	*Leu. mesenteroides* *L. plantarum*	side dish
Narezushi	Japan	sea water fish cooked millet, salt	*Leu. mesenteroides* *L. plantarum*	side dish
Burong—isda	Philippines	fresh water fish rice, salt	*L. brevis* *Streptococcus sp*	side dish
Pla—ra	Thailand	fresh water fish salt, roasted rice	*Pediococus sp*	side dish

Balao—balao	Philippines	shrimp	*Leu. mesenteroides*	condiment
		rice, salt	*P. cerevisiae*	
Kungchao	Thailand	shrimp, salt	*P. cerevisiae*	side dish
		sweetened rice		
Nham	Thailand	pork, garlic	*P. cerevisiae*	pork meat
		salt, rice	*L. plantarum*	in banana
			L. brevis	leaves
Sai—krok—prieo	Thailand	pork, rice	*L. plantarum*	sausage
		garlic, salt	*L. salivarius*	
			P. pentosaceus	
Nem—chus	Vietnam	pork, salt	*Pediococus sp*	sausage
		cooked rice	*Lactobacillus sp*	
Salami	Europe	pork	*Lactobacillus*	sausage
			Micrococci	

　곡물이나 서류로 만든 죽이나 전분원료를 장기 저장하기 위한 제품은 아프리카 지역에서 많이 만들어지고 있는데 그 대표적인 예는 나이지리아의 오기(ogi)와 가리(gari), 중국의 녹두전분, 멕시코의 포졸(pozol) 등을 들 수 있다. 표 8-3은 이들 제품의 주원료와 작용미생물의 종류 및 제품의 용도를 보여주고 있다.

표 8-3 젖산발효 곡물의 종류와 특징

Product name	Country	Major ingredients	Microoraganisms	Usage
Ogi	Nigeria	maize	*L. plantarum*	sour porridge
		sorghum	*Corynebacterium sp*	baby food
		or millet	*Acetobacter, yeast*	main meal
Uji	Kenya	maize	*Leu. mesenteroides*	sour porridge
	Uganda	sorghum	*L. plantarum*	main meal
	Tanzania	millet or		
		cassava flour		

Mahewu	South Africa	maze — wheat flour	*S. lactis* / *Lactobacillus* sp.	sour drink 8~10% DM
Hulumur	Sudan	red sorghum	*Lactobacillus* sp.	clear drink
Busa	Turkey	rice, millet	*Lactobacillus* sp.	
Gari	Nigeria	cassava	*Leuconostoc* *Alcaligenes* *Corynebacterium* *Lactobacillus*	stalpe cake porridge
Mungbean starch	China Thailand Korea Japan	mungbean	*Leu. mesenteroides* *L. casei* *L. cellobiosus* *L. fermenti*	noodle
Khanom — jeen	Thailand	rice	*Lactobacillus* sp. *Streptococcus* sp.	noodle
Pozol	Mexico	maize	*Lactic acid bacteria* *Candida*	porridge molds
Me	Vietnam	rice	*Lactic acid bacteria*	sour food ingredient

2) 고기맛을 내기 위한 발효제품

고기맛을 내기 위한 발효제품은 동북아의 두장(豆醬)제품과 동남아시아와 지중해 연안의 어장(漁醬)제품으로 크게 구분된다. 이들 제품은 미생물의 단백질 분해력을 이용하여 아미노산과 핵산의 혼합물인 고기맛 정미성분을 만들어 내며 이러한 효소적 반응 과정에서 잡균의 번식을 20% 내외의 높은 염농도로 방제하고 있다. 특히 어간장의 경우 고농도의 식염농도로 인하여 미생물의 생육이 미미할 것으로 판단되어 생선내장의 효소에 의한 단순한 효소적 분해과정이라는 견해가 많았으나 최근 25% 염농도에서도 생육하는 내염성 세균들이 젓갈제품에서 분리됨으로써 발효의 역할이 강조되고 있다.

단백질 원료를 이용한 발효식품 중에는 식염을 사용하지 않고 특정 미생물의 선택적 번식에 의하여 특수한 맛과 조직감을 내는 식품들이 있다. 그 대표적인 예는 인도네시아의 템페(tempe)와 일본의 낫또(natto)이다. 템페는 삶은 콩에 *Rhizopus oligosporus*의 균사를 배양하여 인조육과 같은 조직과 향미를 가지게 한 식품이며, 낫또는 삶은 콩에 *Bacillus subtilis*를 배양하여 특유의 점질물질로 엉겨붙게 한 독특한 향미를 가진 단백질 식품이다.

3) 발효음료

발효음료는 *Lactobacillus sp.* 등과 같은 유산균의 유산발효에 의해 얻어지는 요구르트와 *Saccharomyces sp.*와 같은 효모의 알코올 발효에 의해 얻어지는 주류 등이 있다.

요구르트는 우유를 유산균으로 발효시켜 산미와 향미를 강화시킨 것으로 원료성분인 우유 외에 발효작용에 의해 생성된 젖산, 펩톤 및 저급화된 펩티드 등과 같은 유효성분이 함유되어 있어 식품영양학적으로 우수한 발효음료이다.

주류는 인류가 만든 가공음료 중에서 가장 역사가 오래된 것으로 그 제조방법에 따라서 양조주, 증류주 및 혼성주로 구분을 한다. 즉 알코올 발효가 끝난 술을 직접 또는 여과하여 마시는 것으로 원료자체에서 우러나오는 성분을 많이 가지는 양조주에는 맥주, 와인 및 사이다가 있으며 우리나라 막걸리와 청주도 여기에 속한다. 증류주는 양조주를 증류하면 되는데 맥주를 증류하면 위스키나 보드카 등을 만들 수 있고, 와인을 증류하면 브랜디를 만들 수 있다. 한국의 전통 소주와 중국의 고량주 모두 여기에 속한다. 혼성주는 증류주에 다른 종류의 술을 혼합하거나 식물의 뿌리, 열매, 과일 등을 첨가하여 만든 것으로 슬로우진(sloe gin), 아쿠아비트(aquavit), 칵테일(cocktail) 등이 여기에 속한다.

3. 한국의 전통발효식품

전통발효식품은 맛, 영양성 및 저장성이라는 측면에서 한국인의 식생활에 매우 중요한 역할을 해 왔다. 발효식품이 한국에서 매우 중요한 위치를 차지하게 된 배경은 크게 두 가지의 요인이 있다. 즉 첫째는 발효식품의 독특한 맛을 형성할 수 있는 지리적, 기후적 조건이며, 둘째는 곡류 위주의 식문화에 따른 짜고 고기맛이 나는 부식을 필요로 하는 식습관이다.

한국의 전통발효식품은 제조에 사용한 주원료에 따라 분류하면 발효대두식품(fermented soybean foods), 발효곡류식품(fermented cereal foods), 발효채소식품(fermented vegetable foods), 발효수산식품(fermented fishery foods)으로 구분할 수 있다. 표 8-4는 우리나라 전통발효식품의 종류와 발효특성 및 공업화 정도를 요약한 것이다.

표 8-4 한국의 전통발효식품 종류와 특징

Fermented products	Substrates	Fermentation cinditiuns				Commercial status
		Heat treatment	Temperature (℃)	Period (days)	Key microorganisms	
Soybean products						
Kanjang	Soybean	Yes	25~30	180	*A. oryzae*	25%
	Salt (22%)				*A. sojae*	
					B. subtilis	
Doenjang	Soybean	Yes	25~30	90~120	〃	20%
	Salt (8~12%)					
Kochujang	Soybean, Rice		25~30	90~120	〃	25%
	Red pepper					
	Salt (10%)					
Cereal product						
Takju	Rice (or Wheat)	Yes	15~20	7~30	*A. oryzae*	100%
					S. cerevisiae	
Vegetable product						
Kimchi	Cabbaages, Garlic	No	10~20	3~7	*Leu. msenteroides*	1%
	Red pepper					
	Green onion					
	Salt (3%)					
Fishery product						
Jeotkal	Fishes (or Shellfishes)	No	20	90~120	miscellaneous	90%
	Salt (20~25%)					

1) 발효대두식품

전통 대두 발효식품은 크게 나눠 간장, 된장, 고추장, 청국장 등이 있다. 청국장을 제외하고 이들은 전통적인 방법으로 제조할 때는 스타터로 메주를 사용하는데, 메주는 증자한 대두에서 *Aspergillus oryzae*, *Aspergillus sojae* 및 *Bacillus subtilis* 등의 야생균들이 서식하면서 이 균들이 분비하는 protease에 의해 아미노산이나 핵산이, lipase에 의해 지방산이, amylase에 의해 환원성 당들이 생성되어 풍미가 향상되고 소화성이 증대된 발효산물이다. 이때 곰팡이들은 메주의 표면에, 세균들은 주로 메주의 내부에서 발효에 관여하는 것으로 알려져 있다. 청국장은 증자한 대두를 *Bacillus subtilis*로 발효시켜 점질물이 생성이 되고 특유의 향기를 갖게 한 발효식품이다.

한편 전통적인 제조방법은 고도의 경제성장에 따른 식문화의 변화와 더불어 감소하였으며 순수하게 *Aspergillus oryzae*만을 접종하여 발효시키는 공업적인 생산이 이루어지고 있다. 그러나 아직도 발효대두식품은 전통적인 방법과 공업적인 방법이 병용되고 있는 실정이다. 표 8 - 5는 장류제품의 생산량과 공업화율의 변화를 보여주고 있다.

표 8-5 국내 장류 제조업 산업동향

년도	사업체 수 (개)	월평균 종사자 수 (명)	급여액 (백만 원)	출하액 (백만 원)
1991	79	3,067	20,062	158,243
1992	78	3,454	25,670	205,266
1993	91	3,321	31,301	256,405
1994	109	2,995	30,837	257,827
1995	127	3,638	39,153	319,004
1996	128	3,281	40,237	342,907
1997	121	3,230	41,618	398,472
1998	118	2,819	35,109	390,208
1999	128	2,841	35,550	420,401
2000	114	2,735	39,106	458,584
2001	127	3,179	50,577	607,877
2002	133	2,941	45,734	523,361
2003	144	2,932	47,861	547,745

2) 발효곡류식품

우리나라의 전통 발효곡류식품은 주류가 주종을 이루고 있으며 문헌상에 나타나는 전통 주류의 종류는 200여 가지가 넘으나 일제시대와 해방 이후 식량부족의 사태를 겪으면서 대부분 소멸되었다. 이들을 오늘날의 주류법으로 다시 분류하게 되면 양조곡류, 증류주류, 기타주류로 구분할 수 있으며 표 8-6과 같이 정리되고 있다. 양조곡주는 가장 오래된 우리의 전통주이며 순곡주류와 약용가향곡주류로 구분되며 순곡주류는 거르는 방법에 따라 탁주와 청주로 나누어지나 그 기본 제조방법은 동일하다. 이들을 제조할 때에 발효 스타터로 누룩을 사용한다.

누룩은 증자하지 않은 밀이나 호밀의 분쇄물에 수분을 35% 되게 가하고 원판상으로 성형시킨 다음 여러 가지 자연서식 미생물에 의해 발효되어 독특한 향을 지닌 것으로 제조된 술에 특유의 향미를 부여한다. 누룩 중에 존재하고 있는 미생물들은 전분당화에 관여하는 *Aspergillus sp.* 및 *Rhizopus sp.*와 알코올발효에 관여하는 *Saccharomyces cerevisiae*와 *Hansenula sp.* 등이 혼재되어 있다. 따라서 누룩은 메주와 함께 자연발효 스타터의 대표적인 예가 된다.

우리나라 주세정책의 잘못으로 인하여 전통주인 탁주와 약주의 산업적 발달이 이루어지지 못한 반면 맥주의 생산 소비가 1970년대 이후 급격히 증가하여 전통주의 시장을 대부분 점유하게 되었다. 주정산업에서 생산되는 알코올을 이용하여 만든 희석식 소주는 우리나라 증류주의 대표적인 제품으로 자리를 잡았으며 그 시장 규모 또한 대단히 크다.

표 8-6 우리나라 전통주의 분류

양조곡류
(1) 단양주류

일반단양주	계명주, 하일주, 하일청주, 하절삼일주, 하절주, 청감주, 편주, 합주, 황감주, 내국향온주, 동파주, 백화춘, 부의주, 옥로주, 점강주, 점강청주, 황화주, 이화주
속성주	급주, 급시주, 일일주, 시급주, 급청주, 삼일주
(2) 이양주류	
일반이양주	죽엽주, 절주, 두강주, 청명주, 하향주, 향온주, 유화주, 사시주, 감주, 황금주, 행화춘주, 진양주, 진상주, 일두주, 육병주, 오호주, 일해주,

	오병주, 별주, 연해주, 신청주, 신상주, 소백주, 세신주, 석탄주, 석탄향, 백단주, 박향주, 만년향, 당백화주, 단점주, 남성주, 구가주, 경면녹파주, 회산춘, 무시주, 사절주, 집성향, 소곡주, 벽향주, 백화주, 백하주, 백로주, 녹파주, 감향주, 감하향주 등
속성주	칠일주, 두강주
(3) 삼양주	삼해주, 호산춘, 일년주, 순향주, 성탄향, 삼오주
(4) 사양주	사마주
약용, 가향곡주류	
(1) 약용곡주	오가피주, 구기주, 창포주, 복령주, 감국주, 고본주, 천문동주, 무술주, 지황주, 증산황동주, 신선고본주, 조하주, 밀주, 계명주, 백화주, 자주 등
(2) 가향곡주	송액주, 송절주, 송자주, 송령주, 송화주, 도화주, 연엽주, 법주, 닥나무잎술, 국화주, 배화주, 유자피주, 하엽주, 하엽청주, 두견주 등
증류주	
순곡증류주	안동소주, 문배주, 찹쌀소주, 삼해소주, 홍주, 보리소주, 사철소주, 수수소주, 옥수수소주 등
약용증류주	섬라주, 죽력고, 진도홍주, 이강고
가향증류주	감홍로, 천축주, 토밥소주
기타주류	
혼성주	과하주, 왜미림주, 송순주, 강하주
과실주	포도주, 모과주, 앵도주, 산치주, 딸기주, 자리주, 선도주, 설리주, 연육주, 서과피주, 산사육주, 밀감주, 유자주, 석류주, 송자주 등
이양주	(보통의 제법이 아닌 특이한 발효기법을 이용함) 청서주, 봉래춘, 와송주, 죽통주, 지주, 동양주,
특수주류	신국주(신국을 술처럼 음용)
	계명주, 하일주, 하일청주, 하절삼일주, 하절주, 청감주, 편주, 합주, 황감주, 내국향온주, 동파주, 백화춘, 부의주

3) 채소발효식품

한국의 김치는 세계적으로 알려진 대표적인 채소발효식품이다. 거의 모든 채소류가 김치의 원료로 사용될 수 있어 김치의 종류는 100여 가지 이상이나 배추김치, 깍두기, 동치미가 가장 많이 사용되는 대표적인 김치류이다. 김치는 고춧가루를 사용하는 보통김치와 고춧가루를 사용하지 않는 백김치 혹은 물김치로 크게 양분할 수 있다. 두 종류 모두 3~5%의 식염을 함유하여 유해 미생물의 생육을 방지하는 염장식품이며 유산균의 선택적 발효에 의하여 보존성이 연장된다. 그러나 김치는 유산균 발효에 의하여 pH 4.0 내외일 때 최적의 맛을 가지며 더 이상 발효가 진행되면 시어져 기호성이 크게 떨어진다. 이 점이 pH 2~3이 되도록 발효시키는 독일의 사우어크라우트와 다른 점이며, 따라서 김치의 주 발효균은 *Leuconostoc mesenteroides*인 반면 사우어크라우트의 주 발효균은 *Lactobacillus plantarum*이라고 판단된다.

김치의 산업화는 1970년대의 월남 파병과 중동 건설 붐을 타고 시작되었으나 그 후 아파트 주거생활의 보편화와 산업체를 비롯한 단체급식의 수요증가로 이어져 김치산업은 꾸준한 성장추세를 보이고 있다(표 8-7). 80년대 이후에는 김치의 수출이 일본을 비롯한 세계 각국으로 확대되면서 저장성 향상과 유통구조의 선진화가 이루어지고 있다(표 8-8). 2001년 우리국민의 하루 평균 약 100 g의 김치를 소비하였으나, 젊은 층의 식생활서구화와 편의화 경향, 인구증가세 둔화 및 기피 등으로 당분간 현 수준 또는 감소될 전망이며, 개인당 소비량은 지속적으로 감소할 것으로 예상되고 있다.

업계에서 국내 김치시장 위기의 직접적인 원인으로 꼽고 있는 것은 중국산 김치의 폭발적인 증가이다. 그림 8-1에서 알 수 있는 국내 김치사업은 업소에서 소비되는 김치가 가정용의 포장 및 비포장 김치 매출을 합한 수치보다 높다. 그런데 이 업소용 김치시장을 가격 50~60% 저렴한 중국산 김치가 점령하게 되어 전반적인 매출감소가 일어나고 있으며, 향후 김치산업은 위축될 전망이다.

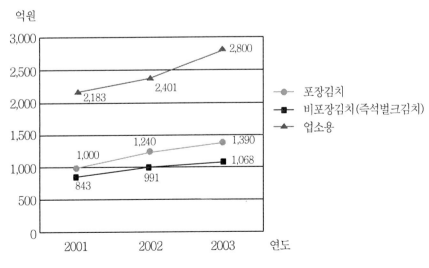

그림 8-1 김치 분류별 시장 추이

표 8-7 김치시장 규모 및 전망

2003년	2004년	성장률	2005년	성장률	2006년	성장률
5,258억	5,630억	7.1%	5,000억	-11.2%	5,000억	0.0%

표 8-8 국가별 김치수출 동향 (단위 : 톤, 천달러)

구분	2002년	2003년		2004년		증감률		2004년 1~6월		2005년 1~6월	
		물량	금액	물량	금액	물량	금액	물량	금액	물량	금액
합계	79,318	33,064	93,195	34,827	102,726	5.3	10.2	17,280	50,898	17,923	53268
일본	74,126	30,584	87,169	34,428	96,911	6.0	11.2	17,280	50,898	17,923	53268
미국	1,909	753	2,039	515	1,196	-31.7	-41.4	315	742	240	580
대만	969	446	951	446	968	0.2	1.8	161	357	306	655
홍콩	394	215	540	253	665	17.9	23.1	122	309	144	396
뉴질랜드	95	146	321	155	440	6.3	36.9	81	226	37	105
캐나다	168	133	289	115	258	-12.9	-10.8	79	174	54	148
북마나리아	399	166	270	186	307	11.7	13.7	91	155	95	152
괌	119	88	225	89	263	0.9	17.0	50	134	51	175
영국	186	84	220	71	187	-15.7	--15.4	63	164	41	122
중국	42	69	188	25	63	-63.8	-66.4	18	33	15	35
기타	911	380	983	544	1,468	12.7	57	200	584	318	842

4) 발효수산식품

한반도는 지리적으로 삼면이 바다이므로 다양한 수산물이 생산되며 이를 원료로 하여 각 지역마다 독특한 방법으로 수산발효식품을 제조하고 있다. 우리나라 전통 수산발효식품은 크게 나누어 고염 젓갈류와 저염 식해류로 구분된다. 젓갈류는 20% 내외의 식염만으로 염장하여 발효를 진행시키는 것으로 거의 모든 수산자원, 예를 들면 생선류, 갑각류, 조개류와 생선의 알, 내장, 지느러미 등 모든 부분을 원료로 사용한다. 원료인 수산물에 식염을 가하여 부패균을 억제하면서 자가 소화효소 또는 내염성 미생물로 발효시킴으로써 제조공정이 비교적 단순하고 제품은 원료단백질의 분해산물에 의한 독특한 감칠맛이 있어 반찬이나 조미소재로서 이용되고 있다. 고염 젓갈류는 원료의 원형을 유지하는 젓갈과 여액을 취한 젓국으로 나누는데 두 가지 모두 김치의 맛을 내는 부재료로 많이 사용되고 있다. 최근에는 유기산, 알코올 등을 첨가하여 식염 농도를 10% 수준으로 낮추어 냉장유통으로 공급되는 다양한 젓갈류들이 반찬용으로 제조 판매되고 있다.

저염 식해류는 생선의 내장을 제거하고 식염으로 하룻밤 절인 것에 좁쌀 또는 쌀밥, 마늘, 고춧가루와 함께 버무려 2~3주 동안 젖산발효를 시킨 것으로 함경도와 강원도의 동해안 지역에서 즐겨 먹는 발효식품이다. 제품의 식염 함량이 8~10%이므로 밥 반찬으로 다량 섭취할 수 있어 중요한 단백질 급원이 될 수 있다. 표 8 - 9는 우리나라에서 생산되는 주요 수산발효식품의 생산량 추이를 모은 것이다.

표 8-9 품종별 염신품 생산량　　　　　　　　　　　　　　　　　(단위 : 톤)

구분	1997년	1998년	1999년	2000년	2001년	2002년
멸치젓	8,751	21,652	31,951	7,028	8,967	5,590
새우젓	6,078	8,185	8,957	9656	9,738	6,844
오징어젓	1,112	1,632	2,602	1968	2,311	1,285
조개젓	659	280	289	474	485	333
굴(어리굴)	47	172	133	271	279	283
성게젓	445	58	-	103	92	71
명란젓	4,097	3,804	6,048	2,759	2,051	2,361
기타	2,855	7,051	10,690	34,715	23,681	22,166
합계	24,044	42,834	60,607	56,974	47,604	38,933

제9장 전분 및 전분당 관련 제품

1. 개 요

전분은 합성고분자에 비해 경제성이 높은 탄소자원으로서 1970년대의 오일 쇼크 이후 공업원료로서의 중요성이 더해 가고 있다. 전분은 지상전분과 지하전분으로 나눌 수 있는데, 전자로는 옥수수, 수수, 소맥, 쌀을 후자로는 감자, 고구마, 사고(sago), 타피오카(tapioca)를 들 수 있다.

전분당 공업은 미국에서 1842년에 최초로 본격적인 생산체계를 갖추게 되었고, 1866년에 옥수수 전분으로부터 포도당을 처음으로 생산하게 되었다. 오늘날의 전분당공업은 옥수수를 가공하는 산업이라고 할 정도로 옥수수가 가장 많이 사용되고 있다. 그 이유는 값싼 옥수수 원료의 안정된 공급에 기인하는 바가 크지만, 옥수수로부터 전분을 효율적으로 추출할 수 있는 가공기술의 발전과 포도당을 생산하는 효소류의 개발 및 이의 저렴한 공급가격 때문이라고 할 수 있다. 1960년대 말에는 이성화효소에 의한 과당 생산공정이 도입되어 설탕의 대체감미료로서 이성화당의 수요는 급증하였다.

전분당 공업의 주원료인 옥수수를 가공처리하면 그 옥수수의 60~65%(무수물기준)에 해당하는 전분이 생산된다. 이 전분을 산이나 효소로 가수분해하면 전분당과 부산물인 화이바, 글루텐, 기름 등이 생산된다.

전분당(starch sugar)이란 전분을 산이나 효소로 가수분해하여 얻어지는 탄수화물을 총칭하는 것으로 물엿류, 포도당류, 이상성화 액당류 등으로 구분되고 있다(그림 9 - 1).

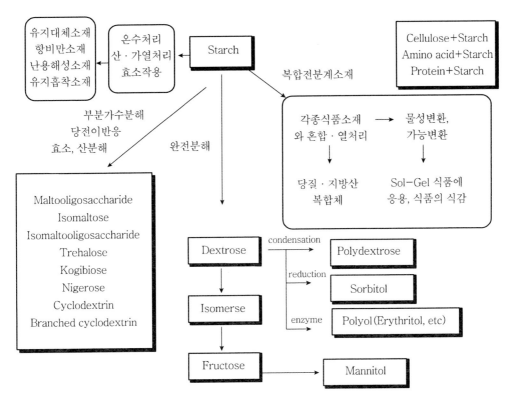

그림 9-1 전분으로부터 제조되는 여러 가지 생산물

최근에 식품에 대한 소비자의 기호가 고급화, 다양화 및 전문화가 되고 있으며, 천연지향의 건강식품, 소화성과 칼로리를 감안한 노·유아식, 저칼로리의 다이어트 식품, 여가선용과 여성 노동인구의 증가에 따른 인스턴트식품에 대한 수요가 지속적으로 증가하고 있다. 따라서 이러한 제품들의 원료로서 요구되는 물성을 갖춘 다양한 형태의 변성전분이 식품공업의 소재로서 그 수요가 증가되고 있다. 전분을 출발물질로 하여 생산되고 있는 소재물질의 계통도를 그림 9-2에 나타내었다.

앞으로 전분산업은 부가가치를 높일 수 있는 특수한 물성을 가진 제품의 개발에 관심이 집중될 것으로 보이며, 지방대체용 전분과 산이나 열에 강한 습열 처리전분, 케이크용의 프리믹스전분 등이 이미 선진국에서 실용화되고 있다.

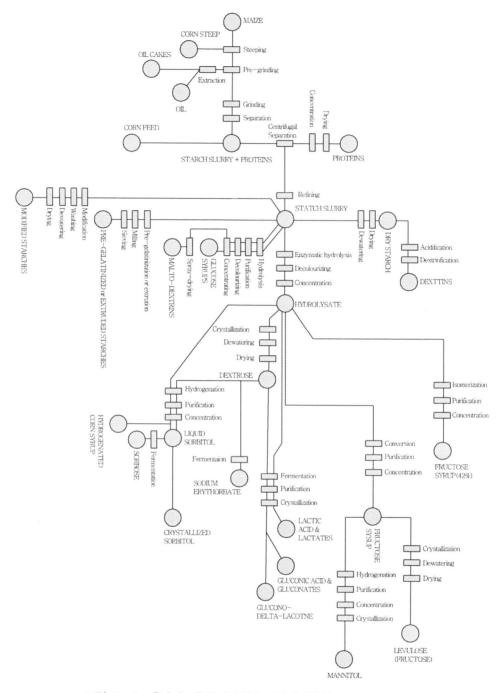

그림 9-2 옥수수 유래의 전분 및 전분당의 flow diagrarn

우리나라의 전분생산의 주종을 이루고 있는 옥수수 전분의 연도별 생산량과 용도별 사용량은 표 9-1 및 표 9-2에 나타난 바와 같이 1994년 전분·전분당 생산량은 전년 대비 6.6%가 증가한 96만여 톤이었고 최근 5년 동안의 증가율은 13%이었다.

이 중 상품전분으로 판매된 양이 30만여 톤(32.1%), 물엿이 26만여 톤(26.9%), 포도당이 8만여 톤(8.7%)을 점하고 있으며, 최근 5년간의 증감추세를 살펴보면 전분이 22.6%, 물엿이 225%, 포도당이 8.9%가 증가한 반면 과당은 감소하였음을 알 수 있다.

국내 옥수수전분의 수요는 감자, 타피오카 전분의 대체사용 가능량과 환경적인 측면에서 각광을 받고 있는 생분해성 필름(biodegradable film)의 개발생산 및 발효산업의 발전 추이에 따라 좌우되겠으나 향후 5년간은 연간 3~4%의 저성장률을 이룰 것으로 예상된다.

표 9-1 당류 전분원료별 소비 실적 (단위 : 톤/년)

구분	2003년	2004년	증감율	2005년	구성비	증감율	비고
물엿	350,380	341,196	-2.6%	333,672	87.5%	-2.2%	수입제품 제외
포도당	92,402	90,819	-1.7%	93,745	24.6%	3.2%	
과당	369,206	396413	7.4%	367,401	96.4%	7.3%	
합계	811,988	828,428	20.%	794,819	208.5%	4.1%	

표 9-2 전분당 산업 옥수수 사용량 (단위 : 톤)

구분	2002년	2003년	2004년	2005년
도입원료량	2,097,442	2,267,606	1,887,617	1,910,132
국산원료량	170	200	0	1,271
합계	2,097,612	2,267,806	1,887,617	1,911,403

2. 전분·전분당의 제조공정

1) 옥수수전분의 제조

옥수수를 침지하여 분쇄한 후 전분·배아·껍질로 분리하는 과정은 그림 9 - 3
에서 보듯이 자동화공정으로 처리가 된다.

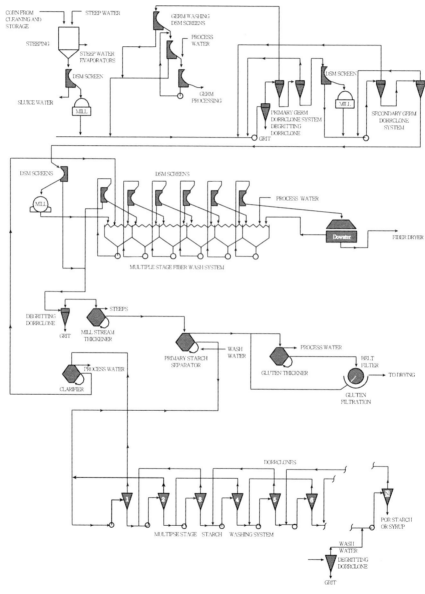

그림 9-3 옥수수 습식가공에 의한 전분의 생산공정

(1) 침지(浸漬, steeping)

침지공정은 옥수수를 충분히 아황산용액(H_2SO_3)으로 불리는 작업인데 옥수수 입자의 끝부분(tip cap of kernel)을 통하여 배아(germ)로 수분이 침투하면 조직이 연화되면서 각 성분의 분리를 활성화시키게 된다.

침지는 52℃에서 22~50시간 실시하며 SO_2의 농도는 0.12~0.20%이다. SO_2는 옥수수 입자 안에서 물의 확산을 돕고 단백질과 전분 매트릭스(matrix) 구조를 절단하는 역할을 한다. SO_2 성분이 옥수수의 조직 내로 침투가 될수록 침지수 중의 SO_2 농도는 점차로 감소하는 반면(최종농도<0.01%) 젖산의 함량은 16~20%(고형분기준)로 증가한다.

옥수수 1톤당 필요한 침지수의 양은 1.2~1.4톤이며 약 0.5 ㎥의 물이 흡수되어 옥수수의 수분함량은 16%에서 45%로 올라가며 나머지 0.7~0.8 ㎥의 용액(light steep water) 속에는 옥수수의 각종 가용성분(원료옥수수의 0.5~0.6%)이 침출된다. 이 옥침수(玉浸水)를 증발·농축시켜서(고형분40~50%) 옥수수 껍질(corn fiber)과 섞어 건조한 것이 글루텐사료(corn gluten feedstuff)이다.

(2) 배아(germ)와 옥피(corn fiber)의 분리

침지가 끝난 옥수수는 1차 분쇄기에서 분쇄한 후 하이드로크론(hydroclone)으로 이송되어 가벼운 배아(germ)와 무거운 전분이 원심력과 비중차이에 의해 분리가 된다. 전분유액 속의 옥수수껍질(corn fiber)은 DSM(Dorr－Oliver screen method) 스크린을 통해 걸러지며 전분입자들은 DSM 스크린의 작은 틈새(50 ㎛)로 빠져나가게 된다.

(3) 글루텐(gluten) 분리 및 전분의 수세

옥피가 분리된 전분슬러리에는 글루텐단백질이 남게 된다. 글루텐은 비중(1.06)이 전분(1.6)보다 낮으므로 디스크－노즐형 원심분리기(disk nozzle separator)로 분리할 수 있다. 분리된 전분슬러리는 10 ㎜ 지름의 작은 하이드로크론(hydroclone)이 촘촘히 박혀 있는 수세기를 통과하면서 역류하는 물에 씻겨져 전분유액(starch milk)이 된다. 이 유액의 전분 농도는 35%인데 산이나 표백제를 넣어 변성전분을 만들거나 원심분리기로 탈수하여 케이크 형태로 만든 후(수분 45~55%) 220℃의 열풍으로 건조하면 사이클론에서 옥수수 전분제품(수분 13%)을 얻게 된다. 옥수수에서 옥수수전분의 생산수율은 60~65%이다.

2) 막분리(膜分離)를 이용한 최근의 응용기술

생체물질(biomass)의 정제에 이용되고 있는 막분리기술은 옥수수의 가공·정제와 같은 연속적인 대량공정에도 매우 유용하게 적용할 수 있다. 미세한 현탁물질의 세척과 농축에는 MF 기술(microfiltration), 전분과 단백질 분해물의 제거는 UF 기술(ultrafiltration), 전분유액과 CSL의 농축·탈수에는 RO 기술(reverse osmosis), 미량성분의 분자량별 분리에는 NF 기술(nano filtration)이나 ED 기술(electro dialysis)을 응용할 수 있다. 막(membrane)의 구조와 전분당 공업에서의 이용사례는 그림 9-4와 그림 9-5에서 보는 바와 같다.

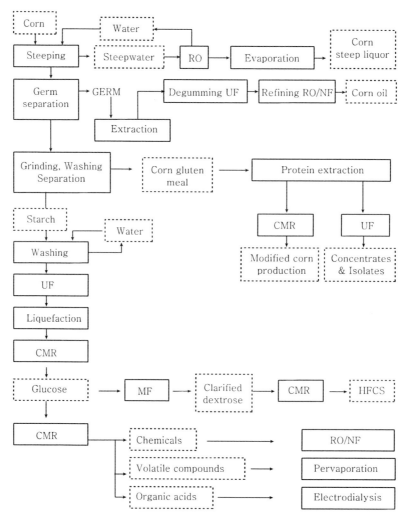

그림 9-4 막분리를 이용한 옥수수 가공 정제공정

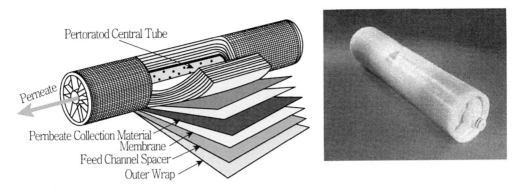

그림 9-5 나선형 막(spiral wound membrane)의 구조

(1) 역삼투(RO)에 의한 CSL의 농축

CSL은 옥수수의 침지과정에서 용출된 아미노산, 펩타이드, 단백질, 당, 무기물, 젖산, SO_2, 에탄올 등이 혼합된 영양분이 많은 용액으로, 증발농축법에 의해 고형분 함량이 약 50% 정도로 농축되어 미생물배지 성분 등의 용도로 이용된다. 따라서 MVR 농축관에 RO 시스템을 이용한다면 많은 에너지를 절감할 수 있다.

(2) 옥수수배유의 정제

기존의 식물유지 제조공정에는 여러 가지의 어려운 문제가 있는데, 최근에는 막분리기술을 이용하여 검물질의 제거와 용매회수, 탈산, 왁스제거, 수소화 촉매의 회수, 가공 시의 부산물의 처리, 탈취제로부터의 비타민 E의 추출 등, 유지의 거의 모든 생산공정에 응용함으로써 에너지의 절감과 환경오염문제를 해결하고 있다.

(3) 단백질 가공

알칼리 용액으로 corn gluten meal(단백질 60%)을 처리하면 글루텐(gluten)이 추출되며 MF(microfiltration)를 이용하여 나머지 구성 성분으로부터 글루테린(glutelin)을 분리한다. 그 후, 알코올용액으로 zein을 용출하고 MF에 zein-alcohol 용액을 통과시킨 후 다시 UF(ultrafiltration) 처리를 하여 알코올을 제거하여 용해성과 보수성 등의 기능을 향상시킨 단백질제품을 얻는다.

(4) 전분수세(starch washing)

전분의 수세공정으로 넘어오는 전분유액(satrch milk)을 micro-hydrocyclones

에 통과시켜 3~5%의 단백질 함량을 0.35% 이하로 줄여준다. 이때 중간 농축과 정에 RO(reverse osmosis)를 이용한다면 수세수의 사용량을 반감시킬 수 있으며, RO를 통과한 물은 다시 회수하여 사용한다.

(5) 당화(糖化, saccharification)

전분은 $\alpha-$amylase에 의해 액화(液化, liquefaction)가 되고 glucoamylase에 의해 포도당으로 당화가 되는데 이때 당화는 회분식(回分式, batch)으로 진행되므로 효소의 이용효율이 낮으며 반응용량이 크고 반응시간이 길며 생산성이 낮다. 그러나 자동화된 연속식 막반응기를 이용하면 효소의 이용효율이 증가하고 반응시간이 단축되어 효소의 비용을 대폭적으로 절감할 수 있다.

(6) 포도당 정제

당화공정에서 나온 포도당액을 MF 막으로 정제할 경우 재래식의 여과방법에 비하여 운전비용이 크게 절감되므로 최근 원료와 인건비 등의 경제성을 고려하여 국내에서도 도입이 추진되고 있다.

위에서 살펴보았듯이 10년 전에 시작된 막분리기술은 환경보전과 자원절약의 관점에서 매우 유용한 21세기의 응용기술로서 앞으로 전분의 가공 및 정제공정에 널리 이용될 것으로 보인다.

3) 전분당의 제조

전분당(starch sugar)의 제조공정은 열안정성을 가진 액화효소($\alpha-$amylase)를 사용하여 처리한다. 액화(liquifying)는 전분을 분자적으로 절단하여 최종단위인 포도당분자로 분해하는 과정인데 이 과정을 통하여 전분은 D.E(dxtrose equivalent) 10~15의 맑은 액체가 된다. 여기에 다시 당화(saccharification) 효소를 첨가하여 포도당 함량이 95% 이상인 가수분해물(hydrolysate) 시럽을 만든다.

즉, 30~35%의 전분유액은 pH 6.0~6.5로 조절한 뒤 100℃ 이상의 고온 스팀을 가한 후 액화효소로 처리하면 전분입자는 강한 기계적 전단력과 뜨거운 스팀온도에 의해 호화됨(gelatinization)과 동시에 내열성효소의 작용을 받아 신속히 가수분해된다.

액화되어 투명한 미백색의 전분유액의 pH를 4.0~4.5로 맞추고 당화효소

(glucoamylase)를 첨가하여 60℃에서 포도당 함량이 최고치에 이를 때까지 24시간이상 당화시킨다. 당화가 끝나면 포도당의 함량은 고형분 중에서 95%이상이 된다. 참고로, 표 9 - 3은 전분당 공업에 많이 사용되고 있는 효소를 열거한 것이다.

표 9-3 전분당 공업에 사용되는 효소류

공 정 명	사용효소	효소의 기원	작업 조건		제 품
			pH	온도(℃)	
Liquefaction	α—amylase	세균	6~7	90	Dextrin
	α—amylase	세균	6~9	105	Dextrin
Debranching	Pullulanase	세균	5	60	직쇄 Dextrin
	β—Amylase	배아, 대두	5	55	Maltose
Saccharification	Glucoamylase	곰팡이	4~5	60	Glucose
Isomerization	Glucoisomerase	미생물	7~9	60~70	Fructose
Ring—formation	CGTase	세균	7~8	60~70	Cyclodextrin
Transformation	β—Fructofuranosidase	곰팡이	5~—6	55	Fructooligo당

4) 이성화당(異性化糖)의 제조

현재, 이성화당의 세계 생산량은 연간 800만 톤에 달하며 미국의 경우 감미료 시장의 점유율이 설탕의 40%선까지 육박하고 있다. 이러한 이성화당의 급속한 수요의 신장은 저렴한 제품을 고생산성으로 만들 수 있는 효소이용 기술의 발달에 힘입은 것이다. 또한 이성화당의 제조공정은 고정화생체촉매를 가장 많이 이용하는 분야이기도 하다.

현재 이성화당의 제조법은 액화, 당화, 이성화 등의 효소공정과 이온교환크로마토법에 의한 분리 등의 네 공정으로 구성되어 있다(그림 9 - 6).

① 액화공정에서는 30~40%의 전분유액에 내열성 α—amylase를 가하여 Jet-cooker를 이용하여 1~5℃에서 5분간 처리한 후 다시 이어서 95~100℃로 반응하여 가용성 덱스트린으로 분해시킨다.

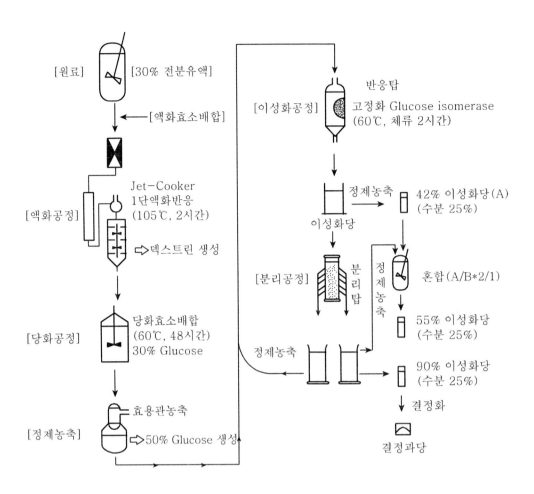

그림 9-6   이성화당의 제조공정

② 당화공정에서는 상기의 용액은 60℃까지 급랭하고, pH 4.5까지 조절한
후, glucoamylase를 가하여 60℃에서 48~71시간 반응시키면 95% 이상의 고수율
로서 포도당을 얻을 수 있다. 이 액은 정제, 농축하여 50% 포도당 수용액을
만든다.

③ 이성화공정에서는 50% 포도당 수용액은 pH 7.5~8.0으로 조절하고 60℃에
서 1~4시간 유속을 조절하여 고정화 isomerase가 충진된 반응기에 통과시키면,
이성화당이 연속적으로 생성된다. 이것을 정제, 농축하여 함수량 25%로 조절
하면 42%의 이성화당을 얻을 수 있다.

④ 분리공정에서는 이성화당을 유사이동상식 크로마토로 처리하면 연속적

으로 과당과 포도당으로 분리할 수 있다. 분리된 과당분획을 정제, 농축하고 분리농축액 1대 42% 과당 2의 비율로 혼합하면 이성화당(F.E 55%)을 얻을 수 있다. 또한 이 과당분획에서 90%의 이성화당과 결정과당 제품을 제조할 수 있다. 포도당 분획분은 정제, 농축하여 이성화공정으로 환류시킨다.

5) 이성화당 제조기술의 발달과정

① 1970년대

공업적 생산에 적합한 isomerase가 1960년에 방선균에서 발견된 후, 이 효소가 세포 내 효소로 내열성이 뛰어난 효소화학적인 특성임이 판명되었다. 1970년대에 열처리균체 및 이온교환 수지를 이용한 고정화효소를 사용하는 공업적 규모의 이성화당의 제조공정이 개발되었다.

② 1980년대

Isomerase의 고정화 기술이 더욱더 진보하였다. 특히 80년대에는 고정화담체의 제조기술이 발달하여 종래의 음이온 교환수지에 polystylene을 첨가하여 담체의 비중을 증가시킴으로써 효소의 안정성과 고정화 작업의 간편화를 도모하였다.

③ 1990년대

종래의 고정화기술과 차원이 다른 새로운 고정화 isomerase의 제조방법이 개발되었다. 즉, 기존의 기술은 이온결합법과 가교법이 주류를 이루었으나, 90년대에 개발된 신기술은 기존의 $(NH_4)_2SO_4$를 이용하여 효소를 염석한 후 이온교환수지를 이용하여 고정화하던 종전의 방법과는 달리, $(NH_4)_2SO_4$로 결정화한 효소의 슬러리를 $MgSO_4$ 용액 중에서 재결정화하고 여기에 비이온성 담체를 투입하여 결정효소를 담체에 코팅하는 획기적인 방법이다. 이와 같은 신기술의 개발로 고정화효소 kg당 이성화당의 생산량이 12~18톤 이상으로 증가하게 되었다.

6) 기술전망

현재의 이성화당의 제조기술은 전술한 바와 같이 액화, 당화, 이성화의 세

단계의 효소반응을 거쳐 이온교환크로마토법으로 분리하는 공정으로 구성되어 있다. 세 단계 효소공정 중 이성화공정만이 고정화효소로 생산이 되고 있으나 앞으로 당화효소인 glucoamylase의 고정화가 실현된다면 두 개의 바이오리엑터를 연결하여 보다 효율이 좋은 생산시스템이 구축될 수 있을 것으로 기대된다.

3. 전분당의 개발동향

앞으로 전분 및 전분당 공업의 발전은 두 가지 방향으로 전개될 것으로 생각 된다. 화학적 변성을 통한 고부가가치의 전분 개발과 효소를 이용한 올리고당류의 개발이 그것이다.

1) 화학적 변성전분

(1) 가교(cross linking)

그림 9-7에서 보듯이 약품을 이용하여 전분 내의 포도당분자끼리 여러 위치에서 공유적으로 가교를 이루도록 할 수 있다. 그림 9-8은 가교 정도에 따라 찰옥수수 전분의 점도 변화에 미치는 영향을 보여준다. 가교전분은 낮은 점도와 안정화된 최종점도를 나타낸다. 가교에 의해 점도, 호액, 산, 열 그리고 전단력에 대한 내성이 증가되며 가교전분이 호화되어 호액(paste)상태가 되면 크림과 같은 조직감의 특징을 나타내므로 산성식품(salad dressing, pie fillings)이나 통조림식품(gravies, sauces)에 응용이 가능하다.

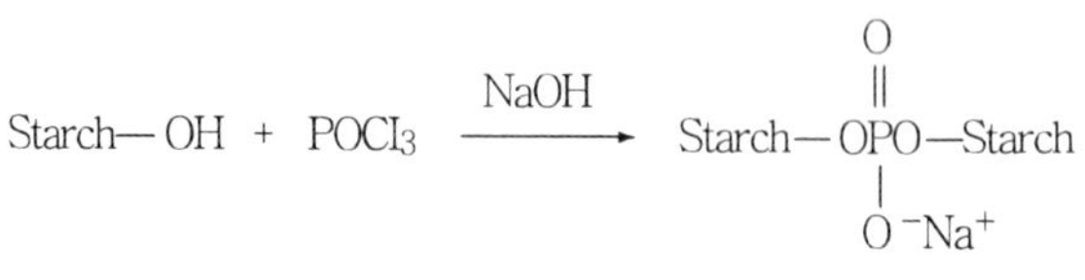

$$\text{Starch—OH} + \text{POCl}_3 \xrightarrow{\text{NaOH}} \text{Starch—OPO—Starch} \begin{smallmatrix} \text{O} \\ \| \\ \\ | \\ \text{O}^-\text{Na}^+ \end{smallmatrix}$$

그림 9-7 전분의 가교 반응

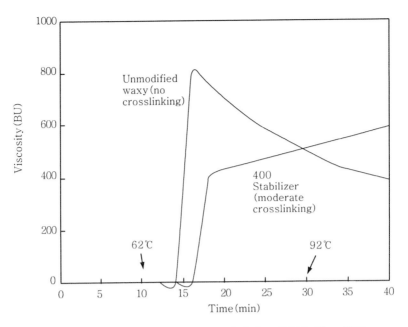

그림 9-8 가교 정도에 따른 찰옥수수 전분의 점도 변화

(2) 치환(substitution)

전분의 수산기와 반응하는 monofunctional 약품을 처리하여 수산기를 다른 기(基)로 대체함으로써 starch ester와 starch ether가 얻어진다. 치환은 acetate, succinate, phosphate, hydroxypropyl 및 octenylsuccinate와 같은 치환제로 처리한다 (그림 9 - 9).

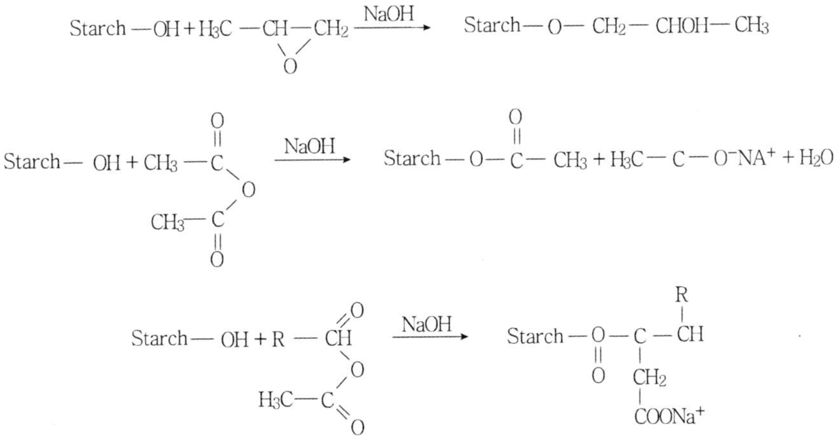

Starch —OH + H₃C —CH—CH₂ $\xrightarrow{\text{NaOH}}$ Starch—O— CH₂— CHOH— CH₃

Starch— OH + CH₃ —C $\xrightarrow{\text{NaOH}}$ Starch —O— C— CH₃ + H₃C— C— O⁻NA⁺ + H₂O

Starch— OH + R — CH $\xrightarrow{\text{NaOH}}$ Starch —O— C —CH

그림 9-9 전분의 치환 반응

치환을 하는 주요 목적은 노화(retrogradation)에 대한 내성과 아밀로스의 젤형성, 그리고 낮은 온도에서 아밀로펙틴의 직쇄부분이 서로 뭉치지 않도록 하는 성질을 부여하는 것이다. 그 밖에 다른 효과로는 호화온도를 낮추며, 점도를 증가시키고, 콜로이드의 성질을 개선하여 친수성 또는 소수성의 성질로 변성시켜 준다.

(3) 산처리(thin-boiling or acid hydrolyzed products)

두 개의 포도당 사이의 결합을 산(acid)과 온도를 조절하여 분해한다. 입자는 붕괴되지 않지만 고분자의 길이가 무작위적으로 잘려져서 그 크기가 줄어들게 되며 이러한 전분은 호화 시에 낮은 점도를 나타내므로 공업적으로 고농도의 호화가 가능하여 경제적인 변성방법으로 오래 전부터 섬유의 제직(warp sizing) 등에 사용되어 왔고, 식품공업에서는 젤리의 제조에 이용되고 있다.

(4) 산화전분(oxidized starch products)

차아염소산(sodium hydrochlorite)으로 전분을 산화하면 glycosidic bond와 포도당 잔기의 2번째 탄소와 3번째 탄소 사이의 결합이 파괴되어 전분입자는 개열된 구조의 포도당잔기 위에 aldehyde와 carboxyl group을 갖는 작은 전분분자를 포함하게 된다. 산화전분은 hypochlorite의 탈색효과로 흰색을 나타내며 호액 (paste)은 맑은 필름층을 형성하여 종이의 사이즈제로 이용된다.

2) 기능성 올리고당과 당알코올

1980년대 중반부터 미국과 서유럽에서는 저칼로리 식품에 대한 소비자의 호응도가 높아 설탕과 지방을 적게 섭취하는 식품이 등장하였고, 제품의 포장지에 성분 칼로리의 표시를 의무화하고 있다. 그만큼 소비자들의 식품섭취 패턴도 전문화되고 있는 것이다. 이와 같이 설탕을 대체하면서 다양한 기능성을 부여하는 올리고당과 당알코올 시장이 특히 부각이 되고 있는데, 본장에서는 국내에서 이용되고 있는 제품을 중심으로 그 특성과 시장현황에 대해 간략히 언급하고자 한다.

(1) 올리고당의 특성과 기능성

국내에서 이용되고 대표적인 올리고당은 프락토올리고당, 이소말토올리고당, 갈락토올리고당, 대두올리고당 등이며, 이들 올리고당들의 특성과 기능성에 대해서는 표 9 - 4에, 국내 시장현황은 표 9 - 5에 종합하였다.

프락토올리고당(fructooligosaccharide)은 비피더스균에 이용되므로 정장작용이 우수할 뿐만 아니라 난소화성, 난충치성, 혈청 지질개선 등의 기능성이 있다. 비환원당으로 갈변이 일어나지 않고 감미도가 비교적 높으며 저칼로리인 장점을 가지고 있으나 내열, 내산성이 약하기 때문에 식품가공 시에 제약이 많다는 단점을 가지고 있다.

표 9-4 올리고당의 특성

구분	대두올리고당	이소말토올리고당	프락토올리고당	갈락토올리고당
원료	대두박	전분	설탕	유당
제조효소	분리추출	Transglucosidase	Fructofuranosidase	β-Galactosidase
주성분(%)	Raffinose(7.9%) Stachyose(24.3%)	Isomaltose(5.9%) Isomaltotriose(3.6%) Pannose(24.6%)	1-Ketose(22.5%) 1-Nystose(19.0%) 1-F.ructofuranosyl Nystose(3.3%)	Galacto-oligo-saccharide (44.8%)
자연계 존재	두과식물에 다량	발효식품 (청주, 된장, 간장)	과일, 채소류 (우엉, 마늘, 바나나, 파, 벌꿀)	모유, 우유
점도 (75%, 50℃)	400 cps	250 cps	330 cps	280 cps
갈변성	다른 환원당에 비해 착색도가 낮음	말토올리고당과 유사. 환원당이 함유되어 식품 중의 아미노산과 반응하여 갈변이 일어남	비환원당으로 갈변이 일어나지 않음	다른 환원당에 비해 착색도가 낮음
내산성·내열성	비교적 안정함	매우 강함	매우 약함	강함
열량	2.0 kcal/g	3.0 kcal/g		1.5 kcal/g
감미도 (설탕 : 100)	70 부드러운 감미	50 부드러운 감미	60 설탕과 유사한 감미	40 매우 부드러운 감미
장점	·저칼로리임 ·비피더스균 증식 효과 우수 ·100% 천연당질임	·가격이 저렴함 ·산과 열에 강함 ·매우 안정함	·감미가 우수 ·저칼로리임	·산과 열에 강함 ·비피더스균 증식 효과 우수 ·부드러운 감미

품목	2003			2004			2005		
	생산량	출하량	수출량	생산량	출하량	수출량	생산량	출하량	수출량
설탕	1 249,532	872,371	327,897	1,309,887	933,371	331,167	1,283,765	867,280	381,443
포도당	160,661	144,833	9,494	158,939	118,896	7,797	136,295	106,997	12,968
과당	413,446	414,326	613	439,832	435,897	322	409,492	410,374	318
엿류	411,612	385,560	1,931	444,029	379,603	2,157	415,803	381,528	2,895
당시럽류	371	367	-	979	976	1	1,308	1,281	13
덱스트린	8,812	7,286	86	8,341	8,210	51	8,356	8,107	12
올리고당류	19,518	15,614	31,111	19,418	15,941	2,593	20,032	16,122	2,962
소계	2,263,952	1,840,357		2,381,425		344,088	2,275,051	1,791,689	400,611

표 9-5 당류 생산 실적 (단위 : 톤)

이소말토올리고당(isomaltooligosaccharide)은 전통발효식품 및 봉밀 등에 소량 함유되어 있는 천연의 당성분으로서 전분 및 말토올리고당에 전이효소를 작용시켜 제조한다. 비피더스균의 증식효과가 있고 내열, 내산성 등의 식품 가공성이 뛰어나기 때문에 광범위하게 이용이 되고 있다. 또한, 전분의 노화방지, 보습성 등의 물성개량효과가 있기 때문에 수요가 지속적으로 증가하고 있다. 그러나 다른 올리고당에 비하여 칼로리 감소효과가 적으며 식품가공에 이용할 경우 아미노산과 반응하여 갈변이 일어나는 단점이 있다.

갈락토올리고당(galactooligosaccharide)은 유당에 효소의 갈락토스 전이반응으로 형성된 2당류 이상의 혼합당을 말한다. 비피더스균의 증식효과가 우수하고 난소화성, 난충치성 등의 기능성과 물성으로 설탕, 물엿의 대체감미제나 모유 속에 함유되어 있는 올리고당의 주성분으로 천연적인 독특한 이미지를 가지고 있다.

대두올리고당(soyoligosaccharide)은 대두에 함유되어 있는 스타키오스, 라피노스, 설탕 등이 주성분으로 효소가 아닌 대두 자체를 원료로 하여 제조한 올리고당이다. 다른 올리고당에 비하여 비피더스균의 증식효과가 월등이 높은 것으로 알려져 있으며 난소화성 및 난충치성이다. 감미도는 설탕의 70%, 칼로리는 설탕의 50%이며 설탕보다 높은 점성을 가지고 있다.

(2) 당알코올의 기능성과 시장현황

당알코올로서는 솔비톨(sorbitol)이 오래전부터 이용되어 왔지만 최근에 건강 지향적인 소비자 욕구로 난충치성, 저칼로리성의 말티톨(maltitol)을 비롯하여 자일리톨(xylitol), 에리스리톨(erythritol) 등의 새로운 당알코올에 대한 관심이 높아지고 있다(표 9 - 6).

표 9-6 당알코올의 특성 및 기능성

구분	솔비톨	말티톨	에리스리톨	자일리톨
원료	포도당	고순도 맥아당	포도당	볏짚
제조방법	고압, 수소첨가	고압, 수소첨가	효모 발효	추출
자연계 존재	과일류에 널리 분포		효모, 버섯류, 인체	인체 대사 산물
감미도	60~70	70~80	80	90~00
난소화성	50% 정도가 소장에서 흡수. 인슐린 비의존형임	소장 내에서 흡수되지 않고 대장에서 미생물에 의해 분해 후 유기산을 흡수	소장 내에서 흡수되지 않고 대장에서도 일부만이 미생물에 의해 분해된 후 유기산을 흡수	인체에서 흡수되어 자화되나 인슐린 비의존형, 뮤탄스(Mutans)균에 의하여 글루칸 생성을 억제하는 기능이 있으며, 난충치성임
충치예방	비교적 양호	양호	양호	대단히 양호
열량지수	2.8 kcal	1.8 kcal	0.2 kcal	4.0 kcal
갈변	비환원당으로 갈변이 일어나지 않음	비환원당으로 갈변이 일어나지 않음	비환원당으로 갈변이 일어나지 않음	비환원당으로 갈변이 일어나지 않음
열안정성	대단히 안정함	비교적 안정함	안정함	안정함
용해열	-26.6 kcal/g	-5.5 kcal/g	-49.0 kcal/g	-36.6 kcal/g

솔비톨은 포도당에 수소를 첨가하여 만든 당알코올로 내산, 내열 및 비갈변성의 전형적인 당알코올의 특성을 지니고 있다. 또한, 소장에서 50% 정도가 흡수되고 나머지는 소장에서 미생물에 의해 이용되며 소장에서 흡수된 솔비톨은 간장에서 솔비톨 탈수소효소에 의해 과당으로 전환되어 소화되므로 인슐린을 필요로 하지 않는다. 국내에서 생산·판매되고 있는 당알코올류는 솔비톨과 말티톨이며, 그 외는 수입에 의존하고 있다. 당알코올 시장의 주종목품은 솔비

톨로서 최근에 수요가 급증하여 연간 222억 원(1994)의 시장을 형성하고 있다. 그 용도는 치약용 원료로 10,000톤(30%)이며, 그 외에 프리믹스용, 수산업용, 무설탕의 껌, 캔디 등에 그 수요가 급증하고 있다.

말티톨은 자연계에서는 아직 발견되지 않은 당알코올로서 맥아당에 수소를 첨가하여 생산한다. 내산, 내열 및 비갈변성 등의 특성 외에도 소화관 내에서 소화·흡수가 되지 않지만 대장에서는 미생물에 의해 분해된다. 말티톨의 수요는 약 1,000톤(1994)으로 아직은 미미한 상태이다.

자일리톨은 천연에 존재하는 당알코올로 공업적으로는 자일란, 또는 헤미셀룰로오스 등의 원료로부터 추출하여 제조하고 있다. 흡열반응이 있어 청량음료에 이용이 가능하며 충치발생을 억제하는 기능이 있어 미국, 캐나다, 유럽에서는 자일리톨로 만든 껌류가 의약품으로 판매되고 있다. 우리나라는 전량 수입에 의존하고 있고 충치예방에 대한 탁월한 효과로 인하여 현재 껌 제조 시 이용하고 있으며 1994년의 국내시장 규모는 600톤(4억 원)의 소규모 시장을 형성하고 있다.

에리스리톨은 포도당을 효모로 발효하여 생산하는데, 1984년 일본에서 처음으로 기업화되었다. 감미도는 설탕의 80%이며 당알코올 특유의 상큼한 단맛을 가지고 있다. 또한 용해 시 흡열작용을 나타내고 대장 미생물에 의해서도 약 10%밖에 이용되지 않는 비소화성이므로 청량음료나 다이어트 식품의 원료로서 그 수요의 증가가 기대되고 있다. 에리스리톨은 초콜릿, 캔디, 음료 등의 식품소재로서 아직까지는 국내에 사용실적이 없는 상태이다. 표 9 - 7과 표 9 - 8에 국내외 당알코올과 올리고당 시장의 현황을 나타내었다.

표 9-7 국내 당알코올의 시장현황 (단위 : 톤, 백만원)

	94년		95년	
	판매량	매출액	판매량	매출액
Sorbitol	30,600	22,200	30,000	20,000
Maltitol	1,000	600	2,000	1,200
Xylitol	600	3,900	1,000	6,500
Erythritol	—	—	—	—

표 9-8　일본의 올리고당류의 시장현황

	품목	원료	제법	수요량(94)	단가
올리고당	Fructoligo당	설탕	효소전환	4,500	370
	Isomaltooligo당	전분	효소전환	11,000	140
	Galactooligo당	유당	효소전환	6,500	500
	유과 oligo당	유당+설탕	효소전환	2,000	800
	Maltooligo당	전분	효소전환	10,000	150
	대두 oligo당	대두 whey	분리정제	600	740
	Coupling sugar	전분+설탕	효소전환	7,000	220
당알코올류	Sorbitol	포도당	수소첨가	125,000	130
	환원물엿	물엿	수소첨가	40,000	350
	Maltitol	맥아당	수소첨가	20,000	150
	Erythritol	포도당	미생물발효	2,500	800
	Palatinit	Palatinose	수소첨가	1,000	470
기타	Palatinose	설탕	효소전환	4,000	500
	Trehalose	전분	효소전환	3,000	350

4. 전분당 공업의 전망

앞으로 전분당 공업 분야는 식품공업의 발전과 식생활 패턴의 변화에 따라 각종 기능성 당류와 전분 신소재의 개발이 활성화될 것으로 보인다.

오늘날 전분당 공업의 주력제품인 고과당의 수요가 정체되고 있는 원인은 저칼로리 감미료의 등장과 기존의 청량음료 시장이 기능성 건강음료와 천연 과즙 음료로 바뀌었기 때문이다. 우리나라의 전분당 소비는 1991년의 경우 미국의 일인당 64.32 kg에 비해 그 절반에도 못 미치는 28.73 kg이므로 식생활의 서구화에 편승하여 그 수요가 더욱 증가할 것으로 전망된다. 그리고, 물설탕을 선호하는 소비자의 기호에 부응하여 기능성 올리고당류와 환원당류의 수요도 증가할 것으로 보인다.

전분공업 분야는 식문화의 서구화에 따른 인스턴트 식품의 발전과 제지산업 등에 필요한 변성전분의 수요가 증가할 전망이므로 성장산업으로 기대가 되며,

따라서 이 분야에 대한 지속적인 기술개발이 요구되고 있다.

최근, 쓰레기 종량제의 실시와 환경보존에 대한 관심이 고조되면서 생붕괴성 전분플라스틱(disintergradable plastic)과 생분해성 플라스틱(biodegradable plastic)이 개발되어 이미 실용화되고 있으며, 생면시장의 확장으로 변성전분의 수요는 계속 증가할 것으로 보인다.

또한, 외국인 투자개방의 확대조치로 전분제조업이 1996년 7월부로 외국기업에게도 허용될 뿐 아니라 지금까지 특별법으로 수입이 제한되어 왔던 옥수수, 감자, 고구마가 UR 타결에 따라 자유롭게 수입되므로 국내 전분당사업의 전망은 더욱 어려워질 것으로 보인다. 따라서, 제조원가의 절감과 적극적인 기술개발에 의한 생산성의 향상이 시급히 요구되고 있다.

제10장 아미노산·핵산·유기산 발효제품

1. 발효공업의 발전과정

아시아, 아프리카를 중심으로 기원전부터 등장한 주정, 식초, 장유류, 젓갈, 김치와 같은 전통발효식품은 자연계의 미생물들이 협동하여 만들어 낸 작품이었다. 자연계에 의존하는 이러한 양조공업(brewery)은 파스퇴르가 발효의 주체인 미생물의 실체를 발견한 19세기에 이르기까지 계속되었다.

20세기에 접어들면서 에탄올, 부탄올, 아세톤, 구연산, 젖산, 리보플라빈과 protease, amylase, invertase와 같은 효소류를 대량으로 생산하는 공정(large-scale process)이 개발되었다. 제2차 세계대전을 전후하여 수요가 급증한 페니실린은 균주의 대량, 다량의 배지살균기술 및 대형 발효조의 설계능력이 기반이 되어 탄생한 과학적 발효기법(scientific fermentation technology)에 의해 양산이 되었다.

이어서, 1950년대에는 키노시타(木下祝郎)를 중심으로 한 일본의 기술진들이 글루탐산을 액침배양(液浸培養, submerged culture)으로 양산하는 대량발효기술(大量醱酵技術, mass fermentation technology)을 확립하였다. 이러한 기술은 라이신, 발린, 프로린, 트립토판, 스레오닌 등의 아미노산과 이노신산(5′-inosinic acid), 구아닐산(5′-guanylic acid), 산실산(5′-xanthylic acid) 등의 핵산관련물질(nucleic acid related substances) 및 구연산, 호박산, 초산, 능금산과 같은 유기산(organic acid)의 생산에 응용되어 1960년대에서 1980년대에 이르는 20년간은 발효공업의 전성기를 이루게 되었다.

그러나, 이러한 발효기술은 1980년대에 미국의 연구진이 미생물을 분자수준에서 육종하는 유전공학기술(genetic engineering)을 개발함으로써 새로운 차원으로 비약하게 되었다. 유전자 재조합(recombinant DNA technology)과 세포융합(cell fusion)에 의한 유전형질의 전환(transformation), 공여균(供與菌, donor cell)의 게놈

(genome)의 1/5이 수용균의 세포 내로 이입(移入)되는 접합(接合, conjugation), 바이러스를 이용한 형질도입(transduction), 그리고 고정화촉매(biocatalyst)를 이용한 생물반응기(bioreactor)와 세포·조직배양(cell or tissue culture)의 개발이 그 대표적인 기술이라 할 수 있다.

이리하여 오늘날은 발효에 의해 아미노산, 유기산, 핵산계물질과 같은 1차 대사산물(primary metabolite)은 물론 항생물질, 색소, 향료와 같은 2차 대사산물 (secondary metabolite)과 스테로이드호르몬, 인슐린, 효소류에 이르는 광범위한 영역의 대사물질이 생산되고 있다. 앞으로 발효공업이 해결해야 할 핵심적인 과제는 제품의 제조원가를 줄이는 일인데, 이는 에너지의 절감(energy saving), 효율적인 대량생산공정(effective mass production process), 경제적인 제균설비 (economic biomass collection), 고도의 정제기술(extrafine purification technology), 그리고 우량균주의 개발(high yield strain) 등에 의해서 달성될 수 있을 것이다.

2. 발효공업

발효공업은 미생물단백을 생산하는 균체생산(biomass production), 내·외 분비된 효소의 생산(exo or endogeneous enzyme production), 1·2차 대사산물의 생산 (primary & secondary metabolite production) 및 생화학적인 전환공정(biochemical conversion)과 같은 4개 분야로 대별된다. 본 장에서는 4개 분야 중 대사산물을 생산하는 발효공정을 미생물의 보관·접종, 발효 및 회수·정제 등의 세 부분으로 나누어 살펴보고자 한다.

1) 미생물의 보관과 접종(preservation & innoculation)

발효공업의 주체인 미생물은 −18℃ 이하에서 냉동보관(frozen storage)하거나 장기간 보존할 경우에는 특수배지상에 배양한 수 보호제(설탕, 탈지분유)와 혼합하여 앰플용기 내에 냉동건조(freeze−drying, lyophilization)를 시킨다.

그러나, 공업현장에서 사용하는 미생물은 저온(2~6℃)에서 한천배지상에 보관하며(stock slant), 매월 1~2회씩 우량콜로니를 선별하여 사용한다. 이 보관

균을 고체배지에 이식·배양하여 활성화시킨 후(active slant), 액체배지에 접종하여 진탕배양(shaking culture)을 한다. 이것을 공장 내의 종배양탱크(seed tank)에 접종(배지용량의 1~10%)하여 일정 시간(10~24hr) 생육시켜 무균적으로 본 배양조로 이송한다.

2) 발효공정(fermentation)

발효공정은 종균의 접종(innoculation)과 배지의 조제·살균(medium preparation & sterilization) 및 본 발효(main fermentation)로 이루어진다.

먼저, 배지는 발효탱크에 연결되어 있는 용기 내에서 조제하여 연속식 열교환장치(continuous heat exchanger)로 압송하여 살균한 후 공살균(空殺菌)이 된 발효탱크로 이송된다. 발효탱크에는 보온용의 자켓(중소형발효조)이나 열교환용 코일(대형발효조), 공기주입용 스파저(sparger), 교반장치 및 암모니아 주입설비가 부착되어 있다. 탱크의 용량은 1~20 ㎥(의약용, 진단용, 효소용), 50~150 ㎥(항생물질용), 150~450 ㎥(SCP, 아미노산, 유기산, 핵산관련물질용), 720~850 ㎥(글루탐산, 라이신용) 등으로 다양하다.

발효에는 혐기성과 호기성 발효가 있는데, 이들의 발효조건은 전혀 다르다. 호기성 발효에서는 대개 0.25~1.0 vvm의 멸균공기를 스파저로 주입하며 배지액 중의 공기를 교반하여 공기 중의 산소를 액 중에 용존시킨 후 미생물의 세포막 속으로 흡수되도록 한다(二重境膜說). 발효탱크는 항상 0.2~0.8 kg㎠의 압력을 유지케 함으로써 산소의 용존은 물론 잡균의 오염을 막도록 한다. 그림 10-1은 전형적인 발효조의 형태를 나타낸 것이다. 본 발효가 진행되면 미생물의 급격한 증식으로 배지가 산성화하므로 NH_3 가스를 주입하여 최적 pH가 자동적으로 유지되도록 한다.

미생물의 대수증식 초기부터 세포 내에 대사산물이 생성·배설이 되는데, 미생물의 생장정지기(stationary phase)를 지나면 자기분해 현상이 일어나 배지가 알칼리성이 되므로(death phase) 적절한 시점에서 발효작업을 종료하여야 한다.

발효방식에는 회분식(回分式, batch style), 유가식(流加式, fed-batch style) 및 연속식(連續式, continuous style)이 있는데, 이 중에서 유가식이 널리 채택되고 있다. 그러나, 앞으로는 연속식에 대한 연구가 활기를 띨 것으로 보인다.

Gas distribution by stirring

Turbine stirring installation   Stirred vessel with draft tube   Stirrer with automatic suction tube

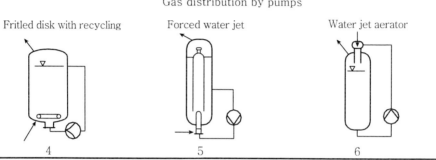

1   2   3

Gas distribution by pumps

Fritled disk with recycling   Forced water jet   Water jet aerator

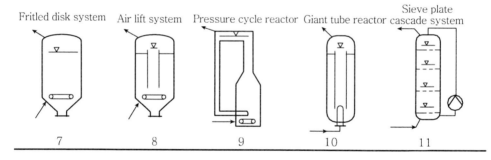

4   5   6

Gas distribution by overpressure of gas

Fritled disk system   Air lift system   Pressure cycle reactor   Giant tube reactor   Sieve plate cascade system

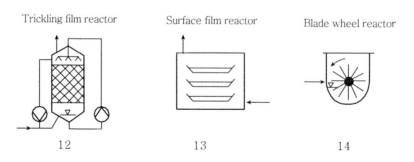

7   8   9   10   11

Continuous gas phase

Trickling film reactor   Surface film reactor   Blade wheel reactor

12   13   14

그림 10−1 발효조의 기본형태

3) 회수·정제공정(recovery & purification)

발효로 생산된 물질이 미생물의 균체 내에 함유되어 있는 경우(intracellular excretion) 미생물 균체를 깨뜨려 주어야 하는데, 여기에는 물리적인 방법(freeze & thaw, ultrasonication, milling, pressing)과 화학적인 방법(lyophilization, osmotic pressure change, acid treatment, organic extraction, detergent treatment)및 생화학적인 방법(enzymatic digestion, cell wall inhibition, bacteriophage treatment)이 있다.

대사물질이 세포 밖으로 배출이 되는 경우(extracellular excretion)는 발효액 (fermented broth) 중의 대사물질을 침전법, 원심분리법, 여과법, 유기용제 추출법, 삼투압법, 이온교환수지법 등으로 회수하여 정제한다(그림 10 - 2, 10 - 3).

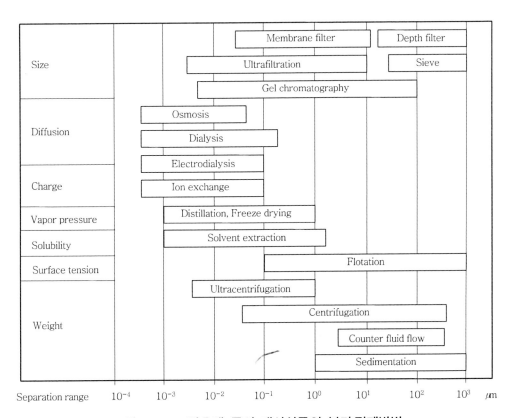

그림 10 - 2 발효액 중의 대사산물의 분리·정제방법

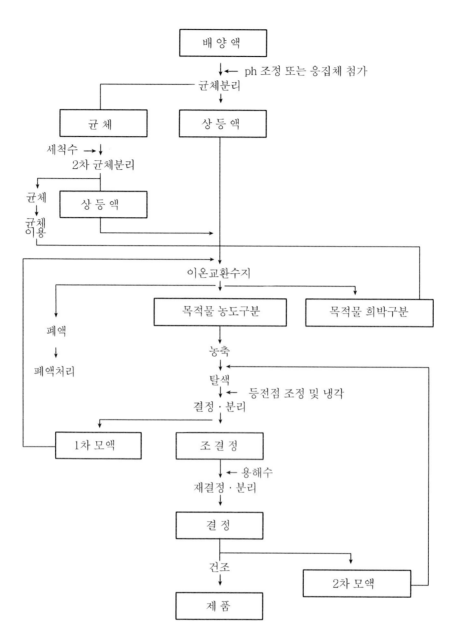

그림 10-3 이온교환수지법에 의한 아미노산의 회수·정제공정

3. 아미노산 발효

1) 아미노산 발효의 종류

발효법에 의한 아미노산의 생산은 Kinoshita 등(1956)이 *Corynebacterium glutamicum*을 이용하여 글루탐산을 대량으로 발효 생산함으로써 본격화되었다. 그 뒤를 이어 *Corynebacterium glutamicum*에 의한 트립토판(Nakayama 등, 1976)과 라이신(Nakayama & Araki, 1966), *Brevibacterium flavum*에 의한 아스파틸산(Uchino 등, 1976), 그리고 스레오닌(Shiio & Nakamori, 1970), 글루타민, 알라닌 등의 각종 아미노산이 차례로 생산되었다.

아미노산은 단백질의 구성성분인데, 그 생합성양은 최종산물의 농도에 따른 유전자 수준의 피드백 억제(negative feedback repression)와 효소수준의 피드백 저해(negative feedback inhibition)와 같은 대사제어기구에 의해 엄격히 조절되고 있다. 따라서, 미생물에 의해 대사물질을 대량으로 축적하려면 이러한 대사제어기구를 해제할 필요가 있다. 아미노산을 발효법으로 과생산하기 위해서는 해당 생합성경로나 제어기작에 관계되는 아미노산에 대한 영양요구성이나 아날로그 내성(analog-resistant)의 부여, 전구물질의 첨가 및 관련 효소의 유전자조작으로 목적에 부합하는 생산균주를 개발하여야 한다. 표 10-1은 현재 직접발효법으로 생산되는 아미노산과 발효생산성을, 표 10-2는 각국의 아미노산 생산량을, 표 10-3은 국내 아미노산의 생산성을 나타낸 것이다.

표 10-1 직접발효법에 의해 생산되는 아미노산의 생산성

아미노산	생 산 균 주	농도(g/L)	수율(%)
글루탐산	*Corynebacterium glutamicum*	100~140	55~66
라이신	*Brevibacterium lactofermentum* *Brevibacterium flavum*	100~130	40~48
프로린	*Corynebacterium glutamicum* *Brevibacterium lactofermentum*	44 18	24~25
아르기닌	*Serratia marcescens* *Brevibacterium flavum* 재조합 대장균	100 35 19	25~30

히스티딘	*Corynebacterium glutamicum*(재조합주)	15.3	—
	Brevibacterium flavum	10	—
	Serratia marcescens(재조합주)	41	20
스레오닌	재조합 대장균	55	48
	Brevibacterium lactofermentum	17	17
	Brevibacterium lactofermentum(재조합주)	33	33
트립토판	*Brevibacterium flavum*	17	17
	Corynebacterium glutamicum(재조합주)	12	12
	Corynebacterium glutamicum	43~45	—
	Bacillus subtilis	13.6	—
페닐알라닌	*Brevibacterium lactofermentum*	24.8	—
	Brevibacterium flavum	23.4	—
	재조합 대장균	20~50	—
타이로신	*Corynebacterium glutamicum* / *Brevibacterium lactofermentum*	17.6	
글루타민	*Corynebacterium glutamicum*	80~100	40~65

표 10-2 각국의 아미노산 생산량 (단위 : MT/Y)

아미노산	Korea		Japan			World		
	1989	1996	1986	1989	1996	1986	1989	1996
Glycine	—	—	6,000	—	14,000	8,000	—	24,000
L—Alanine	—	—	150	180	250	130	—	500
DL—Alanine	—	—	—	2,000	1,500	—	—	1,500
L—Aspartate	—	—	1,300	2,200	3,000	1,250	4,000	7,000
L—Asparagine	—	—	30	—	60	50	—	60
L—Arginine—HCl	20	—	700	800	1,000	500	1,400	1,200
L—Cystein	—	—	300	350	900	1,250	1,100	1,500
L—Glutamate sodium	100,000	100,000	82,000	80,000	85,000	300,000	340,000	1,000,000
L—Glutamine	100	500	900	1,000	1,200	500	—	1,300
L—Histidine	—	—	250	300	400	200	—	400
L—Isoleucine	—	—	200	260	350	150	—	400
L—Leucine	—	—	200	200	350	150	—	500

L－Lysine－HCl	3,500	70,000	30,000	29,000	500	50,000	75,000	250,000
L－Methionine	－	－	150	150	200	150	－	300
DL－Methionine	－	－	21,000	30,000	35,000	180,000	130,000	350,000
L－Ornitine	－	－	70	50		50	70	－
L－Phenylalanine	180	500	1,700	2,300	2,500	1,250	3,700	8,000
L－Proline	－	－	150	100	250	100	－	350
L－Serine	－	－	60	70	100	50	－	200
L. DL－Threonine	－	－	260	300	350	160	－	4,000
L. DL－Tryptophan	－	－	320	350	400	1,000	－	500
Tyrosine	－	－	60	60	70	100	－	120
L－Valine	－	－	200	270	400	150	－	500

표 10-3 국내 아미노산 발효의 생산성

아미노산	생산농도(g/L)	수율(%)	사용원료
L－Glutamic acid(MSG)	130～150	61～63	당밀, 원당
L－Lysine	110～130	40～45	당밀, 원당, 포도당
L－Phenylalanine	40～60	23～25	포도당
L－Glutamine	70～80	35～45	포도당
L－Leucine	30～35	20～35	당밀
L－Arginine	100～110	40～50	포도당

(1) 글루탐산 발효(L－glutamic acid fermentation)

글루탐산의 발효균으로서는 *Corynebacterium glutamicum(Micrococcus glutamicus)*, *Brevibacterium flavum*, *Brev. lactofermentum*, *Brev. thiogenitalis*, *Microbacterium ammoniaphilum* 등이 있으며 이들은 생육인자로서 바이오틴(biotin)을 요구하는 공통적인 특징을 가지고 있다.

① 배양조건

탄소원으로는 주로 포도당, 원당(原糖, crude sugar), 당밀 등이 사용되고 있다. 일반적으로 바이오틴 함량이 제한되면 글루탐산을 과생산하지만 당밀을 탄소

원으로 사용할 경우, 당밀 내에 바이오틴이 많이 함유되어 있으므로 배양 중에 페니실린G나 비이온성 계면활성제(Tween 60, polyethyleneglycol, stearate)를 첨가하여 글루탐산이 배지 내로 잘 분비되도록 해야 한다. 글루탐산 생산에 관여하는 주요 제어인자와 발효전환관계를 표 10 - 4에 요약하였다.

표10-4 글루탐산 생산균주의 배양요인에 의한 발효전환

제어인자	발효전환
산소	젖산 또는 호박산 ⇔ 글루탐산 (통기량 부족)　　(통기량 충분)
암모니아	α-ketoglutarate ⇔ 글루탐산 ⇔ 글루타민 (결핍)　　(적당)　　(충분)
pH	N-acetylglutamine ⇔ 글루탐산 (산성)　　(중성 또는 약칼리성)
인산	Valine ⇔ 글루탐산 (고농도)
바이오틴	젖산 또는 호박산 ⇔ 글루탐산 (포화)　　(결핍)

이 밖에도 발효에는 무기이온(K^+, Mg^{2+}, $PO4^{3-}$, Mn^{2+}, SO_4^{2-}, Cl^- 등)이 필요하며, 특히 Mn^{2+}, K^+는 글루탐산의 생산성에, Fe^{2+}는 균의 생육에 미치는 영향이 크다는 사실을 유념할 필요가 있다.

② 글루탐산의 발효기작

글루탐산 발효의 기작에 관한 초기의 연구는 세포막을 결손시켜 글루탐산을 세포막의 외부로 분비 시 세포 내 글루탐산 농도의 저하로 피드백 제어기구를 유도하는 '결손모델(leak model)'에 관련된 내용이 주를 이루었다. 따라서, 결손 모델에 있어서 주요 조절물질인 바이오틴의 역할과 계면활성제나 페니실린의 첨가효과에 대한 연구가 활발히 전개되었다(그림 10 - 4).

지금까지의 연구로 확인된 바에 의하면 글루탐산과 글루타민은 코리네형 세균의 삼투압 보호물질(osmoprotectant)이며, *Corynebacterium glutamicum*에서 분리된 α-ketoglutarate dehydrogenase의 낮은 활성과 불안정성 때문에 높은 암모니

아 농도에서는 α−ketoglutarate가 glutamate dehydrogenase(GDH)에 의해 글루탐산으로 전환된다는 사실이 밝혀지게 되었다. 글루탐산의 합성이 GDH의 활성에 의해 좌우되는 증거로서는 높은 암모니아 농도에서는 GS(glutamine synthase)/GOGAT 시스템이 억제되며, GDH 활성이 GS/GOGAT 활성에 비해 수십 배가 높고, GDH−변이주는 글루탐산 요구성을 가진다는 사실을 들 수 있다.

최근의 연구에서는 글루탐산을 세포 밖으로 특이적으로 수송하는 분비계(excretion system)에 의해 글루탐산의 분비가 이루어진다는 보고도 있다(Gutmann 등). Gutmann의 연구에 의하면 글루탐산의 분비속도는 세포 내 ATP pool과 직접적인 상관관계가 있으며, ATP나 고에너지 인산 화합물의 분비계와 연관성이 있는 것으로 추정된다는 것이다.

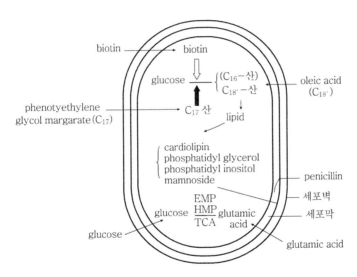

그림 10−4 세포의 글루탐산 배출제어기구

③ 바이오틴의 기능

바이오틴은 acetyl−CoA carboxylase(acetyl−CoA → malonyl−CoA)의 조효소로서 지방산의 생합성에 관여한다. 바이오틴의 제한조건하(0.5μg /g 건조균체)에서는 생체막의 구성성분인 올레인산(oleic acid)의 생합성이 불완전하여 결국은 세포막의 인지질 함량이 감소됨으로써 막투과성이 증가하여 세포 내의 글루탐산이 세포 밖으로 신속히 분비되어 배양액 중에 글루탐산의 축적이 최대치에 달하게 된다. 반면에, 바이오틴이 과량으로 존재하면 세포 밖으로

글루탐산이 신속히 분비되지 못하기 때문에 글루탐산의 농도가 증가하여 생합성회로가 저해를 받아 균체성장은 증가하나 글루탐산의 생산은 현저히 감소하게 된다. 바이오틴의 효과는 불포화지방산이나 올레인산(oleic acid)으로 대체할 수 있다.

④ 계면활성제의 기능

계면활성제는 acetyl−CoA carboxylase의 저해제로 작용하며, 포화지방산(C_{16}−C_{18})의 첨가는 균의 생육촉진에 전혀 영향을 주지 않으면서 세포막 내의 포화지방산과 불포화지방산의 비율을 변화시켜 세포막의 투과성을 증대시켜 주는 역할을 한다.

⑤ 페니실린의 기능

대수증식 초기에 페니실린을 첨가하면 세포벽의 합성 시에 일어나는 trans−peptidation 반응을 저해시켜 결과적으로 세포벽이 합성되지 못하게 한다. 페니실린을 처리한 세포막의 투과성은 삼투압적인 변화에 민감해지는데, 삼투압이 감소된 조건하에서는 글루탐산을 과량을 축적한다.

(2) 라이신 발효(L−lysine fermentation)

코리네형 세균에서의 라이신 합성은 diaminopimelate(DAP) 경로에 의해 이루어진다. Aspartokinase(ASK)와 aspartate semialdehyde dehydrogenase(ASD)가 DAP 경로의 초기반응을 조절한다. 대장균이나 고초균에서는 세 종류의 ASK가, 코리네형 세균에서는 두 종류의 ASK가 대사에 관여하는 것으로 보고되어 있다. DAP 경로로 탄소의 흐름을 조절해 주는 조절인자인 ASK는 라이신과 스레오닌에 의한 피드백 저해로 조절이 되고 있어 야생균에서는 라이신을 세포 외로 분비하지 않는다. 라이신 생산균주는 라이신 유사체인 S−α−aminoethyl−D,L−cysteine(AEC)에 대한 내성을 가지며 호모세린과 로이신에 대한 영양요구성을 가진 균주가 주로 이용되고 있다. 이러한 균주는 라이신과 스레오닌에 대한 피드백 제어가 풀린 ASK를 가지고 있다.

① 라이신 합성에 관여하는 효소계

Aspartate 계열의 아미노산은 aspartate semialdehyde(ASA)의 합성 이후 DAP와 라이신을 합성하는 경로와 호모세린계 아미노산을 합성하는 경로로 나누어진다. ASA와 피루빈산의 농축에 의한 dihydropicolinate(DHP)의 합성은 DHP synthase(DHPS)에 의해 이루어지는데, 이 효소는 homoserine dehydrogenase(HD)에 비해 ASA에 대해 기질 친화도가 낮고, 활성과 발현 정도는 라이신에 의해 영향을 받지 않는다. *C. glutamicum*의 epimerase 경로는 아세틸화된 중간 대사산물보다는 succinyl화된 대사산물에 대해 높은 친화도를 가진다.

Meso−DAP dehydrogenase(DDH) 경로는 야생균주나 생산균주의 라이신 생합성에 있어 30% 정도로 작용하며, 생산용 균주의 경우 탄소골격흐름의 분배(flux partitioning)는 발효 초기의 70% 수준에서 라이신의 축적 말기에는 제로(zero) 수준으로 낮아지는데, 이는 암모니아 이온에 의한 제어로 추정된다. DDH는 암모니움의 공급원이 암모니아에서 글루탐산으로 대체될 경우, 라이신의 생합성에 작용하지 않는 것으로 보면 배지의 조성에 따라 그 생합성이 좌우됨을 알 수 있다. 라이신 생합성의 마지막 단계는 meso−DAP가 라이신으로 전환되는 pyridoxal phosphate 의존성 탈카복실화반응인데, 이 반응은 DAP decarboxylase의 작용에 의해 이루어진다. 이 효소의 발현은 이 효소의 upstream에 위치하는 arginyl−tRNA synthetase에 의해 조절되며, 라이신에 의해 억제되고 아르기닌에 의해 유도되는 것으로 알려져 있다.

② 라이신 transport

효율적인 라이신 분비는 라이신과 스레오닌에 의한 ASK의 피드백 제어가 풀리고 라이신 이송계에 변이가 일어난 균주에서 이루어진다. 전통적인 돌연변이의 선택과정과 스크리닝 과정을 거쳐 유도된 라이신 과생산용 변이주는 라이신의 분비속도가 11 nmol/min/mg cell 정도로 높은 분비속도를 나타낸다.

일반적으로 산업용 균주에서는 1 M 정도의 라이신을 배지 내로 생산·분비하므로 chemical gradient 외에 membrane potential을 능가하는 이송이 이루어져야 한다. 세포 내 ATP 농도가 export 활성과 비례하지 않기 때문에 라이신의 이송 시 2OH와 함께 이루어지는 symport mechanism에 의해 이루어지는 것으로 추측되고 있다.

③ 라이신의 시장동향

1996년을 기준으로, 세계 라이신의 생산은 약 30만 톤으로 추산되며 우리나라는 일본에 이어 1973년에 (주)대상(구 : 味元)이 개발에 성공하여 지금은 세계시장의 20% 이상을 점유하고 있다. 제일제당은 인도네시아 공장에서 1996년에 3만 5천 톤을 생산한 것으로 추정되며, 그 밖에 세계 각 메이커의 생산현황을 표 10 – 5에 요약하였다. 라이신의 총 생산능력은 2000년도의 677,000톤에서 2003년에는 788,000톤, 2004년에는 810만 톤으로 증가가 예상되는데, 총 수요 역시 각각 550만 톤, 70만 톤, 75만 톤으로 비례적인 증가를 보일 것으로 예상된다. 이에 따라 수요에 대한 공급비는 각각 119%, 11%, 106% 이며, 이에 따라 수출 단가는 1.60 $/kg을 지속할 것으로 전망된다(표 10 – 6).

표10-5 라이신 메이커별 생산추정(1996년)　　　　　　　　　　(단위 : 톤/년)

메이커	국 가	생산능력	생산추정	당원료	비 고
(주)대상	한국	80,000	63,000	당밀, 원당, 포도당	결정분말상
ADM	미국	110,000	65,000	포도당	과립상
Ajinomoto	일본	105,000	88,000	당밀, 포도당	해외공장 총계(7사)
Kyowa Hakko	일본	64,000	46,000	당밀, 포도당	해외공장 총계(5사)
CSI	인니	45,000	35,000	당밀, 전분	제일제당 계열
Fermass s.i.o	슬로바키아	10,000	?		
AECI	남아공	11,000	1,000	원당	BASF(독일)가 자본참여
광서라이신창	중국	10,000	?	당밀, 쌀	광서성 남영시
천주대천라이신창	중국	4,000	?	당밀, 쌀	북건성 천주시
C.P. Group	중국	10,000	?	당밀, 쌀	태국계
Livany	라트비아	5,000	?		CIS
Stepnogorsk	카자흐스탄	10,000	?		CIS
Triplo'ye	우크라이나	15,000	?		CIS
Shebekino	러시아	7,000	?		CIS
합계	세계	415,000	298,000		

표10-6 라이신의 업계 수급현황　　　　　　　　　　(단위 : × 1,000톤/년)

구 분	2000	2001	2002E	2003E	2004E	참고
Ajinomoto	200	200	240	258	270	일본, 태국, 중국
ADM	150	150	150	150	150	미국
CJ	100	100	100	110	120	인도네시아

BASF	90	90	90	90	90	구 대상(군산)
Kyowa Hakko	100	100	75	75	75	일본
Midland Lysine	0	45	45	45	45	미국(協和系列)
Global Biochem	7	15	40	40	40	
Ohers	30	20	20	20	20	태국, 중국 등
총 생산능력	677	720	760	788	810	
총 수요량	550	600	650	700	750	
공급/수요(%)	19	17	14	11	6	
수출단가($/kg)	1.60	1.61	1.58	1.60	1.60	
스프레드(/kg)	95	88	85	85	85	

*E : estimated

<Monrgan Stanley Research, 2002>

(3) 페닐알라닌 발효

① 페닐알라닌의 공업적 생산

페닐알라닌은 생체 내 필수아미노산으로 의료용 수액제, 영양강화제, 사료첨가제로 사용되며, 최근에는 아스파탐의 원료로 그 수요가 신장하고 있다. 페닐알라닌은 단백질 중에 그 함량이 높지 않아서 단백질의 가수분해물로부터의 분리는 능률적인 제조법이 아니며, 1980년대에 효소법, 발효법에 의한 제조법이 발전을 이루었다. 그러나 효소법에서 사용되는 원료는 일반적으로 판매되지 않는 화합물(phenylpyruvate, benzylhydantoin, acetylphenylalanine, cinnamic acid)로 합성하거나 고가로 구입해야 하기 때문에 원료 수급면에서 불리하다.

발효법은 *Brevibavterium lactofermentum*, *Corynebacterium glutamicum*, *Bacillus subtilis*, *E. coli* 등을 이용하여 생산하나, 페닐알라닌은 타이로신 및 트립토판과 함께 방향족 아미노산으로 생합성 경로에서 복잡한 대세제어기구가 작용하고 있어 생산되는 농도는 높지 않다. 그러나 1980년대 후반부터 재조합 대장균을 이용한 발효법의 도입으로 고농도의 페닐알라닌이 생산되고 있다.

② 대장균에 의한 페닐알라닌 발효생산 및 유전자 조작

페닐알라닌의 생합성기구에 있어서 전구체인 E−4−P(erythrose−4−phosphate)에서 DAHP(3−deoxy−D‐arabino−heptulosonate−7−phosphate)를 생

성하는 데 관여하는 DAHP synthetase는 타이로신, 페닐알라닌, 트립토판에 의해 피드백 저해와 억제를 통해 과생산이 엄격하게 제한되고 있으며, chorismate mutase와 prephenate dehydrotase의 효소도 DAHP synthetase와 유사한 조절을 받고 있다. 따라서 이 부분에 대한 조절기작의 해제는 대사물질의 과생산을 유발하게 되며, 이를 위하여 타이로신과 페닐알라닌 analog에 대한 내성을 가지는 변이주를 분리하고 유전자 재조합기술을 이용하여 피드백의 저해와 억제시스템이 해제된 pheA(chorismate mutase)와 aroF(DAHP synthetase) 유전자를 플라스미드나 염색체상에 도입하여 유전자 수(copy number)의 증대를 통해 효소량을 증가시킴으로써 생산량을 향상시킬 수 있다. 또한 대장균을 이용한 페닐알라닌의 발효에 있어서는 충분한 통기와 낮은 수준의 잔당농도를 유지시키는 것이 초산, 젖산과 같은 유기산으로의 전환을 막아 주므로 페닐알라닌의 생산성 향상에 유리하다.

③ 국내의 시장동향

페닐알라닌의 주 용도는 아스파탐이다. 우리나라에서도 1987년부터 아스파탐이 개발되었고 현재는 연간 500~1,000톤이 생산되고 있다. 아스파탐의 원료인 페닐알라닌은 연간 500~1,000톤씩 생산하고 있는 것으로 알려지고 있다.

4. 핵산 발효

1) 핵산 발효공업

IMP(5´-inosinic acid)의 정미성이 Kodama(1913)에 의해 밝혀진 데 뒤이어 GMP(5´-guanylic acid)의 정미성이 Kuninaka(1960) 등에 의해 밝혀짐으로써 핵산계 조미료 시대의 막이 오르게 되었다. 그 후 IMP와 GMP 및 그 관련 물질들의 생산에 관한 광범위한 연구가 진행되어 현재는 미생물의 변이주를 이용하는 직접발효법과 발효와 합성을 결합시킨 발효·합성조합법으로 정미성 핵산물질이 공업적으로 본격적으로 생산되고 있다.

핵산 발효공업은 일본기술진에 의해 주도되었으나 국내에서도 1977년 후반부터 (주)味元과 제일제당(주)에 의해 공업적 생산에 들어갔다. 또한 리보핵산

(ribonucleic acid, RNA) 같은 핵산을 구성하는 뉴클레오티드인 이노신산(inosinic acid)이나 구아닐산(guanilic acid)의 인산염인 5´-이노신 단인산(inosine monophosphate, IMP)이나 5´-구아노신 단인산(guanosime monophosphate, GMP)을 아미노산 조미료인 글루탐산 소다(monosodium glutamate, MSG)에 소량으로 코팅하면(1.5~2.5%) 맛의 상승효과로 음식물의 풍미가 크게 향상된다는 사실이 알려지면서 조미료로서의 수요가 급속도로 늘어났으며 핵산관련물질의 용도는 의약품, 생화학 시약, 사료첨가물 등으로 확대되었다. 핵산조미료의 생산은 1996년의 가동률은 생산능력이 13,720톤에 10,130톤이 생산되었으므로 73.8%였다. 이중, 한국기업이 국내에서 26.7%, 인도네시아에서 14.8%를 생산하여 총 41.5%를 점유하였다. 나머지는 일본기업이 53.6%, 중국기업이 4.9%였다 (표 10-7).

지금까지는 한국과 일본이 독점하였으나, 1998년부터는 중국의 Star Lake(星湖集團), 2001년에는 CJ Indonesia, 2000년부터 미국의 Biokyowa, 2003년부터는 Thai Ajinomoto가 각각 생산에 참여하여 다국 경쟁체제를 구축하였다.

참고로 일본계 회사의 핵산 제조능력은 표 10-8과 같다.

표10-7 핵산조미료의 연도별 추정 생산량

회사명	생산능력			생산량		
	1996	1998	2001	1996	1998	2001
한국합계	3,200(35.4)	3,400(28.6)	4,000(29.2)	2,900(35.5)	3,200(29.9)	2,700(26.7)
· 대상(주)	1,900(21.1)	1,900(16.0)	2,500(18.2)	1,600(19.6)	1,800(16.8)	1,400(13.9)
· CJ(주)	1,300(14.4)	1,500(12.6)	1,500(10.9)	1,300(15.9)	1,400(13.06)	1,300(12.8)
일본합계	5,800(64.4)	6,000(50.4)	6,720(49.0)	5,270(64.5)	6,000(56.1)	5,430(53.6)
· 아지노모토	3.900(43.3)	3,900(50.4)	3,840(28.0)	3,450(64.5)	1,900(17.8)	5,430(53.6)
· 타게다약품	1,400(15.6)	2,000(16.8)	1,440(10.5)	1,400(17.1)	300(2.8)	1,600(15.8)
· 쿄와발효	200(2.2)	400(3.4)	720(5.2)	190(2.3)	300(2.8)	60(0.6)
· 야마사장유	200(2.2)	200(1.7)	720(5.2)	150(1.8)	200(1.9)	170(1.7)
· 아사히식품	100(1.1)	100(0.8)	-	80(1.0)	100(0.9)	
CJ Indonesia	-	1,500(12.6)	2,000(14.6)	-	1,500(14.0)	1,500(14.8)
Star Lake	-	1,000(8.4)	1,000(7.3)	-	Not Checked	500(4.9)
합계	9,000(100)	11,900(100)	13,720(100)	8,170(100)	10,700(100)	10130(100)

표 10-8 일본 핵산조미료의 생산 능력(2003)

구분	공장	핵산 조미료(톤/월)			복합 조미료(톤/월)		제조법
		제품	능력	생산	핵산 조미료 함유비율	생산	
Ajinomoto	川崎	GMP	80	240	IG(5 :5) 8%(*Haim*)	330	발효·합성
	東海	MP	250				
Takeda	高砂	IG	120	120	IG(5 :5) 8%(*Ino Ichiban*)	280	직접발효
Yamasa	銚子	IMP GMP	60	20	IMP 8%, GMP 0.5%(*Flavor*)	70	핵산 분해
JT	延岡	-	-	-	IG 8% + 구연산소다 4%(*Mitas*)	110	-
Kyowa Hakko	防府	IMP	60	30	IG 8% + Na-aspartate 2% + Na-succinate 0.2%(*Mika*)	80	직접 발효
합계		GMP	570	410	-	870	-

2) 핵산 조미료의 생산

핵산계물질은 RNA 분해법, 발효·합성조합법, 직접발효법으로 생산되는데, 핵산의 생산초기에는 당밀에 배양한 *Saccharomyces cerevisiae*, *Candida utilis*의 균체 RNA를 효소로 분해하는 RNA 분해법이 이용되었으나 최근에는 주로 직접발효법을 이용하고 있다. 화학분해법의 경우는 RNA를 완전히 핵산의 단계까지 가수분해하고 그중 특이하게 5′의 위치를 화학적으로 인산화한다.

(1) RNA 분해법(enzymatic RNA decomposition)

효소로 효모 RNA를 가수분해하여 5′-뉴클레오티드를 생산하는 공정은 효모 RNA의 생산, RNA-가수분해 효소의 생산, 효소에 의한 RNA의 가수분해 및 5′-뉴클레오티드의 분리과정을 포함하고 있다.

RNA원이 되는 효모는 보통 목재 아황산폐액의 배지에 배양하는데 세포 속의 RNA 함량은 건조세포의 10~15% 정도이다. 묽은 알칼리성 NaCl 용액으로 세포속의 RNA를 추출하고 추출액을 산성화시키거나 유기용매를 첨가하여 침전시킨다. RNA를 추출하는 대신 열처리한 세포를 그대로 RNA원으로 사용할 수도 있다.

RNA를 분해하기 위해서는 *Penicillium citrinum*(Yamasa Shoyu Co.)과 *Streptomyces aureus*(Takeda Pharmaceutical Co.)의 변이주의 효소를 사용한다. *P. citrinum*을 젖은 밀기울(wheat bran) 배지상에서 30℃에서 5일간 배양한 후 자라난 균사와 함께 밀기울을 물로 추출한다. 추출물 속에는 엑소뉴클라아제 이외에 phospho-nucleotide를 파괴하는 인산가수분해효소(phosphatase)도 포함되어 있으므로 사용할 때 열처리하여 인산가수분해효소의 활성을 없애 주어야 한다. 또한 *S. aureus* 변이주를 사용하는 경우는 액체 배지 속에서 통기·교반을 하면서 28℃에서 30시간 배양한다. 액체 배지는 전분의 효소 가수분해물 3.0%, 대두박 2.0%, 옥수수 침지액 1.0%, $(NH_4)_2SO_4$ 0.1%, $MgSO_4 \cdot 7H_2O$ 0.05%, $CaCO_3$ 0.5%, 대두유 0.005%를 사용하며, 발효액은 엔도뉴클라아제, 엑소뉴클라아제, 아데닐 디아미나아제, 포스파타아제 등을 포함하고 있다.

RNA를 가수분해하는 효소액 속에 phosphatase가 섞여 있으면 5′-모노뉴클레오티드를 뉴클레오시드로 탈인산화한다. 따라서 phosphatase 활성을 억제시키는 일이 매우 중요하다. 효소액을 열처리하면 phosphatase의 활성은 약화되나 완전한 처리는 어렵다.

*P. citrinum*를 밀기울에 배양하여 얻은 효소액은 65℃가 최적온도인 엑소뉴클라아제와, 45℃가 최적온도인 포스파타아제를 포함한다. 따라서 *P. citrinum* 효소액으로 65℃, pH 5.0에서 4시간 RNA를 처리하면 5′-모노뉴클레오티드가 생산되며, 부생하는 뉴클레오시드의 양은 상대적으로 적다. 이 효소액은 아데닐 디아미나아제의 활성이 없으므로 RNA 분해산물은 AMP, GMP, 5′-시티딜산(cytidylic acid, CMP), 5′-유리딜산(uridylic acid, UMP)이 생산된다.

S. aureus 효소 용액은 엔도 및 엑소뉴클레아제의 공동작용으로 RNA를 5′-모노뉴클레오티드로 가수분해하며 일단 AMP로 만들어진 것은 효소액 속의 디아미나아제에 의해 다시 5′-IMP로 변한다. 따라서 이와 같은 복수의 효소로 가수분해가 진행될 때는 효소작용의 조건을 적절히 조절하여 IMP와 GMP의 생산율이 최고치가 되도록 한다. *S. aureus* 효소를 이용하여 RNA를 가수분해하여 IMP와 GMP를 산업규모로 생산할 경우 0.5~1.0% RNA 용액(pH 7~8)을 42~65℃에서 10시간 처리한다. 처리액 중의 5′-모노뉴클레오티드는 산성 pH에서 활성탄에 흡착시키고, 묽은 메탄올-암모니아 용액으로 용출하여 회수한다. CMP와 UMP에서 IMP와 GMP를 가려내는 데는 활성탄 칼럼을 통한 후 음이온과 양이온교환수지에 의해 분획한다.

(2) 발효·합성조합법(nucleoside fermentation & its phosphorylation)

이 방법은 이노신을 발효법으로 생산한 후 화학적 또는 효소법으로 인산화시켜 얻는 방법인데, 아지노모토사에서 이 방법을 채택하고 있다. GMP는 AICAR를 발효하여 얻은 후 폐환반응과 산화 및 아미노화하여 구아노신을 만든 후 $POCl_3$로 인산화하여 합성한다. 이 방법 역시 아지노모토사에서 채택하고 있다.

(3) IMP 발효

IMP를 배양액 중에 직접 생산하는 방법인데, 일본 Kyowa Hakko사에 의해 개발된 방법이다. 사용되는 균주는 표 10 - 9에 기재된 바와 같으며 그중에서 특히 *Brevibacterium ammoniagenes*(ade^L+Gua$^-$+Mn^I)가 널리 이용되고 있다. *Brevibacterium ammoniagenes*는 퓨린 염기로부터 퓨린계 핵산을 축적하는 salvage 합성능이 강하여 핵산생산에 유리한 것으로 알려져 있다.

따라서, 5´−IMP를 직접 생산하기 위한 생산균은 SAMP synthetase와 IMP dehydrogenase 효소활성의 결여, 5´−IMP 생합성에 대한 조절기구의 해제, 5´−nucleotidase와 같은 5´−IMP 분해활성의 결여, 5´−IMP의 세포막투과성의 증가

표 10-9 IMP 생산균주

축적산물	생산미생물	유전적 특성
IMP. IR. HX	*Bacillus subtilis*	ade+NtW
IMP. HX	*B. subtilis*	ade+NtVW
IMP. HX	*B. subtilis*	ade+NtW
IMP. IR. HX	*B. subtilis*	ade+NtW
IMP. HX	*Bacillus sp*	ade
IMP. HX	*Corynebacterium glutamicum*	ade+6MGr
IMP. HX	*C. glutamicum*	ade+xan
IMP. HX	*Brevibacterium ammoniagenes*	ade+gua
IMP. HX	*Brev. ammoniagenes*	ade^L
IMP. HX	*Brev. ammoniagenes*	ade^L+Mn^I
IMP. HX	*Corynebacterium equi*	ade
IMP	*Streptomyces sp*	thiamine

IR : Inosine,   Hx : hypoxanthine,   MnI : Manganese ion insensitive
NtW : week nucleotide degrading activity,   NtVW : very weak nucleotide degrading activity

등의 형질을 갖추어야 한다. 특히 산업적으로는 Mn^{2+} 함유량이 많은 당밀과 같은 값싼 원료를 사용하기 때문에 Mn-비민감성 변이주를 이용하여야 한다.

IMP 생산에 있어서 세포막 투과성은 중요하며 막투과성인자로 Mn^{2+}의 제한의 요구성이 필요하며 Mn^{2+} 이온이 결핍되면 세포막의 투과성이 증대되어 IMP 축적이 최대치에 달하게 된다. 그러나, Mn^{2+}가 최적농도 이상일 경우 IMP 축적은 급격히 감소하고 hypoxanthine이 과량으로 분비된다. IMP 축적기구는 아직 확실하게 밝혀져 있지 않지만 그림 10-5와 같이 *de novo* 경로에 의해서

Enz. I   5-Phoshoribose pyrophosophokinase

$$R-5-P + ATP \xrightarrow[PO_4^{3-}]{Mg^{2+}} PRPP + AMP$$

Enz. II   Nucleotide pyrophosphorylase

$$PRPP + \underset{(Hx, Gu, Ad)}{Purine\ base} \xrightarrow[PO_4^{3-}]{Mg^{2+}} \underset{(IMP, GMP, AMP)}{5'- Purine\ nucleotide} + PP$$

Enz. I + Enz. II

$$R-5-P + APT + Purine\ base \xrightarrow[PO_4^{3-}]{Mg^{2+}} 5'- Purine\ nucleotide + AMP + PP$$

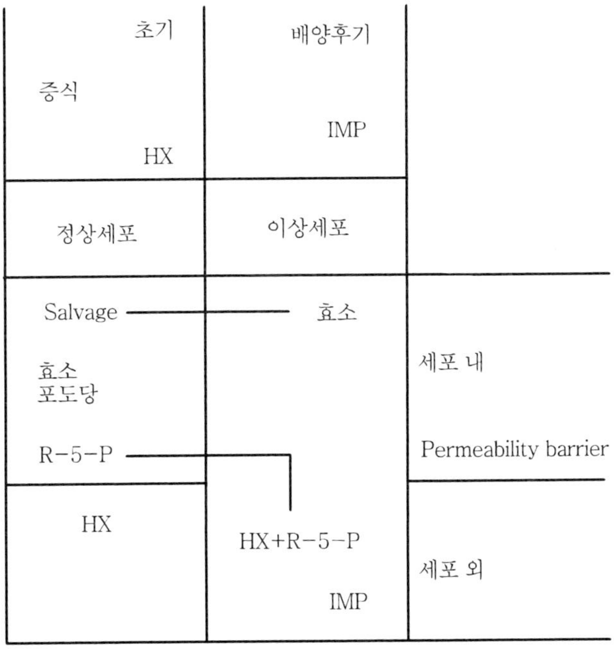

그림 10-5 *Brevibacterium ammoniagenes*(ade^L)의 5'-IMP 직접발효의 추정기작

합성된 IMP가 세포 밖에 hypoxanthine으로 축적되고 배양후기에는 Mn^{2+}의 제한으로 세포가 비정상적으로 팽윤하여 IMP의 salvage 합성에 필요한 ribose-5-P·Enz I·Enz II가 배지 중에 분비되어 균체 밖에서 salvage 경로에 따라 IMP로 전환됨과 동시에 *de novo* 합성경로에 따라 생성된 IMP도 분해되지 않고 직접 배지 중에 분비되는 것으로 추측되고 있다.

또한, IMP 균주를 개량하기 위해서는 SAMP와 XMP로 가는 경로를 차단하거나 약화시켜야 하기 때문에 adenine, guanine의 첨가가 필요하다. 그러나 과량의 adenine은 PRPP amidotransferase를 저해하기 때문에 adenine 첨가량을 조절할 필요가 있다.

(4) GMP 발효

GMP는 AICAR나 guanosine을 발효법으로 생산한 후 화학적 또는 효소적으로 인산화하거나(발효·합성조합법), 두 종류의 균주를 혼합배양하여 GMP를 직접 생산하는 GMP 직접발효법이 있다. 최근에는 XMP를 중간체로 하는 GMP 발효가 크게 부각되고 있으므로 이를 중심으로 소개하고자 한다. 발효법에 이용되는 균주로는 *Micrococcus glutamicus*, *Brev. ammoniagenes*, *B. subtilis*, *Bacillus sp.* 등이 있으며 *Brev. ammoniagenes*를 이용하는 경우 XMP의 발효생산과 GMP로 전환하는 2단계의 공정이 필요하다(그림 10-6).

XMP 발효의 가장 중요한 점은 guanosine 요구주를 이용하여 배지 중의 guanosine 제한으로 IMP dehydrogenase에 대한 GMP의 피드백 저해(feedback inhibition) 및 억제(repression)를 완화하고 adenine 요구성을 부가시켜 생산을 극대화하는 것이다. 그리고, IMP와는 달리 Mn^{2+}의 농도가 높아야 XMP의 축적에 유리하다. 한편, XMP로부터 GMP로 전환하는 반응에서는, 먼저 XMP가 생산된 배지에 전환균주를 배양한 후 계면활성제를 첨가하며, 계면활성제를 첨가하면 XMP가 급격히 감소되면서 GMP, GDP, GTP가 축적되게 된다.

이는 GMP 전환주의 GMP synthetase를 이용해 XMP로부터 GMP로 전환하기 위한 공정으로 GMP synthetase는 glutamine 또는 NH^3로부터 XMP를 GMP로 전환하는 효소이며 ATP를 요구한다. 이 효소는 *E. coli*의 경우 동일한 subunit의 dimer(MW. 60,000) 형태로 존재하며, 52개의 아미노산으로 이루어져 있고, adenine glycoside 항생물질인 psicofuranine 및 decoynine에 의해 저해를 받는다고

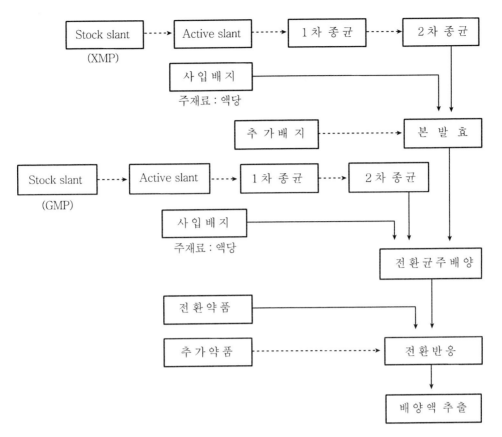

그림 10-6 XMP 발효 및 GMP 전환공정도

알려져 있다.

배지 중의 인산농도 역시 GMP, GDP, GTP의 생산량비에 크게 영향을 미친다. XMP에서 GMP로 전환하기 위해서는 GMP synthetase의 효소활성 유지와 ATP 재생기구의 원활함 및 이들의 상호균형이 매우 중요하다.

또한 XMP로부터 GMP를 받은 높은 수율로 생산하기 위해서 GMP synthetase 의 유전자를 cloning한 재조합주의 전환균주가 유용하게 사용된다.

XMP에서 GMP로의 전환에 필요한 조건은 친주로서 5´-nucleotide 분해능력이 결손된 균주를 사용하고, Mn^{2+} 과잉배지에서 계면활성제를 첨가하여 GMP의 막투과성을 유도하고, 적정의 pH를 NH_4^+의 공급에 의하여 유지시켜 주어야 한다.

그림 10-7은 XMP의 발효과정을, 그림 10-8은 XMP의 GMP로의 전환발효 과정을 나타낸 것이다.

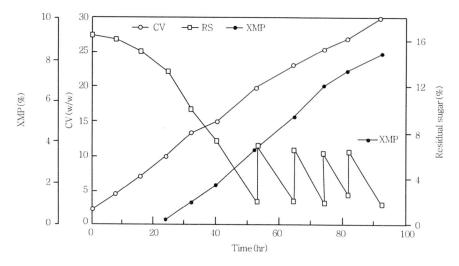

그림 10-7 XMP의 발효경과표

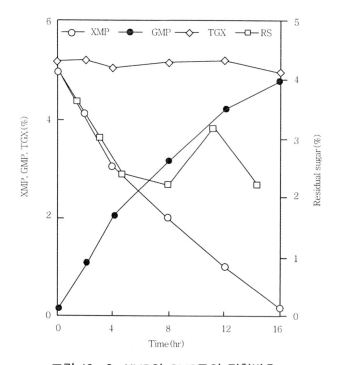

그림 10-8 XMP의 GMP로의 전환발효

5. 유기산 생산

1) 유기산 발효공업

미생물이 생산하는 유기산들은 식품첨가물이나 화학약품으로 그 용도가 넓다. 구연산(citric acid), 젖산(lactic acid), 후말산(fumaric acid), 이타콘산(itaconic acid), 초산(acetic acid) 등이 발효를 통해 생산되고 있다.

어떤 특정한 영양성분을 제한하면 유기산의 축적량에 영향에 미친다는 사실이 알려져 있는데, 이는 발효조건의 조절로 특정의 영양분이 결핍되면 탄소골격의 흐름이 성장하지 못하도록 억제가 되고, 다른 경로를 통해 유기산이 축적되는 방향으로 생합성 회로가 전환되기 때문이다. 이러한 영양성분의 제한은 흔히 배지 속의 미량금속의 함량과 관계가 있다. 금속 함량이 최소 요구치를 넘으면 유기산의 축적이 방해되다가 함량이 극도로 줄면 균의 생장과 유기산의 축적이 동시에 일어나게 된다.

구연산은 해마다 300,000톤 내지 350,000톤이 생산되며, 이 중 약 60% 정도는 식품공업에 사용되고 그 외는 제약·화장품산업 등에 쓰인다. 젖산은 식품, 제약, 제혁, 섬유, 플라스틱 산업 등 그 용도가 넓고 수요는 연간 약 30,000톤으로 추정되고 있다. 이 밖에 글루콘산(gluconic acid), 후말산, 이타콘산이 발효나 효소공정에 의해 생산되고 있으나 시장규모는 미미하다. 초산은 식초의 주성분으로 우리의 일상생활에 없어서는 안 될 발효식품이며, 세계의 생산량은(옛 소련과 중국 제외) 10% 농도기준의 식초로서 연간 1.6×10^9리터, 순수 초산으로서 160,000톤으로 추정되고 있다.

(1) 유기산 생산용 미생물

많은 종류의 미생물이 탄수화물을 자화하여 유기산을 생산한다. 박테리아의 경우 *Clostridium*속(屬)이 초산과 부틸산(butylic acid)을 만들고, *Lactobacillus*와 *Streptococcus*가 젖산을, *Acetobacter*속의 여러 종이 초산, 글루콘산, α-케토글루콘산을, *Pseudomonas*속의 종들이 2-케토글루콘산(2-ketogluconic acid)과 α-케토글루타르산을 생산한다. 진균류가 생산하는 유기산으로는 구연산, 개미산, 글루콘산, 이타콘산, 코지산(kojic acid) 등이 있다.

(2) 구연산 생산균

*Penicillium*에 속하는 미생물이 구연산을 생산한다는 사실이 Wehmer(1893)에 의해 처음으로 발견되었는데, 그 당시에 Whemer는 이것을 *Citromyces*라고 불렀다. 그 후 Yhom과 Currie는 대다수의 *Penicillium*속의 균주들이 구연산을 생산한다고 보고했다.

1913년에 Zahorsky는 *Sterigmatocystis nigra*를 이용한 구연산 생산의 특허를 획득했는데, 이 균은 *Aspergillus niger*와 같은 이름이다. *A. niger*는 pH 약 2.5에서 3.5 사이에 잘 자라고, pH 2.0 이하에서 많은 구연산을 생산한다. *A. niger*의 이러한 특성은 구연산의 발효과정에서 잡균의 침입을 막는 데 큰 도움이 된다. 이 밖에 *A. awamori, A. clavatus, A. fenisis, A. fonsecaeus, A. luchensis, A. saitoi, A. usamii, A. wentii* 등도 구연산을 생산하나 이 중 *A. wentii*만이 생산 공정에 실제로 이용되어 왔다.

효모로서는 *Candida*에 속하는 종들만이 구연산의 생산에 이용되어 왔는데, *Candida lipolyica, C. tropicalis, C. guilliermondii, C. intermedia, C. parapsilosis, C. zeilanoides, C. fibriae, C. subtropicalis, C. oleophila* 등이 있다.

(3) 젖산 생산균

젖당이나 포도당을 발효하여 젖산을 생산하는 젖산균은 동질발효형(homo fermentative)과 이질발효형(hetero fermentative)의 두 가지로 나누어진다. 이질발효형의 젖산균은 여러 가지 부산물을 만들므로 젖산 생산에는 부적합하다. 이와는 대조적으로 동질발효형은 생산된 대사물질의 90% 이상이 젖산이므로 젖산의 산업적인 생산에는 반드시 동질발효성 젖산균을 사용한다. *Streptococcus, Pediococcus, Lactobacillus* 등의 모두 동질발효형 젖산균이며, 이 가운데서도 *Lactobacillus*속의 종들이 젖산의 생산에 주로 이용된다.

발효의 기질로 포도당이 이용될 때는 *Lactobacillus delbrueckii*를, 유장(whey)을 원료로 할 때는 *L. bulgaricus*를, 그리고 아황산 목재폐액(sulfite waste liquor)일 때는 *L. pentosus*를 사용한다. 이들의 젖산균은 통성혐기성이므로 발효 시 산소가 존재하면 약간의 과산화수소가 생긴다.

(4) 초산 생산균

에탄올을 초산으로 산화시키는 미생물을 초산균(acetic acid bacteria)이라고 한다. 초산균의 형태는 다양하다. 세포는 난형 또는 간형이고 곧거나 약간 굽었으며, 0.5~0.8 × 0.9~4.2 μm 크기로 단독, 쌍 또는 사슬을 이룬다. 운동성이 없거나 편모를 갖고 운동하는 종도 있다. 모두가 완전 호기성이다. 초산균의 분류를 처음 시도한 것은 1894년에 Hansem에 의해서이다. 1950년에 Frateur는 그가 입수한 모든 초산균을 생화학적으로 비교 검토하여 *Acetobacter*를 *peroxydans, oxydans, mesoxydans, suboxydans*의 네 그룹으로 나누었다. 그 뒤에 Leifson은 초산균이 주위에 편모를 갖고(peritrichously flagellated) 초산염을 산화하는 *Acetobacter*와 세포 끝에 편모를 갖고(polarly flagellated) 초산염을 산화하지 않는 *Acetobacter*의 완전히 다른 두 가지 형으로 구성되어 있다고 하였다. 이와 같이 초산균을 *Acetobacter*와 *Acetomonas*로 나누는 데 찬성하는 학자도 있지만 이것을 부정하고 *Acetobacter*와 *Gluconobacter*로 나누는 것을 계속 지지하는 사람도 있다. Gillis와 De Ley는 새로운 유전학 기법을 동원하여 *Gluconobacter*와 *Acetobacter*가 다른 어느 속보다 가까운 것을 확인하고 이 두 속을 다같이 *Acetobacteriaceae*과에 포함시킬 것을 제의했다.

초산을 산업적인 큰 규모로 발효하는 데 쓰이는 균은 높은 농도의 초산과 에탄올에 잘 견디는 능력이 있어야 한다. *Acetobacter*는 그람음성의 내산성 세균이며 주로 편모로 운동한다. 산업적 생산에 이용되는 종은 *A. aceti, A. pasteurianus, A. peroxidans* 등이다. *Gluconobacter*는 Bergey's Manual(8th edition)에 의하면 세포 끝에 편모가 한 개 있거나 없고 초산염과 젖산염은 산화하지 않고 포도당을 2- 또는 5-케토글루콘산(ketogluconate)으로 산화한다. *G. oxydans*가 식초발효에 쓰이고 있다.

2) 구연산

(1) 표면발효(表面醱酵, surface culture)

고체 배지를 사용하는 표면발효에는 밀기울이나 전분공장의 부산물을 배지로 삼는다. 이런 경우 *Aspergillus niger* 균주는 미량원소(trace element)에 대한 예민한 반응을 보이지 않는다. 멸균하기 전에 밀기울의 pH를 4~5 정도로 낮추어 멸균한 후 쟁반에 3~5 m 두께로 깔린 밀기울 표면에 포자를 접종시켜 28℃에서 발효한다. 약 5~8일 동안 발효하여 배지 전체로부터 뜨거운 물로 구연산을 추출한다(그림 10‐9). 일본에서는 밀기울을 배지로 전체 구연산

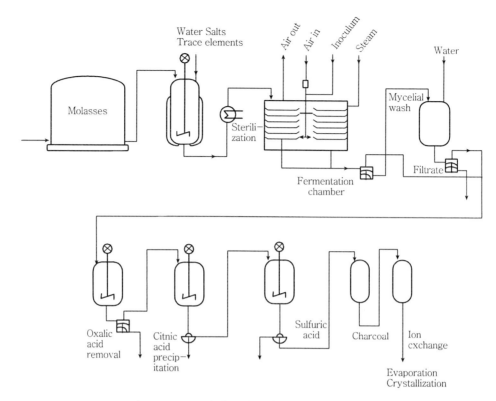

그림 10-9 표면발효에 의한 구연산의 생산공정

생산량의 1/5을 고체표면발효법을 이용하고 있다.

당밀을 사용하는 경우는 사탕 회수를 위한 steffens공정을 거치지 않은 무당밀이 선호된다. 이 당밀은 설탕이 주성분이고 약간의 포도당, 단백질, 펩타이드, 아미노산, 무기 이온이 들어 있다. Mallea(1950)는 *A. niger*의 표면발효에서 금속 이온이 구연산의 축적에 중요하다는 것을 알아냈다. 그는 탄산칼슘, 콜로이드 상의 실리카(silica), trisodium phosphate, 전분 등을 이용한 흡착을 통해 설탕 시럽 속의 금속 이온의 제거나 기타 이온의 양을 줄이는 데 사용되는 산업규모의 장치를 개발하였다. Steinberg(1945)는 그전에, Ca(OH)$_2$와 같이 가열함으로써 사탕용액으로부터 미량의 금속 이온을 제거할 수 있었다. 활성탄도 액체표면 배지로부터 미량 성분을 제거하는 데 효과가 있는 것 같다. 업체에 따라서는 페로시안화칼슘(calcium ferrocyanide)의 첨가로 철분을 제거시키고 있다.

구연산의 축적을 위한 배지의 pH는 보통 초기에는 5~6의 범위이지만 포자의 발아에 따라 배지로부터 암모늄 이온이 줄어들어 pH가 1.5~2.0으로 떨어진다.

이어서 3.5 정도로 올라가거나 3.5 이상으로 조절하면 약간의 옥살산(oxalic acid)이 구연산과 더불어 생성된다. 철분이나 나트륨염의 존재는 옥살산의 축적과 균사체에 황색 또는 황록색의 색소를 생성하게 한다. 이러한 색소는 때로는 배지 속에 방출되어 제품의 회수나 정제 시에 문제를 일으킨다.

(2) 액침발효(液浸醱酵, submerged culture)

세계의 구연산 생산의 약 80%는 액침발효에 의한다. 이 방법은 표면발효에 비해 에너지 비용이 높고 숙련공을 필요로 하는 결점은 있지만 투자비와 노임이 적게 드는 장점이 있다. 대부분이 120~220톤 규모의 발효조를 사용하고 있다. *A. niger*의 산소 요구성은 높지 않으나 산소결핍에 민감하므로 전 발효기간을 통해 최저 산소농도가 포화치의 20~25%선을 유지해주어야 한다.

당밀이나 철(iron)의 이온이 과잉농도로 존재할 때 배지 속에 구연산의 축적이 적거나 전혀 축적되지 않고, *A. niger*의 생장은 이들의 이온이 불충분하게 공급될 때에 잘된다는 사실을 밝혀냈다. 이온교환을 통해 해로운 금속 이온을 배지로부터 제거하는 것과 철의 길항제로 구리(copper) 이온을 사용하는 방법이 현재의 산업적인 공정을 가능하게 한 것이다. Bruchmann은 구리 이온의 존재하에서는 aconitase 효소가 억제되는 것을 알아냈고 아연(zinc) 이온의 작용이 어느 시기에 구연산을 파괴하는 것이라고 믿었다.

종균의 접종은 고체 영양배지에 자란 *A. niger*의 포자를 가지고 한다. 균의 보존은 시험관 속의 흙에 배양한 것을 냉장고 속에 보존하거나 냉동건조된 포자로 한다. *A. niger*는 불안정한 미생물이므로 계대배양의 횟수는 최소한도로 줄이는 것이 좋다.

발효공정의 조절을 위해 첨가하는 구리의 범위는 배지 속 철의 함량에 따라 0.1~50.0 mg/liter 사이이며 배지의 다른 첨가물은 KH_2PO_4 0.01~0.3%, $MgSO_4 \cdot 7H_2O$ 0.25% 등이다. 구리 이온은 과잉의 철을 억제하는 데 필요한 것이다. 양이온이 억제된 상태의 배지의 pH는 0.5에서 2.0 사이에 있고 접종하기 전에 이 pH를 암모늄의 첨가로 약 4.0으로 조절한다. 발효가 진행되는 동안에 암모늄의 소모로 pH는 급격히 1.5~2.0 수준으로 떨어진다. 이와 같이 pH가 2.0에 이르는 초기 생장기에는 구연산의 생성은 거의 없다.

액침발효를 위한 통기는 연속적이라야 한다. 배양액은 기계적인 교반은 필요 없고 통기량은 매분 0.5~1.5 v/v 비율로 불어넣는다. 잠시 동안의 통기의 실패에도 발효는 정지되고 새로운 생장을 위해 pH를 조절하지 않으면 수일 동안 활성을 되찾지 못한다. 새로이 생장하는 균이 적당한 생화학적인 형을 갖기 위해서는 구리 이온의 재첨가가 요구된다. 통기, 낮은 pH, 철분과 구리에 대한 지나친 감수성이 서로 어울려 영향을 미치기 때문에 적절한 피복(coating)을 하지 않고는 보통의 철제발효조는 사용할 수가 없다. 유리나 플라스틱의 피복이 이용되고 있지만 보통의 청색유리는 코발트가 용출되므로 좋지 못하다. 발효기간에 거품을 통한 손실을 막기 위해 소포제의 첨가가 필요한데 이 소포제에도 철, 코발트, 니켈 등이 들어 있지 않아야 한다.

발효가 끝난 후 구연산의 회수를 위해 배양액으로부터 균사체를 제거하는 작업이 표면발효 때보다 어렵다. 보통 회전진공 원통여과기(drum filter)를 사용하여 일차적으로 균사체를 제거하고 이어서 침전 공정을 거쳐 구연산을 회수한다.

3) 젖산(乳酸, 유산, lactic acid)

젖산의 공업적 생산을 처음으로 시도한 사람은 미국의 Avery(1881)였으나 성공을 못했고 1895년에 독일의 베링거(Boehringer)사가 인겔하임(Ingerheim)에서 처음으로 본격적인 젖산 생산공장을 성공적으로 가동시켰다. 이 공장에서는 *Lactobacillus delbrueckii*를 이용하여 45~48℃의 높은 온도로 발효함으로써 잡균의 오염을 피할 수 있었다.

젖산은 금속에 대한 부식성이 강하기 때문에 목재의 발효조가 대부분의 공장에서 이용되고 있다. 이들의 발효조는 뚜껑을 안 하거나 나무뚜껑으로 느슨하게만 닫는다. 발효는 충진하기 전에 스팀으로 멸균하고 배지는 스팀재킷을 가진 열교환기를 통해 멸균한다. 호열성의 *Clostridia*에 오염되면 젖산 외에 부탄올과 부티르산이 생산된다.

젖산 발효의 탄소원으로는 전분이나 당분 함유물질을 사용할 수 있다. 전분을 이용할 경우는 *Lactobacillus*가 아밀라제를 갖지 않으므로 산이나 효소로서 당화과정을 수행해야 한다. 이것은 생산비가 추가될 뿐 아니라 불순물의 혼입을 가져올 염려가 있다. 당밀을 사용하는 경우는 불순물이 많으므로 양질의 젖산을 얻기 위해서는 용매를 써서 젖산을 추출한다. 발효배지는 포도당, 말토오스, 유당, 설탕 등을 사용하지만 보통 가수분해된 전분이나 포도당 시럽을 사용한다. 당의 농도는 12%를 넘지 말아야 하는데 당의 농도가 지나치게 높으면 발효조 속에 젖산 칼슘(calcium lactate)이 정출되어 취급이 곤란해진다. 유기질소원으로 옥수수 침지액(corn steep liquor)이나 맥아를, 무기질소로는 황산암모늄이 쓰인다.

*Lactobacillus delbrueckii*를 45~55℃에서 단계적으로 확대배양한 것을 배지에 접종한다. 확대배양의 각 단계에서 16~18시간이 요구된다. 단계마다 약간 과잉된 농도의 $CaCO_3$를 첨가하며 접종량은 발효액량의 약 5%가 적당하다.

젖산균은 비타민 B군에 대한 복잡한 요구성을 가졌는데 이 요구는 배지 속에 신선한 식물성 물질을 첨가해 줌으로써 해결이 된다. 맥아(malt sprout)나 맥아를 생산할 때 생기는 발아된 보리의 뿌리들이 이런 물질로 흔히 쓰인다. 이들은 건조과정에서 지나치게 가열되면 젖산균에 대한 영양적 효과가 없어진다. 발효배지에는 $CaCO_3$를 첨가하는데 이것은 공급된 육탄당 1몰이 생산할 수 있는 2몰의 젖산을 중화시키는 데 충분한 양이라야 한다. 접종이 끝나면 $CaCO_3$의 침전을 막기 위해 배지를 천천히 저어 주는데 통기는 필요 없다.

발효 조건을 정확히 조절하지 않는 경우는 발효 시간은 5~10일로 경우에 따라 차이가 크다. 배지의 성분에 따라 차이는 있지만 과량의 $CaCO_3$가 존재하므로 배지의 pH는 5.5~6.5 사이에 유지된다. $Ca(OH)_2$의 용액에 의한 연속적인 중화로 pH를 6.3에서 6.5로 유지하면 12~13%의 글루코오스를 72시간 내에 완전히 소진할 수 있으며 발효가 끝날 때는 남아 있는 당이 0.1% 이하로 줄어야 양질의 젖산을 회수하는 데 도움이 된다. 상업적 발효에서는 젖산의 생산율이 공급된 글루코오스 무게의 93~95% 정도이다.

발효가 끝나면 고형질과 박테리아를 여과를 통해 제거하며 여액을 증발시킴으로써 35~40%의 젖산이 얻어지고, 이때에 생긴 여분의 $CaSO_4 \cdot 2H_2O$의 침전은 여과로써 제거한다. 더욱 증발시키면 44~45% 산도의 제품이 얻어진다. 식용의 젖산은 50%의 총산도를 가진 엷은 황색의 용액이다. 이런 젖산은 고순도의 당과 최소농도의 단백질을 가진 배지로서 발효한다. 칼슘은 $CaSO_4 \cdot 2H_2O$로 침전시키고 물로 세척과 여과를 반복시켜 회수한다. 용액은 활성탄으로 탈색하고 증발시켜 25%의 고형질로 만들고 다시 탈색과 증발을 되풀이하면 총산도 50%의 제품이 된다. 최종 산물에서 색깔이 없어지면 페로시안화물로 철이나 구리의 이온을 침전 제거시킨다.

4) 초산(酢酸, Acetic acid)

현재 식초용 초산의 상업적인 생산에는, 주로 적하식 발효조(trickling generator)인 프링스 제너레이터(Frings Generator)와 액침발효조(submerged generator)인 프링스 아세테이터(Frings Acetator)가 있다(그림 10 - 10).

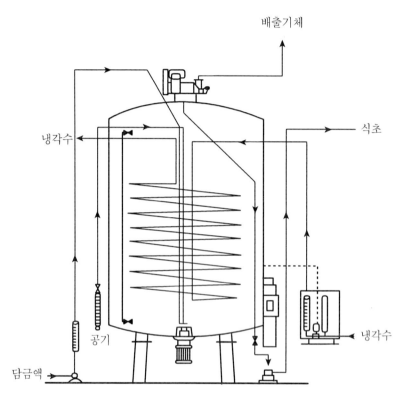

그림 10-10 Frings Acetator(Ebner와 Follmann, 1983)

(1) 적하식 발효조를 이용한 발효

프링스 제너레이터라는 것은 나무로 만든 큰 통 속에 역시 나무의 얇은 절편을 충진한 발효조이다. 이 나무 절편으로 된 충진물은 탱크의 밑바닥에서 1/5 높이에 위치한 허저(false bottom) 위에 쌓여 있고 허저의 밑을 차지하는 공간에는 발효액이 저장된다. 저장된 에탄올, 물, 초산 혼합액은 펌프의 힘으로 냉각관을 거쳐 탱크상부에 위치한 분무완(sparger arm)으로 올라간다. 천천히 회전되는 분무완으로부터 발효액은 충진층 위에 골고루 뿌려져 충진물의 표면을 흐르는 동안에 발효가 진행된다. 발효조 속의 온도는 유속(flow rate)에 의해 조절되며 충진층의 상부는 29℃, 하부는 최고 35℃ 사이를 유지한다. 압축공기를 충진층의 하면으로부터 위로 향해 흐르도록 한다. 탱크의 위에서 뚜껑을 덮는데 공기는 나갈 수 있도록 한다. 지나친 배기는 알코올과 식초의 손실을 초래한다. 약 80~90 ft^3/hour/100 ft^3 충진물의 공기의 흐름이 적당하다. 산소측정기로 배기 속의 산소량을 측정할 수 있는 경우는 통기율은 배기 속의 산소농도를 12%를 약간 웃돌도록 조절하면 된다.

에탄올의 농도는 발효조의 운전에 중요한 요인 중 하나이다. 공급할 알코올의 양은 원하는 농도의 초산과 0.2% 이상의 잔재 알코올을 허용하는 데 충분한 것이어야 한다. 만일 알코올이 다 없어지면 *Acetobacter*가 죽어버리고 발효는 진행되지 않게 된다. 수확하는 식초의 양은 재회전되는 식초가 에탄올을 포함한 원료와 섞였을 때 그 속의 알코올 농도가 부피로 5% 이하로 되도록 조절한다. 이것은 최종 제품의 산도가 12%나 그 이상일 경우에 매우 중요하다.

(2) 액침발효조를 이용한 발효

식초의 액침발효를 통한 생산에 가장 많이 쓰이는 발효조는 독일의 Heinrich Frings 회사가 제조한 액침발효조(Frings Acetator)이다. 이것은 스테인리스 스틸로 만들어졌으며 그 속에는 고속회전 교반, 자동 온도조절, 고효율의 통기, 거품 제거를 위한 기기들이 구비되어 있다. 특히 *Acetobacter*는 공기에 예민하므로 적절한 양의 공기를 끊임없이 공급하는 데 편리하게 설계되어 있다. 온도의 조절은 냉각수를 내부 코일 속에 회전시킴으로써 이루어진다. 생산이 빠르므로 발열량을 충분히 해소할 방법이 필요하다. 최적온도는 알코올과 산의 양에 반비례적으로 변하지만 보통 30℃ 정도이다. *Acetobacter*의 어떤 종은 더 높은 온도에 견디지만 대부분의 균주는 38℃ 이상이면 사멸한다. 아세테이터는 회분식으로 가동하며 배지 속의 알코올 농도는 연속적으로 측정된다. 이와 같은 자동장치로 알코올 농도가 부피로 0.2%에 도달하면 가동이 정지되도록 조정할 수 있다. 최종산물의 약 35%를 수확하고 수확된 식초와 같은 양의 새로운 배지를 대치하여 다음 사이클이 시작된다. 12%의 식초를 위한 사이클 시간은 약 35시간이며 생산율은 같은 크기의 적하식 발효조(trickling generator)의 약 10배이다.

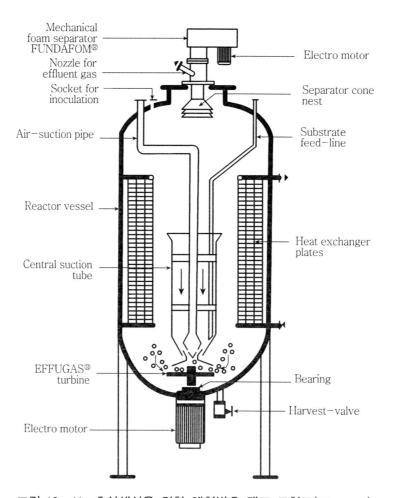

그림 10-11 초산생산을 위한 액침발효 탱크 모형도(Chemap)

액침발효를 통해 생산된 식초는 그 속에 초산을 생산한 박테리아가 들어 있기 때문에 매우 탁하다. 따라서 여과 시에는 고용량의 여과기, 여과보조제, 탱크들이 필요하다. 이와는 대조적으로 적하식 발효조를 통해 생산된 식초는 초산균들이 충진물에 대부분 남아 있으므로 여과장치의 규모는 그다지 크지 않아도 된다.

액침발효를 시작할 때는 같은 발효에서 얻은 신생식초(warm vinegar)를 종균 (seed)으로 삼는다. 이것은 갓 만들어진 신선한 식초이며 그 속에는 살아 있는 균이 있고 이 균들은 알맞은 통기, 알코올 농도, 양분을 갖춘 조건 아래서 활성화된다. 이런 종균을 만드는 데는 7~21일이 걸린다. Frings 회사는 실험실 규모(1.7리터)와 파일럿-플랜트 규모(5리터)의 발효조를 제작하고 있으며,

이 속에 진공 냉동된 균주를 접종하여 발효에 쓰일 종균을 배양한다. 파일럿—플랜트 규모의 발효조에는 정전 시에 대비하여 배터리 장치가 구비되어 있어 정전으로 인한 발효 중단 사고를 예방할 수 있다. 이와는 별도로, 발효탱크 내에 드래프트 튜브(draft tube)를 장치한 Chemap사의 신형 발효조도 최근에 등장하여 활용되고 있다(그림 10 - 11).

Batty, J.C. and Folkman S.L., Food Engineering Fundamentals, John Wiley & Sons (1983)

Ball, C.O. and Olson, F.C.W, Steilization in Food Technology, McGraw Hill, New York (1957)

Bassel, W.D., Preliminary Chemical Engineering Plant Design, Elsevier, North Holland (1978)

Beveridge, G.S.G. and Schecger, R.S., Optimization, McGraw Hill, New York (1970)

Bird, R.B. and Stewart, W.E. and Lightfoot, E.N., Transport Phenomena, John Wiley and Sons, New York (1960)

Brennan, J.G., Butters, J.R., Cowell, N.D. and Lilly, A.E.V., Food Engineering Operations, 2nd ed., Applied Science, London (1976)

Bond, F.C., Some Recent advances in Grinding Theory and Practice, Brit. Chem. Eng., 8 (9) : 631 (1963)

Brooker, Bakker, A. and Hall, P, Drying Cereal Grains, AVI (1975)

Brown, G.G. and Associates, Unit Operations, John Wiley and Sons (1950)

Carlaw, H.S. and Jaeger, J.C., Conduction of Heat in Solids, 2nd ed. Oxford University Press (1959)

Charm, S.E., The Fundamentals of Food Engineering, AVI (1971)

Coulson, J.M. Chemical Engineering (part II), Pegamon Press, Oxford (1978)

Coulson, J.M. and Richardson, J.F., Chemical Engineering (vol. 11), 2nd ed., Pergamon Press, Oxford (1964)

Desrosier, N.W. and Desrosier, J.N., The Technology of Food Preservation, 4th ed. AVI (1977)

Earle, R.L., Unit Operations in Food Processing, Pergamon Press, London (1966)

Farral, A.W., Food Engineering Systems, vol. 1, AVI (1976)

Fellows, P., Food Processing Technology : Principles and Practice, Ellis Horwood (1998)

Foust, A.S., Wenzel, L.A., Clump, C.W., Maus, L. and Anderson, L.B., Principles of Unit Operations, John Wiley and Sons, New York (1960)

Geankoplis, C.J., Transport Process and Unit Operations, Allyn and Bacon, Inc., Boston (1978)

Goldblith, S.A., Rey, L. and Rothmayr, W.W., Freeze Drying and Advanced Food Technology, Academic Press, New York (1975)

Harper, J.C., Elements of Food Engineering, AVI (1976)

Harper, W.T. and Hall, C.W., Dairy Technology and Engineering, AVI (1976)

Heldman, D.R. and Singh, R.P., Food Process Engineering, 2nd ed. AVI (1981)

Holland, F.A., Moores, R.M., Watson, F.A. and Wilkinson, J.K., Heat Transfer, Heinemann Educational Books, London (1970)

Hugot, E., Handbook of Cane Sugar Engineering, 2nd ed. Elsevier North Holland (1960)

Karel, M., Fennema, O.R. and Lund, D.B., Physical Principles of Food Preservation, Marcel Dekker, Inc., New York (1975)

Kerr, R.W., Chemistry and Industry of Starch, 2nd ed. Academic Press, New York (1960)

Kessler, H.G., Food Engineering and Dairy Technology, Verlag A. Kessler, Germany (1981)

Kuester, T.L. and Mize, J.H., Optimization Techniques with Fortran, Mcgraw Hill, New York (1973)

Leniger, H.A. and Beverloo, W.A., Food Process Engineering, D. Reidel Pub., Boston (1975)

Lewis, M.J., Physical Properties of Foods and Food Processing Systems, Ellis Horwood (1990)

Lockwood, F.F., Flour Milling, Henry Simon Ltd. (1960)

Loncin, M., Die Grundlagen der Verfahrenstechnik in der Lebensmittelindustrie, Sauerlander, Aarau (1969)

Loncin, M. and Merson, R.L., Food Engineering, Academic Press, New York (1976)

Masters, K., Spray Drying, 2nd ed. John Wiley and Sons (1976)

McCabe, W.L. and Smith, J.C., Unit Operations of Chemical Engineering, 3rd ed. McGraw Hill, New York (1976)

Perry, R.H. and Chilton, C.H., Chemical Engineers' Handbook, 5th ed. McGraw Hill, (1973)

Peter, M.S. and Timmerhaus, K.D., Plant Design and Economics in Chemical, Engineering, 3rd ed. McGraw Hill (1980)

Potter, N.N., Food Science, 3rd ed. AVI (1978)

Riemann. H., Foodborne Infections and Intoxications, Academic Press, New York (1969)

Rockland, L.B. and Stewart, G.F., Water Activity ; Influences on Food Quality, Academic Press, New York (1981)

Sharma, S.K., Mulvaney, S.J. and Rizvi, S.S.H., Food Process Engineering : Theory and Laboratory Experiments, Wiley-Interscience (2000)

Simmons, N.O., Feed Milling, 2nd ed. Leonard Hill (1963)

Singh, R.P. and Heldman, D.R., Introduction to Food Engineering, Academic Press, Inc. (1984)

Spicer, A., Advances in Preconcentration and Dehydration of Foods, Applied Science Pub., London (1974)

Stumbo, C.R., Thermobacteriology in Food Precessing, 2nd ed. Academic Press (1973)

Toledo, R.T., Fundamentals of Food Process Engineering, Aspen Pub., Inc. (1991)

Van Asdel, Copley and Morgan, Food Dehydration, vols, 1&2, AVI (1992)

Watson, E.L. and Harper, J.C., Elements of Food Engineering, 2nd ed., VNR (1988)

Williams, C.T., Chocolate and Confectionary, 3rd ed. Leonard Hill (1964)

Ministry of Labour (Safety, Health and Welfare), Dust Explosions in Factories, New Series No. 22 (H.M.S.O. : 1963)

변유량, 식품공학, 탑출판사, 서울 (1980)

전재근, 식품공학, 개문사, 서울 (1980)

고정삼, 고영환, 생물공학개론, 제주대학교 생물공학연구회, 제주 (1992)

바이오과학기술산업연구원, 현대의 생물공학과 생물산업, 서울 (1997)

한국바이오산업협회, 바이오인더스트리, 서울 (2007)

高野玉吉, 食品工業の乾燥(食品工學ジリーズ, vol. 8) 光林書際

藤田重文, 東畑平一郎, 化學工學, vol.1, 東京化學同人會, 東京 (1963)

保坂秀明, 食品工學入門, 化學工業社, 東京 (1972)

小原哲二郎, 食品設備實用總覽, 産業調査會, 東京 (1981)

찾아보기

UF   274
UHT   10, 13
UMP   307
uperization   12

저자약력

◆ **오성훈**

고려대학교 식품공학과 졸업
고려대학교 대학원 식품공학과 졸업(농학박사)
(주) 태평양(현 아모레퍼시픽) 기술연구원 생물공학연구실 책임연구원
(주) 태평양 생화학사업본부 기술개발팀 팀장
(현) 안산공과대학 식품생명과학과 교수

◆ **서형주**

고려대학교 식품공학과 졸업
고려대학교 대학원 식품공학과 졸업(농학박사)
일본 이화학연구소 방문연구원
(현) 고려대학교 식품영양학과 교수

◆ **신광순**

고려대학교 식품공학과 졸업
고려대학교 대학원 식품공학과 졸업(농학박사)
1994~1669 : 日本 北里研究所 東洋醫學總合研究所 Post Doc. Fellow
2004~2005 : Visiting Prof., Complex Carbohydrat Research Center
(현) 경기대학교 식품생물공학과 교수

응용 식품생물공학

2009년 5월 5일 초판 인쇄
2009년 5월 15일 초판 발행

지 은 이 • 오성훈·서형주·신광순
발 행 인 • 김홍용
펴 낸 곳 • **도서출판 효 일**
주　　소 • 서울시 동대문구 용두2동 102-201
전　　화 • 02) 928-6644
팩　　스 • 02) 927-7703
홈페이지 • www.hyoilbooks.com
e - mail • hyoilbooks@hyoilbooks.com
등　　록 • 1987년 11월 18일 제 6-0045 호

무단복사 및 전재를 금합니다.

값　18,000 원

ISBN 978-89-8489-266-8